U0230901

粮食红外辐射
干燥及稳定化技术

丁超　吴文福　等著

化学工业出版社

·北京·

内容简介

本书在阐述红外辐射干燥技术历史的前提下，对于红外辐射装置以及关键材料的研发进行了介绍，总结了不同材料的红外辐射特性，并建立了不同条件下稻谷干燥动力学模型。对于红外辐射处理后稻谷储藏期间的生理变化进行了较为全面的研究，从蛋白质、淀粉、脂质等多角度出发解析红外辐射阻控稻谷陈化的机理。研究了红外辐射对稻谷中害虫的杀灭机理，对该技术在新型淀粉材料的加工开发的应用进行了介绍，旨在帮助读者系统了解红外干燥辐射在粮食领域中的应用以及应用前景。

本书可供从事粮食干燥、材料研究以及稻谷副产品开发等领域相关工作的科技人员、工程师和粮食工程专业相关学生进行阅读参考。

图书在版编目（CIP）数据

粮食红外辐射干燥及稳定化技术 / 丁超等著. —北京：化学工业出版社，2023.1
ISBN 978-7-122-43059-5

Ⅰ.①粮… Ⅱ.①丁… Ⅲ.①红外线干燥-应用-粮食贮藏-研究 Ⅳ.①TQ028.6②S379

中国国家版本馆 CIP 数据核字（2023）第 040402 号

责任编辑：李建丽 　　　　　　　　　　　　装帧设计：韩　飞
责任校对：刘　一

出版发行：化学工业出版社（北京市东城区青年湖南街 13 号　邮政编码 100011）
印　　装：大厂回族自治县聚鑫印刷有限责任公司
710mm×1000mm　1/16　印张 18¾　字数 353 千字　2025 年 1 月北京第 1 版第 1 次印刷

购书咨询：010-64518888　　　　　　　　售后服务：010-64518899
网　　址：http://www.cip.com.cn
凡购买本书，如有缺损质量问题，本社销售中心负责调换。

定　　价：98.00 元

《粮食红外辐射干燥及稳定化技术》著者名单

主任：丁　超　吴文福

委员：刘　强　赵思琪　刘春山　董宏宇

　　　丁海臻　刘纪伟　陶婷婷　郭丽萍

　　　罗　曜　严　薇　王　燕　张华娟

前　言

　　红外辐射干燥技术是利用物料对红外辐射的吸收而产生热效应，促使物料所含水分蒸发减少的一种干燥方法，具有高效节能、高质低成本、加热均匀性好、热量损失小、温度易于控制、传递能量过程中不需要依靠其他介质等优点。稻谷是我国的主粮之一，为了满足日常消费的需求，稻谷收获后需将水分干燥至14%以下，达到安全储藏的目的。因此，干燥是稻谷储藏及加工过程中非常重要的环节，因为传统的日照干燥以及太阳能干燥容易受到环境的限制，热风干燥与自然通风干燥效率较低，所以新型干燥技术的研发成为了研究热点。

　　红外辐射技术干燥稻谷的研究在二十世纪五六十年代便已开展，早期的研究主要集中在稻谷的干燥效率以及基础品质方面。随着技术的进步，关于红外辐射装置和材料的研发，红外辐射阻控稻谷陈化的机制，红外辐射在稻谷副产品加工领域的研究也逐渐展开。本书总结了著者团队和相关合作者近年来在该领域的相关研究成果。在内容上充分考虑到红外辐射干燥技术的前沿性，同时兼顾生产的实际性。本书在阐述红外辐射干燥技术历史的前提下，对于红外辐射装置以及关键材料的研发进行了介绍，总结了不同材料的红外辐射特性，并建立了不同条件下稻谷干燥动力学模型。对于红外辐射处理后稻谷储藏期间的生理变化进行了较为全面的研究，从蛋白质、淀粉、脂质等多角度出发解析红外辐射阻控稻谷陈化的机理。研究了红外辐射对稻谷中害虫的杀灭机理，对该技术在新型淀粉材料的加工开发的应用进行了介绍，旨在帮助读者系统了解红外干燥辐射在粮食领域中的应用以及应用前景。本书将为红外辐射装置和配件的研发和优化提供参考，深度发掘红外辐射技术在阻控稻谷陈化以及粮食副产品加工领域的应用潜力，促进理论技术向实际生产的转化，进一步推广该技术在粮食行业的应用。

　　本书可供从事粮食干燥、材料研究以及稻谷副产品开发等领域相关工作的科技人员、工程师和粮食工程专业相关学生进行阅读参考。

　　书中难免有疏漏之处，望读者批评指正。

著者

目　录

第1章　概述

1.1　红外辐射干燥技术简介

红外辐射干燥是利用物料对红外辐射的吸收而产生热效应，促使物料所含水分蒸发减少的一种干燥方法。红外辐射，又称红外线，是波长范围在 $0.75\mu m$ 至 $1000\mu m$ 之间的电磁波。红外辐射又根据波长大小分为三个部分：近红外（$0.75\sim1.4\mu m$），中红外（$1.4\sim3\mu m$）和远红外（$3\sim1000\mu m$）。大部分热量及光线，包括太阳光在内，其热量传递均来自于红外辐射。红外电磁波辐射至食品表面上，可诱导食品中的原子和分子的电场、振动和转动状态发生改变。由于物体性质、种类和表面状况的差异以及红外辐射波长的不同，红外辐射入射到物料表面时，一部分会由表面反射出去，另一部分进入物体内部。被物体吸收的能量会转化为分子的热运动，使物体升温，水分蒸发，达到加热干燥的目的。与近红外辐射相比，远红外线具有更强的辐射热能的能力。当远红外线入射到待干燥物料时，物料内的一部分固有频率与辐射频率一致的分子和原子产生强烈共振，吸收这部分辐射能，加剧了分子运动。物料温度随着分子运动的加剧而迅速上升，辐射能量直接转化为热量，促进水分蒸发，从而实现快速干燥。

不同物料对红外辐射的吸收能力以及同种物料对不同波长的红外辐射的吸收均有差异。空气主要成分为双原子气体（N_2，O_2），对红外辐射能量的吸收非常小，因此在实际生产中可忽略空气对热辐射的传递造成的损失。三原子气体对整个红外波段均有吸收，例如二氧化碳（CO_2）和水蒸气（H_2O）。有机物和高分子物质等多原子分子对红外辐射也有很宽的吸收带，可有效吸收红外辐射能。因此，红外辐射加热干燥物料前，需了解该物料"共振吸收"的波长范围，以及物料内各组分对红外吸收带的选择性。干燥谷物时，谷物中水分子吸收红外辐射能量后运动增强。例如，当水分子吸收的能量大于谷物内分子对其束缚的能量，便可变成水蒸气而脱离束缚。谷物中其他分子同时也会吸收合适波长的红外辐射能量，分子热运动增强，动能直接传给水分子，使水分子的热运动进一步加强，加速水分的蒸发。因此，能引起水分子和谷物分子共振吸收的那部分红外辐射能决定了红外干燥的效果。

食品各组分中，氨基酸、多肽、蛋白质和核酸的两个强吸收带主要位于3~4μm和6~9μm之间。油脂对红外线有很宽的吸收带，基本覆盖整个红外辐射光谱，其中相对较强吸收带分别位于3~4μm、6μm以及9~10μm区间。糖类对红外的吸收集中在3μm和7~10μm波长范围内。水分对2~12μm波长范围内的电磁辐射均可有效吸收。依据上述物质对红外辐射的吸收特性，很多学者利用2~100μm波长的红外辐射干燥农产品。研究发现食品物料对2.5~3μm波长的红外线具有较强的吸收能力。有学者指出，稻谷对2.9μm波长的红外辐射达到最大吸收峰。相同食物中不同化学基团对电磁波的吸收也不尽相同，具体见表1-1。因此，根据具体需求，选择合理波长的红外辐射，可提高食品对辐射能量的吸收，从而提高干燥效率。

表 1-1　食物加热的红外吸收带

化学基团	吸收波长/μm	相关食物组分
羟基（O—H）	2.7~3.3	水，糖类
脂肪族碳氢键（C—H）	3.25~3.7	油脂，糖类，蛋白质
羰基（酯）（C=O）	5.71~5.76	油脂
羰基（酰胺）（C=O）	5.92	蛋白质
氮氢键（—NH—）	2.83~3.33	蛋白质
碳碳双键（C=C）	4.44~4.76	不饱和油脂

与传统对流干燥方法相比，红外加热干燥有其自身特点和优势：

① 选择性和方向性：因不同物料对不同波长的红外光谱吸收能力不同，故该技术具有很强的选择性；红外辐射因具有直射和反射特性，所以干燥时方向性强，物料被辐射的面积和角度均会对干燥效果产生影响。

② 高效节能：因空气对红外辐射吸收非常弱，故干燥过程中空气不会被加热，从而减少了能量损失，提高了能量利用率。

③ 高质低成本：因介质对辐射的影响小，减少了能量的分散，辐射可直达物料，受热均匀，提高产品质量；同时，相比较热风干燥设备，红外干燥设备成本低廉且占地面积少。

1.2　红外辐射材料

红外辐射加热干燥的历史就工业而言，最早可以追溯到二十世纪二十年代。那时使用的红外辐射源是一种特制的真空白炽灯，叫作"红外灯"。在它的内壁上涂有水银反射层，使它所发出的红外辐射能比较集中地照射到被加热物体上。红外灯最早应用于汽车工业中，对汽车油漆进行烘烤，后来也被用于实验室和医院。因红外灯玻璃外壳的阻挡，波长较长的红外辐射无法透过玻璃，使得早期的红外辐射加热和干燥局限于 1pm 左右的波长，大大地限制了能源的利用。到了七十年代，这种情况有了很大的改变，人们突破了真空型器件的局限，制成了各种能够发射长波长红外线的红外辐射加热器（被称作远红外辐射加热器），使红外辐射加热和干燥达到了一个新的水平。

红外加热技术的兴起，促进了红外辐射陶瓷涂层材料的研制。早在二十世纪六十年代，日本已着手研制远红外辐射元件。近二十年来，世界各国在这方面的工作已形成了"你追我赶"的局面，大量优质的红外辐射陶瓷材料已经开发出来，并应用到生产实践和日常生活中。我国自七十年代以来发展并研制了该材料，将其应用到了许多领域，并取得了巨大的经济效益和社会效益。同时，广大能源工作者也更加注重高发射率、低成本、使用方便的新型红外辐射涂层材料及器件的研究，新技术新产品层出不穷。

各国研制的高发射率红外辐射材料多为陶瓷材料。陶瓷材料高辐射率的产生是因粒子振动引起的偶极矩变化。根据振动对称性原则，粒子振动时的对称性越低，偶极矩的变化就越大，其红外辐射就越强。陶瓷材料多原子组成的分子结构在振动过程中易改变分子的对称性而使偶极矩发生变化，因此，许多陶瓷材料都具有较高的辐射率。陶瓷材料还具有耐酸碱、抗腐蚀、抗氧化、耐高温等优良性能，所以红外辐射陶瓷材料越来越受到人们的重视。目前，采用陶瓷烧结制备技术是获得高辐射率陶瓷的最常用方法。

二十世纪六七十年代，日本、欧洲及苏联的学者就对发射率高的单晶材料如 SiO_2、SiC、Fe_2O_3 等进行了研究，但实用型红外辐射材料的开发与应用直到二十世纪七十年代才真正开始。

1982～1988 年，日本学者高岛广夫等研究了 Mn-Co-Fe-Cu 氧化物体系复合陶瓷材料，这类材料从长波到短波都有极高的红外发射率，全发射系数 $\varepsilon \geqslant 0.9$，被称为黑陶瓷，但其抗热震性很差。

1988 年英国 Harbert Beven 公司推出了一种以 SiC 材料为基体添加防老化层的红外辐射涂料。

1990 年南京航空学院材料工程系周建初研究了以 Fe_2O_3、MnO_2 为基体的陶瓷，指出它在 2.5～5μm 范围内有高的发射率。

1992 年中科院地化所姜泽春研究了尖晶石矿物的红外发射性质，指出了钒钛磁铁矿具有很高的发射率。

1998 年饶瑞等人对 Fe_2O_3 堇青石红外辐射陶瓷的结构和性能进行了研究。

2000 年欧阳德刚等人研究了过渡金属氧化物烧结材料不同组分含量和不同添

加剂对其微观结构和辐射性能的影响，并探讨了红外辐射机制。

目前国际上常用的红外辐射涂料有英国 CRC 公司的 ET-4 型涂料，美国 CRC 公司的 C-10A、G-125 及 SBE 涂料，日本 CRC 公司的 CRC1100、CRC1500 远红外涂料和美、欧、澳多国联营公司的 Enecoat 涂料，最高辐射率可达 0.9～0.94，据报道节能效果达到 5%～20%，电阻炉最高节能 30%。英国 Harbert Beven 公司与美、欧、澳多国联营推出的 Enecoat 红外辐射涂料产品，其辐射基料部分主要由碳化硅和化学添加剂组成，在预烧结过程中，添加剂可以在碳化硅表面形成二氧化硅保护膜，可有效防止碳化硅的高温氧化，延长其使用寿命；英国 CRC 公司的红外辐射涂料的辐射基料部分有氧化锆和锆英砂，其中 ET-4 红外辐射涂料的主要成分是氧化锆、二氧化硅、氧化铝，黏结剂是一种超显微的胶体悬浮液，这种独特的底层可以使涂料与金属基体黏结牢固。

还有文献报道用热化学反应法来制备金属陶瓷涂层技术的研究，但是对于其热化学反应的过程和反应机理的研究等仍然没有准确的可广泛接受的理论，因此仍需要进一步深入研究。最近武汉理工大学研制的红外辐射涂料采用烧结过渡金属氧化物系辐射材料作为辐射基料，铝溶胶、硅溶胶和氧化铬微粉作为黏结剂，其抗热震性能得到了明显的改善。

在红外陶瓷涂层技术中，关键的是制备高发射率的陶瓷质涂层材料，其次是通过合理的工艺很牢固地将其附着在基体材料上制成辐射加热器。但陶瓷配方、制备工艺及基体材料则决定了加热效果。

世界各国特别是日本已经成功获得了多种适合于物料干燥的红外辐射陶瓷材料，主要有锆英砂系、碳化硅系等，全波段辐射率达到了 0.92 以上。但是当前红外辐射陶瓷的发展仍面临困难，主要表现在以下几个方面：

① 红外辐射涂料在使用过程中的辐射基料发生老化，导致其辐射率不能够长期稳定在比较高温度的范围。

② 多数高发射率红外辐射陶瓷抗热震性不好。主要表现在两方面：第一，陶瓷材料自身在急剧的升降温过程中被破坏。第二，陶瓷材料与基体的热膨胀系数差距大，导致在升降温过程中陶瓷材料与基体材料分离。

③ 红外辐射陶瓷与基体黏结工艺不成熟。当前主要应用可溶性硅酸盐（俗称水玻璃）、磷酸盐、有机硅酸盐以及环氧等材料将红外辐射陶瓷粉黏结在基体上。因用于物料干燥的红外辐射陶瓷的工作温度一般在 400～600℃，黏结剂容易老化，导致了产品使用寿命变短。

④ 成本高，生产工艺复杂。

1.3　国内外相关远红外谷物干燥设备研究现状

在国内外的相关文献中，未发现具有独立自主知识产权的远红外谷物干燥装置的成功报道，因此只能借鉴与参照具有相似性的远红外烘干系统来进行研发谷物远红外对流组合干燥机。对于不同物料的远红外干燥设备，例如红外辐射在油漆烘干上的应用，远红外木材干燥设备、中药材远红外干燥机的工艺流程和发展进程，为本课题的研发提供重要依据。

国外谷物干燥机械的研究起步于 20 世纪 40 年代，到 60 年代基本实现了谷物干燥机械化，70 年代谷物干燥实现自动化，80 年代以后向优质、节能、高效、低成本和电脑控制方向发展；在美国、独联体国家、日本等国家谷物干燥机应用比较普遍。美国的中、小型低温干燥仓及大、中型高温干燥机机型，采用直接加热干燥方法，主要以柴油和液化气为燃料，同时，具有料位自动检测、恒温自动调节功能及出粮水分控制系统；独联体国家谷物干燥是利用具有较完善的自控系统的工厂化生产模式，主要机型以大、中型居多，常采用高温干燥方式，采用柴油和煤油直接加热；日本谷物干燥装置主要为适用于干燥水稻的中、小型设备。以小型固定床式，中、小型循环式及大型谷物干燥机等机型为主，常以柴油和煤油为燃料，少量采用稻壳，并且具有较完善的自动控制系统。

我国从解放初期对日本、苏联的谷物干燥机械进行仿制。20 世纪 70 年代广东省农机所等科研单位开始研制适合我国的中、小型干燥机型。80 年代后，研制的干燥机械大部分向多用化、小型化方向发展。90 年代以来，大型粮库包括农垦系统的种子和粮食生产基地，逐步出现辅助设备齐全的谷物干燥装备，并配备储粮仓、烘后再加工等配套设施。江苏财经职业技术学院王彬研制采用滚筒式结构的小型远红外与热风联合加热式水稻干燥机，该机是结合远红外和热风组合加热的干燥方法以及间歇性的干燥方式，具有结构紧凑、操作简便、寿命长和干燥成本低等优点。陕西科技大学张秦权、文怀兴、袁越锦对远红外联合低温真空干燥设备进行了研究与设计，该设备将真空干燥（蒸汽加热）与红外干燥有效地结合在一起，充分发挥各自的优势，将其整合为一种混合加热的干燥方法。1996 年起，我国台湾独资企业台湾三久机械有限公司生产的循环式远红外线干燥机 NP-120e，如图 1-1 所示，此远红外线干燥机，大幅度提高食味值，干燥速度快 20%～30%、节约电能 20%～30%、省油 5%；日本独资金子农机（无锡）有限公司研制的 RVF-1000 型远红外线干燥机，如图 1-2 所示，该机型品质有保证，所得谷物味道好，干燥时每粒谷物都能辐射到，烘干速度快，烘干成本低，省油 15%，省电 40%，装排料速度快，低噪声。

综上所述，我国大陆对远红外谷物干燥技术的研究比较薄弱，与日本和中国台湾比较，尚缺乏能够生产应用的具有自主知识产权的远红外谷物干燥节能机型。鉴于此本书所述的研究从远红外组合干燥机理和工艺入手，试验研究远红外对流干燥效果，优化设计远红外干燥机关键部件，进而开发了一种新型远红外对流组合干燥装置。

 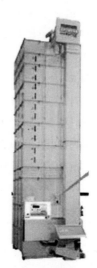

图 1-1　我国台湾三久远红外线干　　　图 1-2　日本金子农机（无锡）远红外线干燥机
燥机 NP-120e 型　　　　　　　　　　　　　 RVF-1000 型

1.4　红外辐射干燥技术在粮食领域中的应用

1.4.1　红外辐射干燥技术在稻米储藏品质稳定化领域中的应用

自 20 世纪 60 年代开始，部分专家学者就开始利用红外辐射技术处理稻米并研究其机理，但是当时红外辐射技术成本高昂，极大地限制了红外辐射技术在粮食干燥领域的广泛应用及发展。直至 21 世纪初，随着低成本燃气催化式红外辐射技术的问世，关于红外辐射干燥的研究逐渐引起重视。Pan 和 Khir 等验证了红外辐射可以实现稻米快速干燥，在高效快速降水的同时，红外辐射干燥相比自然通风干燥可以使稻米整精米率提高 1.9%，而且红外辐射干燥稻米的过程中，水分迁移速率以及扩散系数都显著高于对流干燥方式，同时能够良好地保持稻米加工及感官品质。除了降低稻米水分，红外辐射还对稻米储藏品质及安全具有显著影响。利用红外辐射处理稻米，可有效控制稻米储藏期间虫霉和自身陈化的发展，稻谷中成虫及虫卵致死率达 100%，黄曲霉数量降低 8.3 log，同时可释放稻壳中共价结合的酚类物质，显著提高稻壳提取物的自由基清除和抗氧化能力。Ding 等利用红外辐射技术对稻米进行干燥，发现含水量 25.03%（干基）的稻米经红外辐射加热 58s，可使稻米表面温度上升至 60℃，且红外辐射干燥的平均降水速率比热风干燥和自然通风干燥分别高出 21 和 186 倍。红外辐射相比自然通风干燥后的稻米，在 35℃下加速陈化储藏 10 个月后，稻米游离脂肪酸浓度增加值显著下降，作为陈米特征性气体组分的己醛含量比热风和自然通风干燥样品显著减少，说明红外辐射干燥延缓了稻米脂质降解，提高了稻米储藏稳定性。

1.4.2　红外辐射干燥技术在粮食杀虫领域中的应用

早在 20 世纪 40 年代，国外就已开展红外杀虫工艺的研究。1944 年，Frost 等就曾对经不同辐射波长、辐射强度和辐射时间处理的储粮害虫的温度进行测量，并阐明了虫体温度与致死率的关系，随着害虫温度的上升，死亡率逐渐增加。70 年代以后，Tilton、Cogburn 和 Kirkpatrick 等陆续通过燃烧天然气或丙烷等产生红外线的方式杀死不同虫龄的谷蠹、谷蛾和米象等储粮害虫。Tilton 和 Schroeder 研究了谷蠹、麦蛾和米象在相同辐射条件下的致死温度区间，得到三者顺序为米象>麦蛾>谷蠹。研究表明红外辐射可以快速加热稻谷达到害虫的致死温度范围，预测在 65～70℃红外处理条件下，害虫谷蠹、麦蛾和米象的致死率可达 100%。Kirkpatrick 等将 150g 水分含量为 13.5%的冬小麦和 12 种储藏物害虫的成虫混合，单层摆放在托盘上并置于燃气式红外辐射器下 65cm 进行处理。在冬小麦加热至 57℃时，成年谷蠹完全死亡，而当冬小麦加热到 48.6℃且保温 24h 后，93%的成年玉米象和 99%成年米象处于死亡状态。

近年来，随着催化式红外辐射设备的开发，制造和使用成本逐渐下降，红外杀虫的研究逐渐受到重视。Khamis 等利用催化式红外辐射器分别对米象、赤拟谷盗和谷蠹进行处理，通过 Logistic 线性回归方程发现温度与这 3 种害虫的死亡率存在显著相关性。易志利用催化式红外辐射对含玉米象、米象和谷蠹的稻谷加热处理，稻谷红外辐射加热到 55℃后保温 60min，玉米象和米象致死率均达 100%，加热到 65℃后保温 60min，谷蠹致死率可达到 100%。丁超等研究发现含虫稻谷经适当催化式红外辐射工艺处理 1min 左右，并缓苏 0.5～4h 后，在不影响稻谷加工和储藏品质的前提下，杀虫效果显著，稻谷的储藏稳定性得到提高。

1.4.3　红外辐射干燥技术在柠檬酸淀粉酯制备领域中的应用

柠檬酸淀粉酯是一种酯化变性淀粉。目前，国内外学者对于柠檬酸淀粉酯的研究多集中于柠檬酸淀粉酯的制备方法及不同淀粉源条件下制备得到的柠檬酸淀粉酯的理化性质研究等方面。柠檬酸作为一种多元酸，其与淀粉分子共热生成柠檬酸淀粉酯的原理是，在受热条件下柠檬酸分子会脱水生成柠檬酸酐，柠檬酸酐与淀粉分子间发生酯化交联反应，进一步加热形成柠檬酸-淀粉络合物，柠檬酸分子内继续脱水，生成的酸酐会与淀粉内葡萄糖羟基发生进一步反应，淀粉分子羟基被取代的同时引入羧基，从而获得柠檬酸淀粉酯。红外辐射穿透力强，热传递效率高，因此，被广泛地应用于淀粉改性领域，有学者采用红外辐射技术对天然淀粉进行改性处理，研究结果表明红外辐射热处理技术可以作为淀粉改性的一种工艺方式，将红外辐射技术引入到酯化糯米淀粉制备过程中，与干热改性方式相结合，高效的热传递，加速了柠檬酸受热脱水和淀粉颗粒破碎的过程，从而提高了酯化糯米淀粉的改性效率，生成的柠檬酸淀粉酯取代度最高达到 0.156。采用红外辐射干热酯化糯米淀粉技术制备柠檬酸糯米淀粉酯，缩短了酯化淀粉的制备时间，在一定程度上提高了柠檬酸淀粉酯的制备效率，红外辐射干热酯化淀粉技术可以较好地应用于柠檬酸淀粉酯的制备。

第2章 红外辐射陶瓷材料研发及应用试验

2.1 谷物干燥的红外辐射陶瓷材料研究

2.1.1 红外辐射陶瓷合成方案的确定

高辐射率红外辐射陶瓷以其优良的红外辐射性能得到了众多学者的关注，同时也在红外辐射干燥领域中得到应用。随着红外辐射涂料的研究与应用的蓬勃发展，许多品牌的红外辐射陶瓷产品应运而生，同时，大量的专利与文献不断地报道了红外辐射陶瓷最新研究成果，为红外辐射干燥提供了众多的涂料产品。

然而在实际应用中，红外辐射陶瓷仍然存在辐射率不能长期稳定及抗热震性能差、易剥落等问题。为了有针对性地选择开发一种新的红外辐射陶瓷以解决上述问题，笔者合成了以莫来石为主体，Fe_2O_3、CuO、Y_2O_3 掺杂的红外辐射复相陶瓷，并用二次烧结工艺将其牢固地附着在刚玉基体上。所获样品具有高的红外辐射率，并且具有良好的抗热震性能和较长的使用寿命。

2.1.1.1 影响红外辐射材料发射率的因素

为了研制出高质量的红外辐射陶瓷，我们有必要探讨一下影响红外辐射材料发射率的因素。

① 材料成分对陶瓷涂层辐射率的影响。例如金属、合金、金属化合物和非金属元素的全辐射率值是不同的。一般来说，金属导电体的辐射率值较小，电解质材料的辐射率值较大，这种差异与构成金属和电解质材料的带电粒子及运动特性有关。

② 掺杂对陶瓷辐射率的影响。晶体中的杂质也会引起光的吸收。当晶体中存在杂质或缺陷时，晶体振动的平移对称性就被破坏，在杂质格点上造成电荷的失衡，产生以杂质或缺陷为中心的局域振动，且局限在杂质或缺陷附近。降低晶格的对称性，必然引起晶格畸变，改变分子的振动和转动状态，促进材料的本征吸收。

③ 复合材料有利于提高辐射率。其原因是组元数增多，不同成分的原子间相

互作用，影响结构的对称程度，结构中缺陷增多，原子或分子的振动及转动形式更复杂多样，其能量重叠并扩展成能带，受热激发时发出宽频的红外辐射，且辐射能力较单一物质高得多，此时出现高辐射率涂料成分组成的"多组元效应"。单个氧化物的辐射率不高于 0.83，而其复配涂料的辐射率高于 0.90。有研究报道，用相同的原料，不同配比烧成的试样，其内部物相组成是相同的，只是相对含量不同，经测试其辐射率和光谱辐射分布有小的差别，基本相近。在同一配方的材质中，添加不同的过渡金属氧化物，其影响是明显而复杂的。在相同配方中引入不同的过渡金属氧化物，或在不同的配方中引入相同的过渡金属氧化物，其影响都是不同的。这种影响的结果是：在某些波段内提高（或降低）了辐射率，而在另外一些波段内降低（或提高）了辐射率。

④ 材料处理工艺对辐射率的影响。

a. 同一种材料由于处理工艺及条件不同而有不同的发射率值。对发射率影响最大的工艺参数是烧结温度。此外，同一烧结温度下，生烧和熟烧对材料辐射率的影响差别比较大。

b. 烧结气氛对辐射率的影响很大。例如经 700℃空气处理与经 1400℃煤气处理的 TiO_2 的常温全发射率分别为 0.81 和 0.86，这是还原引起氧缺位所致。Fe_2O_3 在高温预处理时，气氛对发射率的影响非常大，这主要是因为预处理使化学成分（Fe^{3+}/Fe^{2+} 比）发生变化以及失氧引起晶格缺位等结构因素变化两者综合造成的。在晶格缺位等缺陷处，晶体结构会发生局部畸变，使结构变得较为疏松，引起极化，造成晶体原子运动状态（能量状态）的复杂化。例如在能带的禁带区产生新的附加能级，而影响辐射率值。

c. 烧结过程中的升温速度、保温时间以及最高烧结温度都严重影响着陶瓷材料的辐射率。陶瓷材料的相对密度、韧性、晶粒的大小、晶格常数、晶相等都与陶瓷材料烧结技术有关，由此也影响到红外辐射陶瓷的辐射率。

d. 烧结完毕的冷却方式对辐射率的影响。其中有随炉冷却、空气中急冷、有水淬等。

⑤ 烧结助剂对陶瓷烧结也起着重要作用。引入合理的烧结助剂，能够降低烧结温度，形成部分低熔点的固熔体、玻璃相或其他液相，促进颗粒的重排或黏性的流动，从而获得致密的产品。同时具有增加基体的韧性和相对密度、降低陶瓷的热膨胀性等多种作用，使陶瓷涂层与基体更好地结合在一起。例如将一些稀土元素 Pd_2O_3、Y_2O_3 等加入堇青石、莫来石等结构不致密的晶体中，Pd^{3+}、Y^{3+} 等离子易固溶其中而引起晶格畸变，尤其和主体材料的半径大小和价态高低相差很大时，其形成的固溶体将提高晶格振动活性，因此提高了陶瓷涂层的辐射率。

⑥ 黏结剂的种类和浓度对涂层材料辐射率有一定的影响。一般黏结剂有无机物和有机物两类黏结剂，不同的种类黏结剂适用于不同的加热工作的要求。在红外辐射涂料应用中，针对不同情况使用的有可溶性钾或钠硅酸盐（水玻璃）、磷酸盐系无机黏结剂、有机硅酸盐和环氧树脂（低温）。

⑦ 涂层厚度对辐射率的影响。辐射器表面辐射率与涂层厚度有关系，这是因为有些材料对辐射率有一定程度的透明性。选择适当的涂层厚度，可使辐射有良好的效果，也能保证涂层与基体间的黏结强度和原材料的最少消耗量。涂层厚度一般控制在 0.1～0.4mm 之间，过厚、过薄都会降低表面辐射率。

⑧ 材料表面状态对辐射率的影响。当辐射层材料和结构一定时，物体的发射率还受表面状态的影响。表面状态指涂层表面的粗糙程度，一般粗糙度越大，辐射率越高。

⑨ 基体形状的选择也很重要，目前有平行状和碗形状。有人进行了测试发现，碗形板的表面温度、辐射强度和辐射效率均高于平面板。

⑩ 温度对辐射率的影响。同一材料在不同温度下的发射率也不同，一般情况下，金属的发射率随温度的升高而逐渐增大，非金属材料的发射率随温度的升高而减小。各种材料的发射率随温度变化的规律是不一致的，有个别金属的发射率随温度升高而减小。在选用材料时，应使最大发射率时的温度与辐射器的表面温度相适应。

⑪ 辐射热源与被加热物体间的距离，与辐射强度的平方成反比。缩短辐射距离，可以大幅度提高加热效果，但必须注意的是应该保持一定的间距，这是因为如果距离等于 0 时，无异将辐射与对流的两种加热方式变成单一的热传导了，此时的远红外涂料也将成为隔热材料。

⑫ 辐射强度与辐射体的面积成正比。所以，应尽可能增加红外涂料的涂覆面，但涂覆面必须是温度较高的辐射工作面，否则也会起到反作用。

⑬ 使用时间对辐射率的影响。辐射材料在长期使用过程中，会与周围介质（如水汽）发生物理化学作用，使得材料成分发生变化，则其辐射率也会随之发生变化，一般情况下是衰减，也有个别材料发射率会随时间提高。而当表面涂层发生脱落时，辐射就会变差。

2.1.1.2　红外辐射陶瓷的开发技术路线

红外辐射陶瓷主要由红外辐射基料和黏结剂组成，但黏结剂的使用容易使陶瓷使用寿命缩短。我们设想用烧结工艺，将高发射率红外辐射陶瓷烧结在基体上，从而避免了黏结剂的使用。首先是研制高发射率的红外辐射陶瓷，然后是选择合适的基体材料。

（1）基体材料的选择

因为选择了红外辐射陶瓷涂抹在基体上的烧结工艺，所以基体必须有比红外辐射陶瓷高得多的熔点。因此选择常见的刚玉瓷。

（2）主体材料最终选择

尖晶石型铁氧体具有很高的红外辐射率。对比了多种尖晶石型铁氧体的红外辐射特性，发现铜铁氧体在 $8\sim15\mu m$ 波段具有较高的辐射率，和干燥谷物所需要的工作波段一致，所以选择铜铁氧体。因为少量的铁氧体与其他材料复合就能显著地提高红外辐射率，且可以克服自身的抗热震性能差的不足，所以选择另一材料与铁氧体复合是必要的。

要使红外辐射陶瓷牢固地附着在刚玉瓷基体上，则需要它们的界面形成牢固的化学键。要使附着在基体上的红外辐射陶瓷在温度骤变的时候不脱落，则需要它们的热膨胀系数接近。莫来石符合上述两点要求，且自身红外辐射率达 0.83，加之其原料易得，合成工艺简单，为结构不致密体，易于被掺杂，有可能进一步提高其辐射率，所以选莫来石与尖晶石型铁氧体复合。

由于莫来石合成温度较高，可以选择添加 Y_2O_3 等助熔剂。一般来说，助熔剂的加入也会影响其红外辐射性能。

2.1.1.3　实验过程设计

① 首先合成莫来石，了解合成温度、粒度等条件对合成结果的影响。

② 探索尖晶石型铁氧体的合成工艺。

③ 用正交实验设计原理设计实验，分析 Fe_2O_3、CuO、Y_2O_3 的掺入对陶瓷结构及红外辐射特性的影响。

④ 尝试红外辐射陶瓷与基体陶瓷的烧结工艺，探讨最佳生产工艺。

2.1.2　莫来石的合成

2.1.2.1　原料选择

莫来石（mullite）是一种链状结构的铝硅酸盐矿物，为非定比组成的化合物，在 Al_2O_3-SiO_2 体系中，是 Al_2O_3/SiO_2 摩尔比介于 2∶1 和 1∶1 之间的连续型固溶体。常见的有 $3Al_2O_3 \cdot 2SiO_2$ 以及 $Al_2O_3 \cdot SiO_2$ 两种形式。Cameron 的研究给出莫来石的通式为：$Al_2(Al_{2+2x}Si_{2-2x})O_{10-x}$。式中：$x$ 为单位晶胞中四面体中氧原子的减失数，其值处在 0.17～0.59 范围内。它的晶体结构可以看作是由硅线石结构演变而来的。结构中[SiO_4]和[AlO_4]四面体的排列是无序的。[SiO_4]和[AlO_4]四面体沿 C 轴排列，组成[$AlSiO_5$]双链，双链间由[AlO_6]八面体连接。[AlO_6]八面体共棱连接成链位于单位晶胞（001）投影面的四个顶角和中心。莫来石的结构决定了它具有平行 C 轴延长的针状、纤维状的晶体形态及平行 {010} 的解理。

根据成分，可将莫来石划分为以下几种：α-莫来石（纯 $3Al_2O_3 \cdot 2SiO_2$），β-莫来石（含有过量的 $3Al_2O_3$），γ-莫来石（含 TiO_2 和 Fe_2O_3）。α-莫来石晶格常数为 $a=0.755nm$，$b=0.768nm$，$c=0.288nm$。随着 Al/Si 比变化，莫来石结构中将不同程度出现周期性的氧缺位。

莫来石具有耐高温、抗氧化、蠕变率低、荷重软化温度高、优异的抗酸碱腐蚀性、电绝缘性能好、介电系数低等优点。莫来石的热膨胀系数比较小，当温度发生急剧变化时，莫来石基体内产生的热应力相对较小，故莫来石陶瓷的抗热震性比较好。莫来石陶瓷临界热震温度差达到了 750℃，因此莫来石可以广泛应用在一些对抗热震性要求较高的场合。

传统莫来石合成的方法有烧结法和电熔法。目前正在研究的有溶胶-凝胶法、气相沉积法、共沉淀法、水热晶化法、喷雾热解法等，但它们大多处于实验室研究阶段，离工业化生产还有一定距离。我们采用烧结法合成莫来石。图 2-1 为莫来石晶体结构示意图。

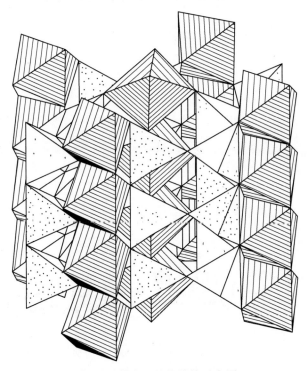

图 2-1　莫来石晶体结构示意图

2.1.2.2 实验

按 α-莫来石（纯 $3Al_2O_3 \cdot 2SiO_2$）理论组成计算配方，Al_2O_3 为 71.8%、SiO_2 为 28.2%。按计算好的配方进行配料，一式五份，每份 6g。为了降低合成温度，并提高莫来石的室温机械强度，我们向其中三份加入 0.15g 的 Y_2O_3。

加入酒精混合球磨 7h。磨好的料自然干燥，之后混合均匀，以 20MPa 的压力压制成 $10 \not\subset \times (2\sim3)mm$ 的圆片，将其在空气气氛中烧结，烧成温度分为 1300℃、1400℃、1500℃，保温 5h，随炉冷却到室温。

样品成分及实验条件见表 2-1。

表 2-1　合成莫来石的原料化学组成及实验条件

编号	成分/g			烧成温度/℃	保温时间/h
	Al_2O_3	SiO_2	Y_2O_3		
1 号	4.31	1.69	0	1400	5
2 号	4.31	1.69	0	1500	5
3 号	4.31	1.69	0.15	1300	5
4 号	4.31	1.69	0.15	1400	5
5 号	4.31	1.69	0.15	1500	5

2.1.2.3 物相分析及性能测试

（1）XRD 测试

为了了解合成莫来石的物相，用日本理学 X 射线衍射仪（X-ray diffractometer）对陶瓷粉末状样品进行了 XRD 分析，测试条件为：Cu 靶，K_a 放射源，实验功率为 12.5kW，步长为 0.02，扫描速度为 0.2 步/s。实验结果如下（图 2-2～图 2-5）：

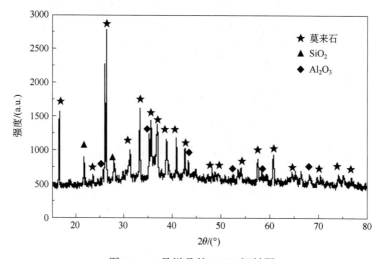

图 2-2　1 号样品的 XRD 衍射图

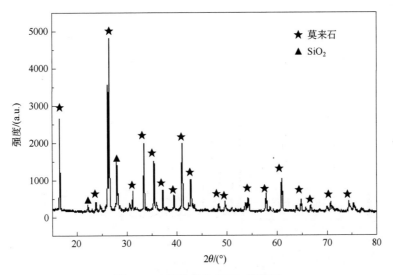

图 2-3 2 号样品的 XRD 衍射图

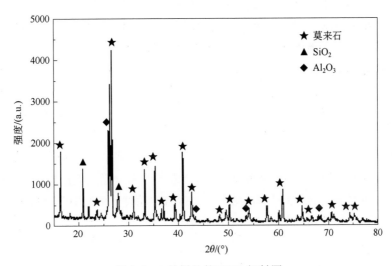

图 2-4 3 号样品的 XRD 衍射图

由 XRD 测试结果可知，1 号样品存在 Al_2O_3、SiO_2、莫来石三相，莫来石含量不高；2 号样品主要为莫来石相并残留少量 SiO_2 相。由此可知，固相反应法合成莫来石的温度至少在 1500℃以上。3 号样品莫来石含量已经很高；4 号样品已经几乎全是莫来石相；5 号样品已经出现了一定的液相，并和刚玉坩埚粘连。由此可知，少量 Y_2O_3 的加入可使合成温度从 1500℃以上降低到了 1400℃。

（2）样品吸水率的测定

样品 1～5 号吸水率分别为 14%、9%、11%、3%、1%。因为 1 号、2 号样品成

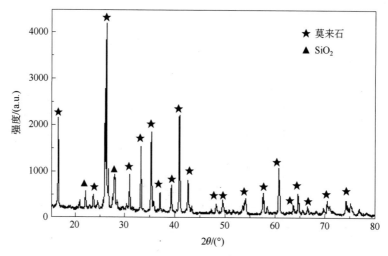

图 2-5　4 号样品的 XRD 衍射图

瓷温度高，所以气孔率大，吸水率高；3 号样品由于烧结温度低，结构也不致密；4 号样品因为 Y_2O_3 的加入极大地降低了烧结温度，所以结构致密，吸水率低；5 号样品由于玻璃相的大量出现，几乎不存在空隙，吸水率极低。

吸水率越高的样品，其机械性能越低，4 号样品具有较强的机械性能。

（3）样品抗热震性测试

作为红外辐射材料的莫来石需要在较高温度环境中工作，所以抗热震性是衡量其性能的一个重要指标。

我们对 1～5 号样品进行了抗热震性的实验。将样品加热到 800℃，保温 10min，然后取出使其在空气中急冷。重复 2 次后，1 号和 5 号样品破裂；重复 4 次后，2 号样品破裂；重复 6 次后，3 号样品破裂；而 4 号样品直到重复 10 次也完好。

我们认为，玻璃相与莫来石热膨胀系数的差异和样品中因产生玻璃相而导致的内应力是 5 号样品抗热震性差的主要原因。1 号、2 号和 3 号样品孔隙率高，机械强度低，所以抗热震性也不好。4 号样品结构致密，机械性能优异，而莫来石本身的热膨胀系数就很小，所以其抗热震性优异。Y_2O_3 的加入有可能进一步提高了其抗热震性能。

2.1.3　尖晶石型铁氧体的合成

铁氧体是由铁和其他一种或多种金属组成的复合氧化物。凡是晶体结构和天然矿石——镁铝尖晶石结构相似的铁氧体，称为尖晶石型铁氧体。研究表明，铁系尖晶石型铁氧体有很高的红外辐射率，有"黑陶瓷"之称。铁系尖晶石型铁氧体红外辐射陶瓷性能稳定，应用越来越广泛。

2.1.3.1　尖晶石型铁氧体的晶体结构与红外辐射特性

（1）尖晶石型铁氧体的晶体结构

尖晶石型铁氧体的晶体结构与天然矿物 $MgAl_2O_4$ 尖晶石结构相同，属于立方晶系，其化学分子式为 $MeFe_2O_4$，其中 Me 代表二价金属离子，如 Mg^{2+}、Zn^{2+}、Co^{2+}、Cu^{2+}、Ni^{2+}、Fe^{2+} 等，而铁为三价铁离子 Fe^{3+}，它也可被 Al^{3+} 或 Ci^{3+} 等取代。

尖晶石晶体结构的单位晶胞如图 2-6 所示，其中氧离子作面心立方密堆积，金属离子镶嵌在密堆的氧离子间隙之中。间隙分为两类：一类是间隙较小的四面体间隙，它被四个氧离子所包围，这四个氧离子的中心连线构成四面体；另一类为间隙较大的八面体间隙，它被六个氧离子包围，这六个氧离子的中心连线构成八面体。尖晶石结构的单位晶胞含有 8 个原子，其中，32 个氧离子共组成 64 个四面体空位和 32 个八面体空位，金属离子只占据其中的 8 个四面体空位（A 位）与 16 个八面体空位（B 位）。

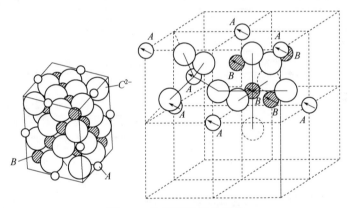

图 2-6　尖晶石的晶体结构

（2）尖晶石型铁氧体的阳离子分布

尖晶石型铁氧体的分子式为 $MeFe_2O_4$，一般情况下其金属阳离子分布可用下式表示：$(Me_x^{2+}Fe_{1-x}^{3+})[Me_{1-x}^{2+}Fe_{1+x}^{3+}]O_4$。其中，( ) 内的阳离子表示占据 A 位，[ ] 内的阳离子表示占据 B 位。当 $X=1$ 时为 $(Me^{2+})[Fe_2^{3+}]O_4$，称为正尖晶石铁氧体，如锌铁氧体 $(Zn)[Fe_2]O_4$；当 $X=0$ 时为 $(Fe^{3+})[Me^{2+}Fe^{3+}]O_4$，称为反尖晶石铁氧体，如镍铁氧体 $(Fe^{3+})[Ni^{2+}Fe^{3+}]O_4$；当 $0<X<1$ 时即为一般表达式 $(Me_x^{2+}Fe_{1-x}^{3+})[Me_{1-x}^{2+}Fe_{1+x}^{3+}]O_4$，称为混合型尖晶石铁氧体，如镍锌铁氧体 $(Zn_x^{2+}Fe^{3+}_{1-x})[Ni_{1-x}^{2+}Fe_{1+x}^{3+}]O_4$。完全正型或完全反型的阳离子分布均很少，多数铁氧体通常是混合型的。

（3）尖晶石型铁氧体的红外辐射特性

红外辐射率与成分的关系：①$ZnAl_2O_4$、$MgAl_2O_4$、$ZnTi_2O_4$、$MgSn_2O_4$ 等其法向全发射率最小。②$ZnFe_2O_4$、$CoAl_2O_4$、$MgGr_2O_4$、$ZnMn_2O_4$ 具有中等的红外辐射

率。③A、B 位全为铁铬锰铜钛等的尖晶石具有最高的红外辐射率。

红外辐射率与尖晶石结构的关系：①正尖晶石类矿物的红外辐射率较小。$ZnAl_2O_4$、$MgAl_2O_4$、$ZnFe_2O_4$ 等只具有中等的红外辐射率。②反尖晶石类矿物的辐射率有大有小。在反尖晶石结构中，Zn^{2+}、Mg^{2+} 占据八面体空隙，该矿物红外辐射率很小。若八面体空隙被 Fe、Co、Ni、Cu 等占据则红外辐射率较高。③混合型尖晶石具有很高的辐射率。

由表 2-2 可见，$CuFe_2O_4$ 在 8～14μm 范围内有很高的红外辐射率，而这个波段正是谷物干燥的工作波段，所以我们选择 CuO、Fe_2O_3 掺杂莫来石是合理的。

表 2-2　常见尖晶石矿物的红外辐射率

尖晶石	F1	F2	F3	F4	F5	F6	F7	F8
$MgFe_2O_4$	0.79	0.94	0.89	0.89	0.90	0.90	0.94	0.89
$CuFe_2O_4$	0.83	0.87	0.93	0.93	0.93	0.94	0.93	0.92
$ZnFe_2O_4$	0.81	0.90	0.82	0.88	0.91	0.94	0.91	0.92
$NiFe_2O_4$	0.81	0.88	0.87	0.85	0.84	0.86	0.94	0.93
$CoFe_2O_4$	0.85	0.88	0.88	0.89	0.90	0.95	0.96	0.94
$MnFe_2O_4$	0.78	0.94	0.85	0.86	0.88	0.90	0.92	0.91
$ZnMn_2O_4$	0.77	0.88	0.85	0.87	0.88	0.86	0.90	0.91
$NiCr_2O_4$	0.77	0.94	0.96	0.97	0.97	0.93	0.90	0.91

注：F1，全波长积分辐射率；F2，8μm 前截止；F3，8.55μm（带宽 1μm）；F4，9.50μm（带宽 1μm）；F5，10.60μm（带宽 1μm）；F6，12μm（带宽 1μm）；F7，13.5μm（带宽 1μm）；F8，14μm 前截止。

2.1.3.2　尖晶石型铁氧体的合成步骤

探讨合成温度、成分等因素对合成尖晶石型铁氧体结构和性能的影响对合理安排铁氧体-莫来石复合红外辐射陶瓷烧结工艺有着重要意义。

（1）实验

采用分析纯的 CuO、α-Fe_2O_3 为原料，按 $CuFe_2O_4$ 称样，CuO、Fe_2O_3 质量比为 1∶2。为研究成分对铁氧体结构的影响，另称取 CuO、Fe_2O_3 质量比为 1∶1 的样品作为对比，探讨成分与最终合成物相的关系。根据前人的研究结果，我们设计了合理的烧结工艺（表 2-3）。

将准确称量的样品用行星式球磨机湿法球磨 5h，干燥后以 20MPa 的压力压制成直径 12mm 的小圆片。首先在 800℃条件下预烧 2h，此时生料颜色变深。然后再次球磨 1h，并压制成圆片。最后按表 2-3 所述温度烧结，保温 5h，随炉冷却。

1 号样品为黑色的坚硬固体；2 号样品出现了少量的液相；3 号、4 号样品则生成了大量液相，和坩埚粘连在一起，不可剥离。

表 2-3　合成铁氧体的配方及烧结工艺

编号	成分（质量分数/%）		烧结温度/℃	保温时间/h	冷却方式
	Fe_2O_3	CuO			
1 号	66.7	33.3	1200	5	随炉冷却
2 号	50	50	1200	5	随炉冷却
3 号	66.7	33.3	1300	5	随炉冷却
4 号	50	50	1300	5	随炉冷却

（2）铁氧体物相测试

物相分析采用日本理学 X 射线衍射仪对陶瓷粉末状样品进行了 XRD 分析，测试条件为：Cu 靶，K_a 放射源，实验功率为 12.5kW，步长为 0.02，扫描速度为 0.2 步/s。结果见图 2-7 和图 2-8。

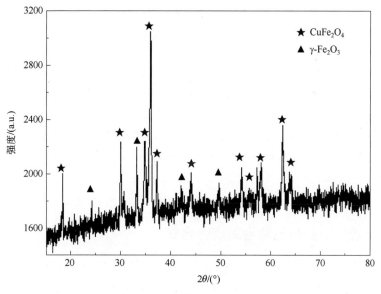

图 2-7　1 号样品的 XRD 图

由图 2-7 可知，1 号样品主要物相是反尖晶石结构铁氧体，化学式为 $CuFe_2O_4$，另有少量残留的 $\gamma\text{-}Fe_2O_3$。Fe_2O_3 与 CuO 的摩尔比大于称量时的 1∶1。我们认为，因 CuO 的熔点比 Fe_2O_3 约低 200℃，导致了烧结时其挥发量比 Fe_2O_3 大得多，最终导致了成分偏离初始值。$\alpha\text{-}Fe_2O_3$ 经过高温烧结，形成了类尖晶石结构的 $\gamma\text{-}Fe_2O_3$。

由图 2-8 可知，2 号样品主要物相是正尖晶石结构铁氧体，化学式为 $CuFe_2O_4$，另有少量铜铁矿，化学式为 $Cu^{1+}Fe^{3+}O_2$。未见氧化铜残留。

由实验结果可知，由氧化铁和氧化铜烧结合成尖晶石型铁氧体，即使在同样的烧结工艺下也可能得到正反两种尖晶石结构的铁氧体。实验结果在很大程度上受到

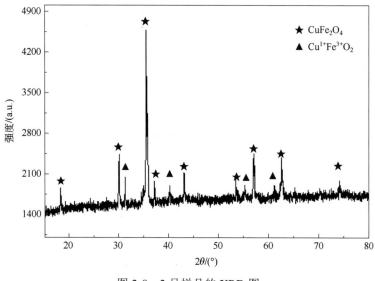

图 2-8　2 号样品的 XRD 图

氧化铁和氧化铜的摩尔比值影响。Fe_2O_3 过量的时候，易生成反尖晶石结构的铁氧体，CuO 过量的时候，易生成正尖晶石结构的铁氧体和铜铁矿。

（3）尖晶石型铁氧体的吸水率及抗热震性测试

1 号和 2 号样品吸水率分别为 9.5%和 6.5%，具有较高的吸水率。

将二个样品在马弗炉中加热到 800℃，保温 15min，然后使其在空气中急冷，如此重复。1 号样品重复 3 次后破裂，2 号样品重复 5 次后破裂。所以，虽然尖晶石型铁氧体红外辐射率高，但却不能直接作为红外辐射材料使用。

2.1.4　高辐射率莫来石复合陶瓷的合成

尖晶石结构铁氧体虽然红外辐射率高，但其膨胀系数大，抗热震性能很低，不能直接作为红外辐射材料。合成的莫来石铁氧体复合陶瓷，具有较高的红外辐射率，且抗热震性能优异，是优异的红外辐射材料。

2.1.4.1　实验

选用正交实验设计确定原料配比方案，并用生料烧结方法合成莫来石复合陶瓷。

（1）莫来石复合陶瓷的合成

以 Al_2O_3、SiO_2 为原料（Al_2O_3 为 71.8%、SiO_2 为 28.2%）合成的莫来石作为主体材料，取定值 6g。以辅助原料 Fe_2O_3、CuO、Y_2O_3 为三个因素，将 5%、2.5%、0 三个不同的配比作为 Fe_2O_3、CuO、Y_2O_3 的 3 个水平，以不同配方红外复合陶瓷材料的辐射率为主要考察对象，采用正交实验设计 [正交表 $L_9(3^4)$]，按正交表安排 9

次实验，实际上是组成了 9 个配方，另加一个平行实验（合成纯莫来石）。表 2-4 为复合材料不同配方的因素水平表，表 2-5 为红外复合陶瓷材料正交实验表。

表 2-4　复合材料不同配方的因素水平表

水平	因素		
	Fe_2O_3/% A	CuO/% B	Y_2O_3/% C
1	5	5	5
2	2.5	2.5	2.5
3	0	0	0

表 2-5　红外复合陶瓷材料正交实验表

编号	Fe_2O_3/%	CuO/%	Y_2O_3/%
1 号	5	5	5
2 号	5	2.5	2.5
3 号	5	0	0
4 号	2.5	2.5	5
5 号	2.5	0	2.5
6 号	2.5	5	0
7 号	0	0	5
8 号	0	5	2.5
9 号	0	2.5	0

　　准确称量样品，经湿法球磨 7h 后，以 20MPa 的压力压制成 $\phi10×(2～3)$mm 的圆片，将其在空气气氛中烧结，烧成温度 1400℃，保温 5h，随炉冷却到室温。

　　除 5 号样品为白色，3 号样品为红色外，其他样品呈黑、深棕或黑绿色。

　　（2）莫来石复合陶瓷与基体材料的涂覆

　　人们通常将红外辐射陶瓷磨成粉，然后用黏结剂将其粘在基体材料上。常用的黏结剂有水玻璃、磷酸盐系无机黏结剂、有机硅酸盐和环氧树脂（低温）等。但是，通常黏结剂容易老化，影响材料的使用寿命。我们设计的用烧结法将红外辐射陶瓷材料烧结在基体上，避免了黏结剂的使用，极大地提高了材料的使用寿命。

　　首先将红外辐射陶瓷在玛瑙研钵里磨制成粉，加入适量的水继续研磨，使其具有一定的黏度。然后将所得的黏性液体均匀地涂覆在刚玉陶瓷上，自然阴干。之后将基体陶瓷再次烧结，烧结温度在 1300℃至 1400℃之间，具体温度由其配方决定。经过二次烧结，红外辐射陶瓷都牢固地附着在基体陶瓷上，界面间形成了稳固的化学键的结合。

2.1.4.2　红外辐射陶瓷的物相及结构分析

（1）XRD 测试分析

物相分析采用日本理学 X 射线衍射仪对陶瓷粉末状样品进行了 XRD 分析，测试条件为：Cu 靶，K_a 放射源，实验功率为 12.5kW，步长为 0.02，扫描速度为 0.2 步/s。测试结果见下图。

由图 2-9 可知，此平行实验样品的主要物相为莫来石以及少量的 SiO_2。通常情况下，煅烧生产出的莫来石往往是与 SiO_2 共生的双晶相产品。

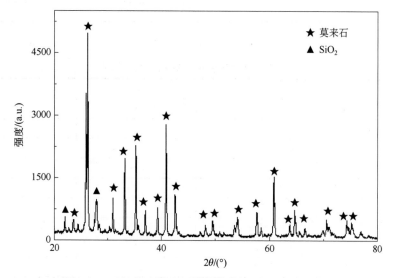

图 2-9　平行实验样品（合成纯莫来石）的 XRD 图

1 号样品掺杂量为 Fe_2O_3、CuO、Y_2O_3 各 5%。由图 2-10 可知，它的主要物相为莫来石、SiO_2 和 Al_2O_3。由各物相衍射峰的强度推测，莫来石约占 70%～80%，含量较低。由于尖晶石型铁氧体（$CuFe_2O_4$）的最强衍射峰与莫来石的衍射峰重合，所以我们通过查找其次强的 62.77°处（440）面衍射峰来确定它的存在。由图 2-10 可知，在 62.8°存在一小却明显的衍射峰。考虑到 1 号样品是 9 个样品中掺杂最多的，故我们认为样品中含有少量的正尖晶石结构铜铁氧体。

样品中莫来石的主要衍射峰与平行样品中莫来石主要衍射峰的峰位有微小的偏移，说明 1 号样品中莫来石晶格发生了轻微的畸变。

2 号样品掺杂量为 Fe_2O_3 5%、CuO 2.5%、Y_2O_3 2.5%。它的主要物相为莫来石、SiO_2 和 Al_2O_3。由各物相衍射峰的强度推测（图 2-11），莫来石约占 80%～90%。

对比样品中莫来石衍射峰位发现它没有发生明显的偏移，莫来石的晶格未发生显著畸变。

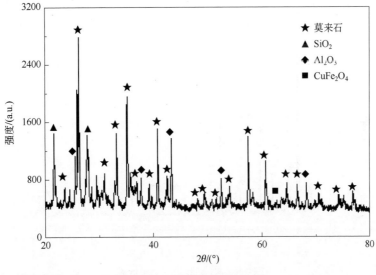

图 2-10　1 号样品的 XRD 图

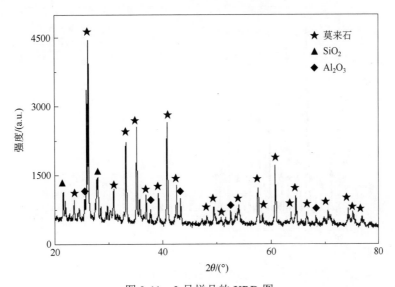

图 2-11　2 号样品的 XRD 图

3 号样品掺杂量为 Fe_2O_3 5%、CuO 0%、Y_2O_3 0%。它的主要物相为莫来石和少量 SiO_2。由各物相衍射峰的强度推测（图 2-12），莫来石约占 90%以上。样品中莫来石衍射峰也没有发生显著偏移，晶格也几乎没有畸变。

4 号样品掺杂量为 Fe_2O_3 2.5%、CuO 2.5%、Y_2O_3 5%。它的主要物相为莫来石、SiO_2 和 Al_2O_3。由各物相衍射峰的强度推测（图 2-13），莫来石约占 70%~80%，含量较低。样品中莫来石衍射峰也没有发生显著偏移，晶格也几乎没有畸变。

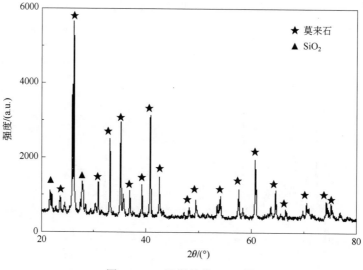

图 2-12　3 号样品的 XRD 图

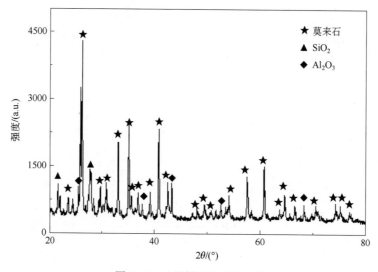

图 2-13　4 号样品的 XRD 图

　　5 号样品掺杂量为 Fe_2O_3 2.5%、CuO 0%、Y_2O_3 2.5%。它的主要物相为莫来石和 SiO_2。由各物相衍射峰的强度推测（图 2-14），莫来石约占 90% 以上，含量较高。样品中莫来石衍射峰也没有发生显著偏移，晶格也几乎没有畸变。

　　6 号样品掺杂量为 Fe_2O_3 2.5%、CuO 5%、Y_2O_3 0%。它的主要物相为莫来石、SiO_2 和 Al_2O_3。由各物相衍射峰的强度推测（图 2-15），莫来石约占 70%～80%，含量较低。样品中莫来石衍射峰发生轻微的偏移，晶面间距有所增加，相应的晶格常数有所增加，晶格产生了一定程度的畸变。

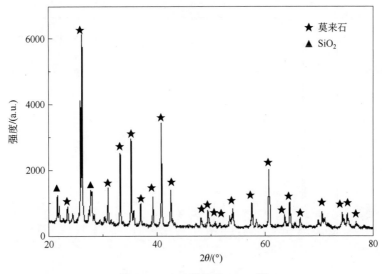

图 2-14　5 号样品的 XRD 图

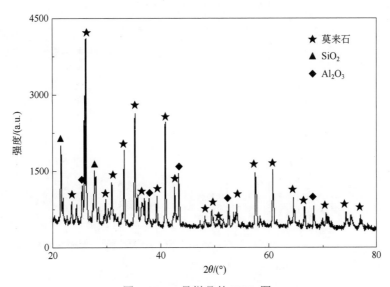

图 2-15　6 号样品的 XRD 图

　　7 号样品掺杂量为 Fe_2O_3 0%、CuO 0%、Y_2O_3 5%。它的主要物相为莫来石、SiO_2 和少量 Al_2O_3。由各物相衍射峰的强度推测（图 2-16），莫来石约占 80%～90%。样品中莫来石衍射峰没有发生显著偏移，所以晶格也几乎没有畸变。

　　8 号样品掺杂量为 Fe_2O_3 0%、CuO 5%、Y_2O_3 2.5%。它的主要物相为莫来石、SiO_2 和 Al_2O_3。由各物相衍射峰的强度推测（图 2-17），莫来石约占 70%～80%，含量较低。样品中莫来石衍射峰发生了一定程度的偏移，所以晶格也存在一定程度的畸变。

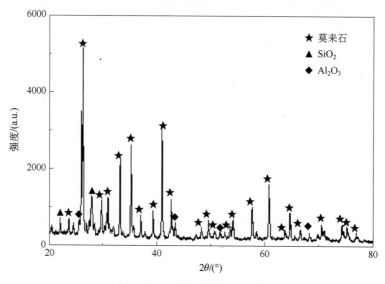

图 2-16　7 号样品的 XRD 图

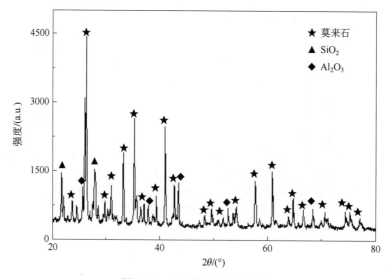

图 2-17　8 号样品的 XRD 图

　　9 号样品掺杂量为 Fe_2O_3 0%、CuO 2.5%、Y_2O_3 0%。它的主要物相为莫来石和少量 SiO_2。由图 2-18 可知，莫来石含量约占 90%，含量较高。样品中莫来石衍射峰发生了轻微的偏移，所以晶格也存在轻微的畸变。

　　（2）不同掺杂对红外辐射陶瓷物相及晶格畸变的影响

　　如前文所述，九个样品中，莫来石大致含量在 70%～90% 之间。为了定性地了解各种元素掺杂量对莫来石生成率的影响，我们对各个样品的莫来石生成率做了统

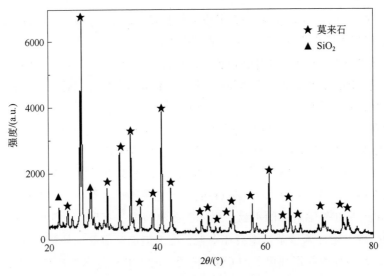

图 2-18　9 号样品的 XRD 图

计。正交实验设计的优点就是它的实验点很有代表性，且均匀分散，整齐可比，所以可确定各影响因素对指标的影响。用各样品生成率的大致数据定性地讨论了每种掺杂元素在每一掺杂量下莫来石的大致平均生成率，见表 2-6：

表 2-6　掺杂对莫来石生成率的影响统计

掺杂量/%	莫来石平均含量（质量分数/%）		
	Fe_2O_3	CuO	Y_2O_3
0	约 83	约 88	约 83
2.5	约 80	约 83	约 82
5	约 80	约 72	约 78

　　由表 2-6 中我们首先可以看出 Fe_2O_3 的掺杂量对莫来石的生成率影响较小。由于 Fe^{3+} 的离子半径较小，所以很容易溶入莫来石的晶格里（莫来石对铁的固溶度达 10%），且造成晶格的畸变很小，莫来石的吉布斯自由能变化也小，所以莫来石合成的限度受铁掺杂的影响不大。

　　铜的掺杂极大地降低了莫来石的生成率。Cu^{2+} 的离子半径为 0.085nm，比 Fe^{3+} 的 0.067nm 大，所以铜离子进入莫来石晶格后将造成一定的晶格畸变，提高了莫来石的吉布斯自由能，使 Al_2O_3、SiO_2 与莫来石间的吉布斯自由能之差减小，从而降低了莫来石生成的"推动力"，减小反应率。CuO 掺杂量从 0%增加到 2.5%使莫来石生成率降低了 5 个百分点，而掺杂量从 2.5%增加到 5%却使莫来石生成率降低了 11 个百分点。原因可能是 CuO 量少时将主要参与尖晶石型铁氧体的合成，掺杂量较大时才进入莫来石晶格，进而降低莫来石的生成率。

随着 Y_2O_3 的掺入，莫来石的生成率缓慢降低。因为 Y^{3+} 半径较大，达到了 0.108nm，所以 Y^{3+} 很难固溶到莫来石的晶格中，对莫来石的吉布斯自由能影响也有限，因此 Y_2O_3 的掺入只是缓慢地降低莫来石的生成率。

样品的 XRD 图也支持了上述观点。由图 2-18 可知，即使只掺入了 2.5% 的 CuO，9 号样品中莫来石的衍射峰也发生了轻微的移动，而添加了 5% 的 CuO 的 8 号样品衍射峰偏移更大，而 3 号样品即使掺入了 5% 的 Fe_2O_3 也几乎没有改变其晶格常数，7 号样品掺入了 5% 的 Y_2O_3 同样也没有造成明显的晶格畸变。

研究掺杂元素与掺杂量对产品物相以及晶格畸变的影响对于研究产品的红外辐射率也有指导意义。因为少量 Fe_2O_3 的掺入几乎不引起莫来石的晶格畸变，所以 Fe_2O_3 的掺杂对红外辐射率的贡献主要体现在参与尖晶石型铁氧体的合成。所以在铁过量的时候，增加其掺杂量不会在很大程度上提高产品的红外辐射率，反而会因为增加 Fe_2O_3 而导致其消耗更多的 CuO，进而削弱了 Cu^{2+} 掺杂对红外辐射率的贡献。

（3）莫来石复合陶瓷吸水率及抗热震性测试

1 至 9 号样品的吸水率依次为 3%、5%、9%、3%、5%、7%、3%、4%、7%。样品的吸水率与 Fe_2O_3 和 CuO 的掺杂量关系不大，而随着 Y_2O_3 掺入量的增加单调递减。由此可见，Y_2O_3 掺入可以降低烧结温度，提高液相量的比例，使陶瓷更加致密。

我们测试了陶瓷样品的抗热震性能。将样品加热到 800℃，保温 15min，然后使其在空气中急冷，如此重复。重复两次后，3 号和 9 号样品莫来石陶瓷层和基体陶瓷脱落，三次后 6 号样品也脱落。这三个样品都不含有 Y_2O_3。由此可知，Y_2O_3 加入后，降低了陶瓷材料的烧结温度，使莫来石陶瓷与基体陶瓷间形成稳固的化学键的结合，提高了样品的抗热震性。

（4）样品粒径的测定及粒径与黑度关系的讨论

为了确定样品的晶粒大小，我们对 4 号样品进行了扫描电镜（SEM）测试，测试结果如图 2-19 所示：

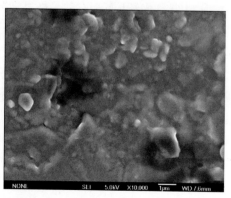

图 2-19　4 号样品表面的 SEM 型貌图

从图 2-19 中可以看出，4 号样品的晶粒大小约为 0.3～1.2μm。虽然样品的烧结温度较高，保温时间也较长，但因为原料的初始粒径小，且材料中含有除莫来石相的其他相，抑制了晶粒的长大，所以样品粒径依然小。

一般认为，晶粒度严重影响着样品的黑度，但人们对晶粒度和样品黑度的关系尚未取得一致观点，众说纷纭。王长全等的研究表明，样品的晶粒度越大，红外辐射率越高。而更多人的研究却表明，样品晶粒度越细红外辐射率越高。

我们认为，物质的黑度并非随着晶粒度的增加单一地递增或递减。红外辐射对陶瓷材料有一定的穿透深度，所以材料的结构对黑度有影响，而非等轴晶系材料和多相材料的黑度与结构的关系更大。

当非等轴晶系单相多晶陶瓷晶粒度大于红外辐射对陶瓷的穿透深度时，材料的黑度是比较高的，除表面反射外的所有红外辐射都被材料吸收。随着材料晶粒的减小，红外辐射将穿透多层晶粒。非等轴晶体具有双折射率，所以晶界两侧折射率不等，红外辐射穿过晶界时也会发生反射。材料表面反射和多层晶界反射的结果将导致黑度的下降。当材料晶粒度降低到与红外辐射波长相近的时候，材料内部米氏散射将占主导地位，因为米氏散射强度较高，所以材料黑度依然较低。随着晶粒的进一步减小，瑞利散射将起主要作用。瑞利散射的特点是粒径（r）与波长（λ）的比值（r/λ）越小散射越低，所以随着晶粒度的减小材料的黑度会提高。综上所述，非等轴晶系单相多晶陶瓷的黑度随着晶粒的减小先降低后升高。

等轴晶系晶体因为双折射率为零，所以晶界处不会有反射现象，材料内部也不会有散射现象。因此在成瓷良好的情况下材料的黑度与粒径关系不明显。

多相陶瓷黑度与粒径的关系更复杂。糜正瑜、褚治德等认为，两种材料混合物的黑度介于两种单一材料的黑度之间，其中各相对样品黑度的贡献正比于其含量；而阎国进等认为，少量的第二相的引入也可以显著地提高样品的黑度。二者都有各自的实验结果来证明自己的观点。更多人偏向于阎国进的结论，认为复合材料有利于提高黑度。他们认为黑度提高的原因是组元数增多导致晶界处不同成分的原子间相互作用，结构缺陷增多。按照这个理论，材料的黑度应随着两相界面数量的增加而增加。但又有研究报道，用相同的原料，不同的配比烧成的试样，其在内部物相组成相同，只是相对含量不同时，经测试其辐射率和光谱辐射分布有小的差别，基本相近。上述的晶界缺陷理论无法解释这个现象。

复相材料的黑度与晶粒度有密切联系。当粒径明显大于某红外辐射的波长时，单个晶粒可以看作独立的辐射/吸收单元，材料对红外辐射的吸收作用可以看作每个晶粒的吸收作用的代数和，此时各相对材料黑度的贡献正比于其百分含量。这与糜正瑜、褚治德等得到的结果相同。当材料的晶粒明显小于某红外辐射的波长时，单个光子不可能只与材料中单个晶粒作用，它的作用范围或许包含了数百个晶粒，此时单个晶粒就不能看作是独立的辐射/吸收单元。假设某复相材料由两种理想材料 A 和 B 组成，黑度分别为 0 和 1，含量各占 50%，粒径明显小于某红外辐射的波长，且两相分布均匀。此红外辐射作用于此复相材料时，单个光子将与数百个晶粒作用，包含足够且均匀分布的 B 晶粒，而材料 B 的特点是会吸收所有照射到它上面的红外辐射，所以此光子被吸收的概率将远大于 50%，此时黑度高的 B 材料将决定复相材料的黑度。在保证单个光子作用范围内有足够 B 晶粒的前提下，大幅降低或增加 B 的百分含量对材料的黑度影响不大，这也得到了阎国进等人的实验证实。

上述理论对研制某特定红外吸收特性的复相材料具有重要指导意义。日本学者高岛广夫等研究了 Mn-Co-Fe-Cu 氧化物体系复合陶瓷材料，此材料有多种物相，每相在特定的红外波段都有较高的黑度，各相综合作用的结果就使得这类材料从长波到短波都有极高的红外发射率，全发射系数 $\varepsilon \geqslant 0.9$，被称为黑陶瓷。通过选择合适的物相并控制它们的粒径将得到所需要求的复相材料。

由此可知，我们选择的实验配方是非常合理的。掺杂莫来石和少量铜铁氧体组成的复相材料将具有高的黑度。

2.1.4.3　莫来石复合陶瓷的红外辐射特性研究

（1）样品红外辐射特性测试

辐射率的测试采用天津 WG-4D 组合式 2 多功能光栅光谱仪。波数范围 4000～650cm^{-1}，光栅条数 66m^{-1}，测量温度为 300℃。测试结果如图 2-20～图 2-29 所示：

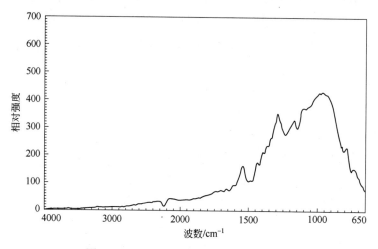

图 2-20　未掺杂莫来石的红外辐射图谱

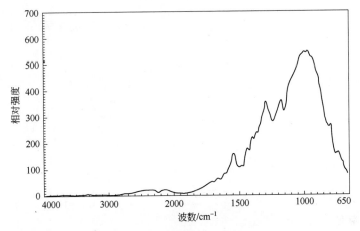

图 2-21　1 号样品的红外辐射图谱

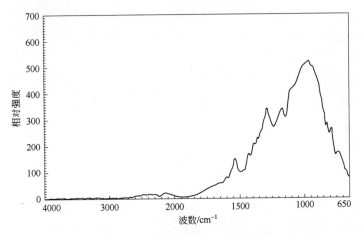

图 2-22　2 号样品的红外辐射图谱

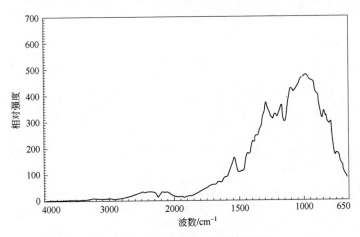

图 2-23　3 号样品的红外辐射图谱

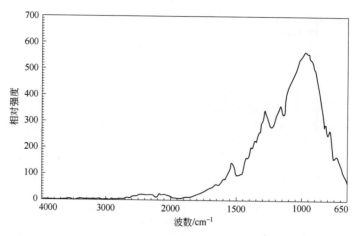

图 2-24　4 号样品的红外辐射图谱

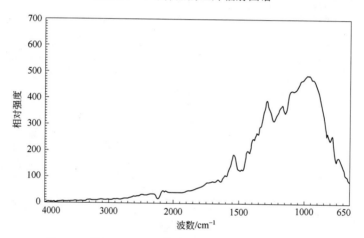

图 2-25　5 号样品的红外辐射图谱

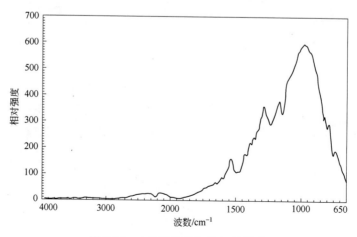

图 2-26　6 号样品的红外辐射图谱

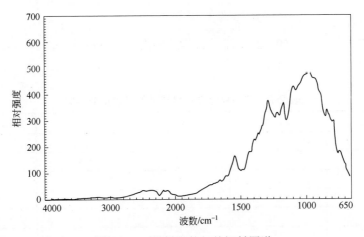

图 2-27　7 号样品的红外辐射图谱

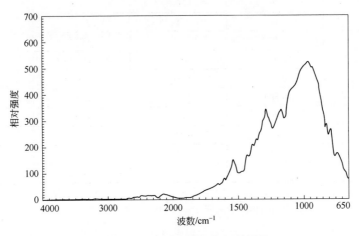

图 2-28　8 号样品的红外辐射图谱

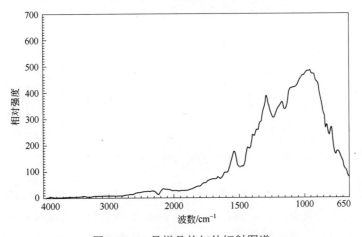

图 2-29　9 号样品的红外辐射图谱

（2）样品红外辐射结果分析

主要考虑样品在 $650\sim2000cm^{-1}$ 波数范围内的红外辐射。表 2-7 为红外复合陶瓷材料辐射率的正交实验表。

表 2-7　红外复合陶瓷材料辐射率的正交实验

实验号	Fe_2O_3/%	CuO/%	Y_2O_3/%	红外辐射率
1	5	5	5	0.925
2	5	2.5	2.5	0.915
3	5	0	0	0.878
4	2.5	2.5	5	0.930
5	2.5	0	2.5	0.886
6	2.5	5	0	0.933
7	0	0	5	0.845
8	0	5	2.5	0.920
9	0	2.5	0	0.905
K_{1j}	0.906	0.926	0.900	y_a=0.904
K_{2j}	0.917	0.917	0.907	
K_{3j}	0.890	0.870	0.905	
W_{1j}	0.0018	0.0243	−0.0044	
W_{2j}	0.0139	0.0144	0.0033	
W_{3j}	−0.0157	−0.0387	0.0011	
R_j	0.0296	0.0531	0.0077	

注：y_a—实验结果的平均值；K_{ij}—第 j 列因素的第 i 个水平对应的实验结果的平均值；W_{ij}—第 j 列因素的第 i 个水平的效应；R_j—第 j 列因素的最大值效应与最小值效应之差，即极差。

以因素的水平为横坐标，各因素对辐射率的影响效应为纵坐标，根据计算表中各列的效应值，画出 3 个因素与效应的关系图 2-30。

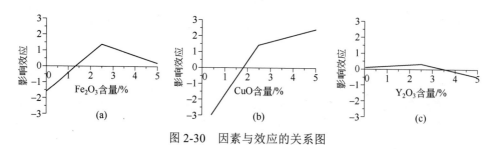

图 2-30　因素与效应的关系图

从图 2-30 中图（a）可看出，Fe_2O_3 从 0 增加到 2.5%时，辐射率效应由−1.57 增加到 1.39，说明在此范围内，复合材料中 Fe_2O_3 质量分数越高越好。但质量分数再增加时，其辐射率效应出现降低趋势，即 Fe_2O_3 从 2.5%增加到 5% 时，辐射率效应由 1.39 降到 0.18，说明在复合材料中 Fe_2O_3 的质量分数并不是越高越好；从图（b）中可以看出 CuO 从 0 增加到 2.5%时，辐射率效应从-3.87 快速增加到 1.44，CuO 从 2.5%增加到 5%时，辐射率效应从 1.44 缓慢增加到 2.43；从图（c）中我们可以看出，Y_2O_3 在复合陶瓷材料中对辐射率的影响不大。

　　Fe_2O_3 含量较低时，主要参与尖晶石型铁氧体的合成。在这个阶段辐射率随着铁氧体含量增加而增加，所以 Fe_2O_3 含量从 0 增加到 2.5%时，辐射率效应由-1.57 增加到 1.39。当铁氧体达到一定质量分数后，再增加其含量对辐射率的影响不大。氧化铁进一步增加会与 CuO 反应生成铁氧体，消耗更多的 CuO，且铁的掺杂有可能使 Cu^{2+} 进入莫来石晶格更加困难，降低了 Cu^{2+} 掺杂对辐射率的影响。如前文所述，Fe^{3+} 掺杂几乎不改变莫来石的晶格常数，引起的晶格畸变很小，所以多余的 Fe^{3+} 掺杂对莫来石辐射率的提高也没有明显影响。这一观点也得到了靳正国和王一光等人的实验证实。所以当铁氧体含量到一定限度后，再增加其含量并不能显著提高材料的辐射率。

　　CuO 含量较低时，也是主要参与尖晶石型铁氧体的合成，所以在这个阶段辐射率随着 CuO 含量增加而增加。当 CuO 相对于 Fe_2O_3 有剩余时，它就进入到莫来石晶格里，引起一定的晶格畸变，导致了晶格的非谐振动的增强，从而提高了材料的辐射率。由前文可知，当 CuO 相对于 Fe_2O_3 过量时，生成的物相主要是正尖晶石结构铁氧体和少量的铜铁矿。铜铁矿中铜离子显正一价，使样品中铜离子处于混价状态，有可能进一步提高样品的辐射率。所以在整个掺杂范围内，样品的辐射率随着 CuO 量的增加而增加。

　　由样品的 XRD 图谱可知，Y_2O_3 的掺杂并未引起莫来石晶格的显著畸变。因为 Y^{3+} 半径较大，认为它未大量地进入莫来石的晶格，所以 Y_2O_3 的掺杂与样品红外辐射率的关系不大。它的作用主要体现在降低样品的合成温度，提高样品的抗热震性能。

　　对比样品的 XRD 图谱和红外辐射图谱后发现，莫来石生成率的降低并没有降低样品的红外辐射性能。虽然样品中莫来石含量降低了，但莫来石晶格畸变增大了，红外辐射率有所提高，且剩余的石英和刚玉也具有较高的红外辐射率，所以莫来石生成率的降低并没有降低样品的红外辐射率。

　　由各个样品的红外辐射图谱可知，虽然各个样品辐射率不一样，但它们在高于 1200cm^{-1} 波数时辐射特性几乎一致，而在 800~1200cm^{-1} 波数范围内有显著差别。我们认为其主要原因是尖晶石型铜铁氧体在 8~12μm 波段辐射率较高，而在小于 8μm 波段辐射率较低。这也表明了少量的尖晶石型铜铁氧体确实导致了材料的高辐射率。

2.1.4.4　最佳配方样品的合成

由图 2-31 可知，最佳的实验方案是 Fe_2O_3 2.5%、CuO 5%、Y_2O_3 2.5%。按此配方称样、研磨、压片、烧结，然后将此样品研磨后涂覆在刚玉陶瓷上进行二次烧结，得到了最终产品。其 XRD 测试结果与红外辐射测试结果如图 2-31 和图 2-32 所示。

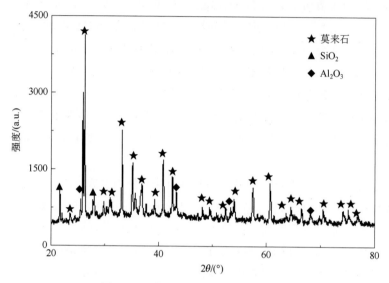

图 2-31　最佳配方品的 XRD 测试图

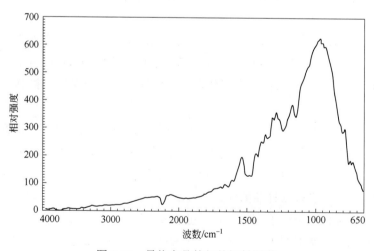

图 2-32　最终产品的红外辐射图谱

样品在 $650 \sim 2000 cm^{-1}$ 波数范围内辐射率为 0.935，且抗热震性能优异，是综合性能很好的红外辐射材料。

2.1.4.5　小结

通过对莫来石合成、铁氧体合成的研究，制定了合理的实验条件，通过正交实验设计制定了掺杂方案，最终得到了性能优良的高发射率红外辐射陶瓷材料。我们对样品进行了 XRD 测试和红外辐射特性的测试，得出如下结论：

① 用氧化铝和石英为原料，通过高温烧结，合成的样品莫来石占 90%以上。添加少量的 Y_2O_3 可以显著地降低合成温度。

② 采用 CuO、$\alpha\text{-}Fe_2O_3$ 为原料可以合成正、反尖晶石型铁氧体。所得物相与原料的成分比例有关。

③ 复相材料在粒径明显小于某红外辐射的波长时，其中少量的高黑度相将显著提高材料的黑度。

④ 用正交实验设计确定实验方案，可以系统地研究出各影响因素对实验结果的影响。

⑤ 最佳掺杂量为 Fe_2O_3 2.5%、CuO 5%、Y_2O_3 2.5%。此样品的在 $650 \sim 2000 cm^{-1}$ 波数范围内辐射率达到了 0.935。

⑥ 过多的 Fe_2O_3 会降低产品红外辐射率。CuO 掺杂量较高有利于红外辐射率的提高。Y_2O_3 掺杂量与红外辐射率没有明显联系。

⑦ CuO 掺杂量的提高会降低莫来石的生成率，但并不明显地降低材料的红外辐射性能。

⑧ 样品红外辐射率的提高主要是因为少量尖晶石型铁氧体的存在以及 Cu^{2+} 掺杂引起了莫来石的晶格畸变。

⑨ 用烧结工艺，将样品烧结在刚玉陶瓷上，避免了黏结剂的使用，可以提高样品的使用寿命。

2.2　谷物红外辐射干燥试验研究

2.2.1　试验材料

2.2.1.1　基体材料

实验采用的烘干板是一种双层低碳钢薄板，尺寸为 400mm×400mm，单层厚度为 1.2mm，中间夹层材料为绝缘石棉衬垫，作为基体材料，如图 2-33 所示。涂层结合强度是指陶瓷涂层与基体分开所需要的应力。本文中，对涂层结合强度测试选用基材为 ϕ25mm×4mm 的低碳钢试片。

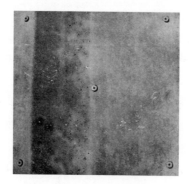

图 2-33　烘干板

2.2.1.2　喷涂材料

　　涂层材料为红外辐射复合陶瓷材料，其中 Al_2O_3、SiO_2 为主体原料，Fe_2O_3、CuO、Y_2O_3 为辅助原料，经高温烧结合成了适于谷物干燥的红外辐射复合陶瓷材料，并通过正交实验确定了最佳的掺杂比例，化学成分如表 2-8 所示。经过球磨处理，把材料制备成符合等离子喷涂要求的粉体材料，喷涂粉末的形貌如图 2-34 所示，其粒度分布大约为 50～150μm。

表 2-8　陶瓷粉末的化学成分（%）

Al_2O_3	SiO_2	Fe_2O_3	Fe_2O_3	Y_2O_3
64.6	25.4	2.5	5	2.5

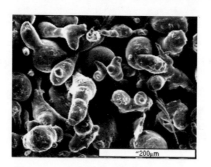

图 2-34　喷涂粉末的形貌（SEM）

2.2.1.3　干燥物料

　　吉林省公主岭市产马齿形玉米。

2.2.2　试验方法及设备

2.2.2.1　陶瓷涂层制备

　　首先使用丙酮对喷涂基体试板（片）进行净化处理，然后在射吸式喷砂机上进行喷砂（16#棕刚玉砂）粗化。

把基体试板固定在专用夹具上，采用 GP-80 型等离子喷涂系统（配有 YASKAWA UP－6 型弧焊机器人）按设定的程序自动喷涂。陶瓷涂层的厚度控制在 250～300μm 之间。基础等离子喷涂参数如表 2-9 所示。

表 2-9　基础等离子喷涂参数

电流/A	570	送粉气（Ar）/(L/min)	2.3
电压/V	55	送粉速度/(g/min)	33
主气（Ar）/(L/min)	48	喷涂距离/mm	80
次气（H$_2$）/(L/min)	4.8	喷涂速度/(mm/s)	30

2.2.2.2　陶瓷涂层组织结构分析

采用扫描电镜（配有能谱仪 EDS: energy dispersive spectrum）对涂层的微观组织进行观察。利用 D/MAX2500PC-γA 型 χ 射线衍射仪（XRD）进行物相分析，涂层的孔隙率采用 VIDAS 图像分析系统测定。

图 2-35 为制备的陶瓷涂层的表面形貌。可以看出，在微观上陶瓷涂层的特点是涂层表面凸凹不平，组织不够均匀、致密，存在一定量的孔隙，并且能够观察到显微裂纹的分布 [见图 2-35（b）]。这种表面形貌特征是与涂层的形成机理密不可分的。在陶瓷涂层的形成过程中，首先是陶瓷粉末颗粒在等离子焰流的作用下处于熔化或部分熔化状态，并高速冲向基材表面，粉末颗粒与基材表面接触产生变形，并迅速冷凝、收缩，呈扁平状黏结在基材上。接之而来的陶瓷颗粒连续不断地冲击基材表面或在其上堆积并重复上述过程，陶瓷颗粒与基材表面之间、颗粒与颗粒之间就会相互交错地黏结在一起形成涂层。因此，涂层是由无数变形的陶瓷颗粒相互交错堆叠而成的。部分陶瓷颗粒变形不充分，在陶瓷颗粒之间易产生孔隙，导致涂层组织不均匀、致密和表面凸凹不平。涂层表面裂纹的产生主要归因于陶瓷涂层的脆性和陶瓷液滴冷凝收缩产生较大的拉应力。

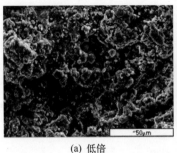 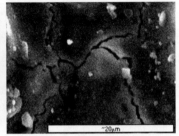

(a) 低倍　　　　　　　　　　(b) 高倍　　　　　　二维码

图 2-35　陶瓷涂层的表面形貌（SEM）

　　研究结果表明，陶瓷涂层内部组织结构的特点是，存在一定量的孔隙和微裂纹（图2-36）。涂层孔隙的形貌主要为近球形和长条形［图2-36（b）］。根据图像分析结果，陶瓷涂层的孔隙为10%～14%。

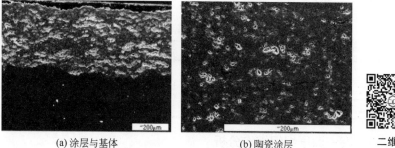

(a) 涂层与基体　　　　　　　　　(b) 陶瓷涂层　　　　　　　二维码

图2-36　陶瓷涂层的断面形貌（SEM）

　　进一步对陶瓷涂层的断口进行观察分析表明，陶瓷涂层主要由等轴晶［图2-37（a）］和柱状晶［图2-37（b）］组成，说明陶瓷粉末在等离子焰中熔化程度较好，发生了重熔、生核和长大的过程。

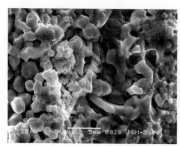

(a) 涂层断口中的等轴晶　　　　　　(b) 涂层断口中柱状晶　　　　二维码

图2-37　陶瓷涂层的断口形貌（SEM）

2.2.2.3　陶瓷涂层性能研究

　　在本文研究的范围内，涂层的性能主要指结合强度。根据我国航空航天工业部航空工业标准《热喷涂涂层结合强度试验方法》（HB 5476—1991）：在直径25mm×4mm的试片上喷涂陶瓷涂层，用环氧树脂胶（E－7）把它粘到已喷砂粗化的对偶拉伸棒上（见图2-38），经过80℃保温4～5h，待胶完全固化后在拉伸实验机上进行拉伸实验，使陶瓷涂层与金属基体之间破坏分开所需的应力即为涂层的结合强度。

　　一般地讲，涂层的结合强度包括两层含义：一是指涂层自身的结合强度，也就是熔化或半熔化状态的喷涂颗粒或粒子团（splat）之间的结合强度；二是指涂层与基体之间的结合强度，这里研究的是涂层与基体金属之间的结合强度。

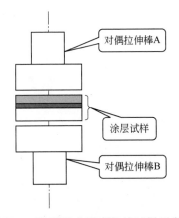

图 2-38　涂层结合强度拉伸试样示意图

本文对陶瓷涂层的结合强度进行研究，实验结果如表 2-10 所示。这里待测拉伸试样的涂层厚度为 280μm，涂层的平均结合强度为 41.5MPa。

表 2-10　陶瓷涂层的结合强度

试样编号	1	2	3	4	5
涂层结合强度/MPa	36	43	23	39	48

一般地，涂层的结合强度随着陶瓷涂层厚度增加而下降。这主要是因为随着涂层厚度增加，涂层内部的残余应力迅速增加所致，当涂层厚度超过一定阈值，涂层甚至会在喷涂后即发生脱落或剥离的现象。涂层中存在较大残余应力主要有以下两个方面的原因：一是喷涂过程中先冷却、固化的小液滴会限制随后沉积到涂层上液滴的收缩；二是涂层材料和基体材料在热胀系数上的差异。两种因素共同作用的结果是使涂层材料本身承受较大的拉应力，基体则受到压应力作用，降低涂层与基体的结合强度，在外力作用下易发生涂层剥离现象。此外，在喷涂过程中涂层材料相变等因素对涂层中残余应力的形成也是有贡献的。

2.2.2.4　薄层干燥实验台系统

红外辐射干燥实验台是在热风薄层干燥实验台上进行改装的，如图 2-39。利用前期工作得到的以 Al_2O_3、SiO_2 为主体原料，Fe_2O_3、CuO、Y_2O_3 为辅助原料，经高温烧结合成了适用于玉米干燥的红外辐射陶瓷材料。把该材料均匀喷涂到加热板上，形成红外辐射涂层。

在薄层干燥实验过程中，需要根据实验要求测控热介质温湿度，测定物料温度、干燥速率、废气温湿度等。目前，多采用人工定时称重来测量干燥速率，温、湿度数据的采集也多采用人工记录，而人工数据采集处理工作量大且操作烦琐，每次采

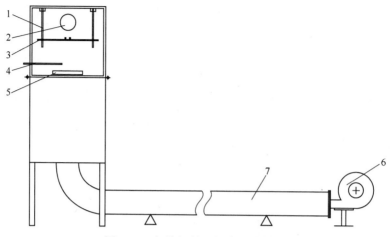

图 2-39　红外辐射干燥实验箱简图
1—调节辐射板距离的螺杆；2—通风口；3—红外辐射加热板；
4—传感器；5—物料筛；6—风机；7—风道

样时间较长，有可能产生随机误差，影响干燥实验的准确性。而少数基于微型计算机的薄层干燥实验系统控制方法简单，干燥参数测量不全面，数据处理分析功能不强，工作界面不够友好。本研究开发的基于虚拟仪器技术（LabVIEW）的薄层干燥实验系统，具有自动化程度高、实验操作简单、测试项目多、工作界面友好、数据处理分析功能强、测试精度高等优点。

　　干燥过程中需要采集的模拟量有：环境空气温、湿度，热介质温、湿度，物料温度，物料含水率，物料质量以及热介质特性风速等。需要控制的模拟量主要是热介质温度和特性风速。

　　薄层干燥实验系统的检测和控制系统如图 2-40，主要由 IBM-PC 机、DAQCardPCI-6024E 板、温湿度传感器和精密电子天平等组成。

　　DAQCardPCI-6024E 板是高执行多功能 PCI 总线模拟、数字及定时 I/O 板，具有模拟输入、模拟输出、数字 I/O 和定时 I/O 功能。PCI-6024E 板带有 16 个模拟输入通道，2 个模拟输出通道，68 针的连接板和 8 个数字 I/O 口。模拟输入由软件进行设置，具有三种不同的输入模式：单端不对地输入、单端对地输入和差动输入。单端输入提供 16 个通道，差动输入提供 8 个通道。输入范围随编程所设增益不同而不同，A/D 转换器为 12 位。本文设定增益为 0.5，则输入范围为−10～10V，测量精度为 4.88mV，输入模式为单端对地，用 ACH0～ACH5 口来采集 4 个温度值和 3 个湿度值。通过软件设置 DIO0、DIO1 口为数字输出，分别输出高低电平来控制风机和电热管。

　　采用 RSC-1 型相对湿度传感器，测量范围 0～99%，电压输出 0～99mV，输出灵敏度 1mV/%。

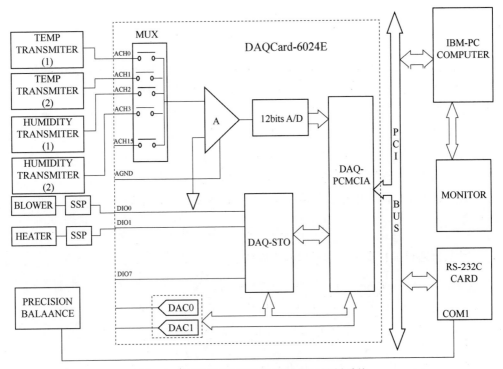

图 2-40　薄层干燥实验数据采集及控制系统

采用 WWM 型 PN 结温度传感器测量热介质温度、废气和环境温度。WWM 型 PN 结温度传感器探头直径为 1mm，测量物料内部温度。

试样质量采用 Adventurer^{TM} 型高精度电子天平测量，通过 RS232 串行口进行通信传输采集样品质量值，称重范围 0～4100g，精度等级 0.01%。

在干燥实验过程中，要求保持干燥温度的恒定，以维护干燥工艺所要求的温度。由于控制对象的精确模型难以建立，本系统采用由 PID 控制算法导出的增量式 PID 控制方法，以实现精确的控制目的。其控制算式为：

$$\Delta u_i = K\left[e_i - e_{i-1} + \frac{T}{T_i}e_i + \frac{T_d}{T}(e_i - 2e_{i-1} + e_{i-2})\right] \qquad (2\text{-}1)$$

$$= P(\Delta e_i + Ie_i + D\Delta^2 e_i)$$

式中，e_i 为本次设定值与实测值之差，K 为比例系数，T 采样周期，T_i 为积分系数，T_d 为微分系数。

$$\Delta e_i = e_i - e_{i-1}$$
$$\Delta^2 e_i = \Delta e_i - \Delta e_{i-1}$$
$$P = K$$

$$I = T / T_i$$
$$D = T_d / T$$

PID 控制算法的输入量是偏差 e，也就是给定值 w 与系统输出 y 的差。在进入正常调节后，因为 y 已接近 w，e 的值不会太大，所以相对而言，干扰值对调节有较大的影响。为了消除随机干扰的影响，除了从系统硬件及环境方面采取措施外，在控制算法上也应该采取一定措施，以抑制干扰的影响。

在这里，通过 4 点中心差分法修改微分项的办法来抑制干扰。在这种修改方法中，一方面将 D 选择的比理想状况下稍小一些，另一方面在组成差分时，不是直接应用现时偏差 e_i，而是用过去和现在 4 个采样时刻的偏差的平均值作为基准，即

$$\overline{e_i} = (e_i + e_{i-1} + e_{i-2} + e_{i-3}) / 4$$

然后再通过加权求和形式近似构成微分项，即

$$\begin{aligned}
\frac{T_d \Delta \overline{e_i}}{T} &= \frac{T_d}{4}(\frac{e_i - \overline{e_i}}{1.5T} + \frac{e_{i-1} - \overline{e_i}}{0.5T} + \frac{\overline{e_i} - e_{i-2}}{0.5T} + \frac{\overline{e_i} - e_{i-3}}{1.5T}) \\
&= \frac{T_d}{6T}(e_i + 3e_{i-1} - 3e_{i-2} - e_{i-3})
\end{aligned} \tag{2-2}$$

将式（2-1）代替式（2-2）中的差分项和二阶差分项，可得到修改后的增量式 PID 算法：

$$\Delta u_i = K\left[\frac{1}{6}(3e_{i-1} - 3e_{i-2} + e_i - e_{i-3}) + \frac{T}{T_i}e_i + \frac{T_d}{6T}(e_i + 2e_{i-1} - 6e_{i-2} + 2e_{i-3} + e_{i-4}) \right] \tag{2-3}$$

本研究采用扩充临界比例法来确定 PID 调节参数。首先，将调节器选为纯比例调节器，形成闭环，改变比例系数，使系统对阶跃输入的响应达到临界振荡状态，将此时的比例系数记为 K，临界振荡的周期记为 T_r。根据齐格勒-尼柯尔斯（Ziegle-Nichols）经验，就可以由这两个基准参数得到调节参数。

本研究的加热过程可以通过控制加热时间来控制，加热时间可以通过控制半开关周期的通断时间来控制，也就是说通过脉冲宽度来决定加热时间。脉宽占空比表示为：

$$\delta = t_0 / T \tag{2-4}$$

因此，本研究采用脉宽调制法来控制电加热管的通断。由数据采集单元采集的信号作为计算机的控制输入信号，计算机根据输入信号的大小，按照预先编制的增量式 PID 控制算法经计算后输出控制量的大小，再经数字输出口输出一定占空比的

脉冲宽调制（PWM）信号驱动电加热器。脉冲宽度调制信号输出单次脉冲的宽度由装入的计数初值决定。装入的计数初值是由计算机按预先编制的增量式 PID 控制算法计算出的控制量。

　　LabVIEW 是基于现代软件的面向对象技术和数据流技术而发展起来的图形化程序设计开发平台，具有开发周期短、调试轻松的特点，便于学习和掌握。LabVIEW 有大量的函数库和高级的分析子 VI，用户只需调出代表仪器功能、操作、数据处理、输出显示的图标，输入相关的配置参数，连好类似数据流图的框图，就完成全部编程工作。LabVIEW 中还提供了丰富直观的图形化调试工具，用这些工具可以很方便地设置断点、单步、分块执行程序和设计程序运行时间等，并可用动画的方式显示数据的流动。

　　本研究在 NI 公司的虚拟仪器 LabVIEW 软件平台上开发了薄层干燥实验系统。在 LabVIEW 编程环境下，薄层干燥实验系统的控制模块如图 2-41 所示。

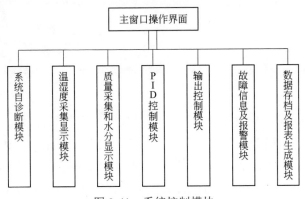

图 2-41　系统控制模块

　　该控制系统主要由系统自诊断模块、温湿度采集显示模块、质量采集和水分显示模块、PID 控制模块、输出控制模块、故障信息及报警模块、数据存档及报表生成模块构成。温湿度采集显示模块通过 DAQ 板的模拟量输入显示热介质温、湿度，环境温、湿度，排气温、湿度，试样温度和试样质量的采集和定标，可将测量结果提供给其它模块，用于控制和存储记录。质量采集和水分显示模块通过 RS232 串口通讯将试样质量显示并通过试样质量变化与含水率的关系显示出干燥降水率，此子 VI 如图 2-42 所示。PID 控制模块通过增量式 PID 控制算法输出控制量的大小，决定 PWM 信号的占空比。输出控制模块采用 PWM 法控制数字输出 DIO0 传送至 DAQ 板 D/A 通道控制电加热器对电热管的加热，保持干燥温度的工艺要求；同时通过控制数字输出 DIO1 控制风机的启动停止。故障信息及报警模块显示实验过程故障信息并通过报警信号进行报警；数据存档及报表生成模块在 LabVIEW 程序中通过

Write To Spreadsheet File Ⅵ函数直接将实验数据记录到电子表格文件中，通过电子表格生成数据报表。

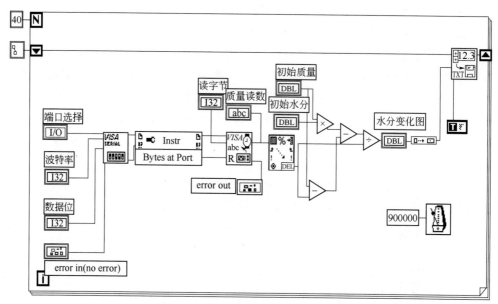

图 2-42　质量采集和水分显示流程图

依据 GB/T 10362《粮油检验　玉米水分测定》的具体操作过程，用电烘箱法测出原玉米的含水量。根据玉米干物质质量不变的原则，计算配制 25%含水量的玉米样品应加的水分，将配好水分的玉米密封放入 4℃的冷藏室，每天翻动 3 次，保证玉米籽粒均匀吸水，放置 72h 后，再测定玉米含水量，备用。试验所用玉米试样实测含水率为 23.7%，在加热功率分别为 500W、1000W、1500W，辐射板距离分别为 8cm、12cm、16cm，风速为 0.5m/s 条件下，加热所需功率由调节调压器获得，取玉米试样 200g 进行试验，每半个小时称量一次，直至每个样品水分值到 14.5%视为干燥结束。

2.2.3　试验结果与分析

如图 2-43 所示，因为红外辐射谱区有利于玉米对热量的吸收，所以有红外涂层的加热板与无涂层加热板干燥相比，干燥速度快，达到目标含水率所用时间短。

从图 2-44、图 2-45 中可以看出，不同加热板距离与干燥曲线的关系以及不同加热功率与干燥曲线的关系。加热板距离越小，干燥速率越快；加热功率越大，辐射强度越强，干燥速率就越快。同时可以看出，不同加热板距对红外干燥过程的影响较加热功率影响小。

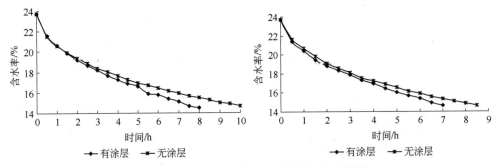

图 2-43　加热板有无涂层干燥曲线的对比图

（左）条件为加热功率 1000W，辐射距离 12cm；（右）条件为加热功率 1500W，辐射距离 12cm

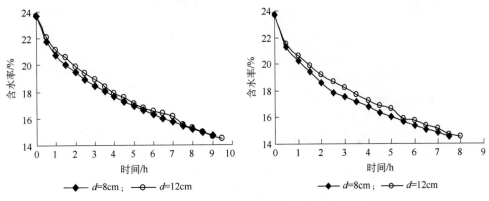

图 2-44　不同加热板距离的干燥曲线的对比图

（左）加热功率 500W；（右）加热功率 1000W

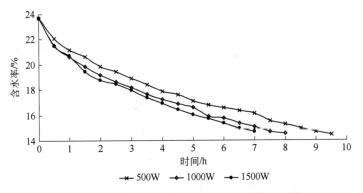

图 2-45　不同加热板功率的干燥曲线的对比图

图 2-46 可以看出红外干燥玉米的脱水过程可以分为两个阶段：第一阶段是加速脱水阶段，干燥初期，玉米需有一升温过程，远红外辐射能量一部分用于玉米升温，另一部分用于脱除玉米表面水分。随着温度的升高，用来使玉米温度提升的能量减少，用来蒸发的能量增加，因此降水速率逐渐增加，当温度升到一定程度时，温度

不再升高，此时所有能量主要用来脱水，降水速率达到最大；第二阶段是降速脱水阶段，在这个阶段中玉米内部水分的减少，内部水分向表面迁移越来越困难，降水速率逐渐下降。干燥速率受辐射功率和辐射板距离的影响。

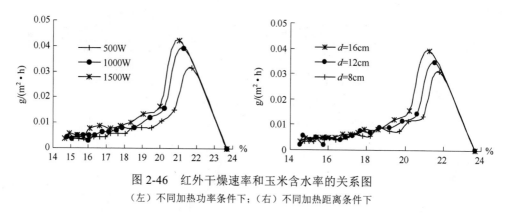

图 2-46　红外干燥速率和玉米含水率的关系图
（左）不同加热功率条件下；（右）不同加热距离条件下

2.2.4　模型验证

对通过试验所得数据进行试验验证。用 SPSS 软件对试验数据进行拟和并求出 K 值及相关系数 R，见表 2-11，由此可以得到不同干燥时间的玉米含水率。

表 2-11　模型系数及相关系数

干燥条件		模型系数 K	相关系数 R
加热功率/W	辐射板距离/cm		
500	8	0.660	0.991
	12	0.554	0.994
	16	0.357	0.987
1000	8	0.947	0.990
	12	0.710	0.989
	16	0.610	0.993
1500	8	1.063	0.990
	12	0.838	0.990
	16	0.694	0.993

从表 2-11 中看出，模型拟合效果较好，相关系数 R 均在 0.98 以上。同时也可看出，在相同加热功率的条件下，模型系数 K 值随辐射板距离的变长而降低，而且相同加热距离下，加热功率越高，模型系数 K 越大。

其中模型系数 K 与干燥条件之间的关系为：

$$K = 3.4 \times 10^{-7} W^2 - 0.001W + 0.002d^2 - 0.038d + 1.9 \times 10^{-5} dW$$

式中，W 为加热功率，d 为辐射板距离。相关系数为 0.956。

图 2-47 为由干燥条件得出的 K 值代入公式，从而得到各个干燥时间段含水率，由图看山利用水势分析红外干燥过程所得出的红外辐射干燥过程模型能很好地拟合干燥过程含水率的变化过程。

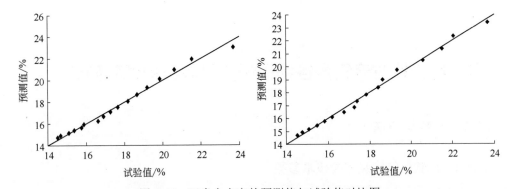

图 2-47　玉米含水率的预测值与试验值对比图

（左）加热功率 900W，辐射板距离 12cm；（右）加热功率 1400W，辐射板距离 15cm

2.2.5　小结

通过基于水势理论的玉米红外干燥的数学模型 $\overline{M}_j = \dfrac{1}{V}\sum_{i=1}^{n} M_{i,j} \cdot V_{i,j}$ 计算出某时间段玉米的平均含水量，用试验数据对模拟结果进行了验证，模拟平均含水量结果与试验结果一致性较好，相关系数 R 均大于 0.98，并得出红外干燥条件与 K 值之间的关系。

第3章　远红外对流组合谷物干燥机研发

3.1　远红外对流组合谷物干燥换热效果的试验研究

3.1.1　材料与方法

3.1.1.1　试验台结构及主要技术参数

试验台机械整体结构如图 3-1 所示，部件主要包括：鼓风机、电热风炉、进口检测段、引风机、换热管、换热管外壳、温度传感器、冷热空气进出口管道以及控制箱。此外，为了防止散热，换热管外壳和热源外部做保温结构。图 3-2 为试验台实物图。

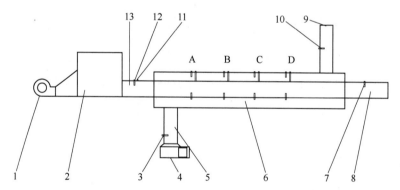

图 3-1　远红外对流组合谷物干燥换热效果试验台机械总体结构简图

1—鼓风机；2—电热风炉；3—热风出口温度传感器；4—引风机；5—热空气出口管道；6—工作段（换热器段）；
7—介质出口温度传感器；8—出口检测段；9—空气进口；10—入风口温度传感器；
11—管壁温度传感器；12—入口介质温度传感器；13—入口测量段

主要部件的技术参数如表 3-1～表 3-5 所示。

（1）低噪声离心式风机

主要技术参数见表 3-1 中所示。

（2）通用变频器

变频器的主要参数见表 3-2 中所示。

图 3-2　远红外对流组合谷物干燥换热效果试验台试验场景

表 3-1　低噪声离心式风机主要技术参数

额定电压/V	额定频率/Hz	输入功率/W	转速/(r/min)	风量/(m³/h)
380	50	85	2200	180

表 3-2　变频器主要技术参数

最大输出频率	输入	输出	频率范围
50Hz	3PH380V，50/60Hz	3PH380V，2.7A,0.75kW	0.1～400Hz

（3）YFT 型智能压力风速计

主要技术参数见表 3-3 所示。（北京检测仪器有限公司）

表 3-3　风速计主要技术参数

	温度/℃	静压/kPa	差压/Pa
量程	−100～200	−6～6	0～100
精度	±0.5	≥0 时，±1% ＜0 时，1.5%	±1%

（4）XMZ-J 型多通道数显温度表

主要技术参数见表 3-4 所示。

（5）调压器

调压器的主要技术参数如表 3-5 中所示。

（6）电热风炉设计计算

安装功率的计算分为热平衡计算法和经验指标计算法两种。其中经验指标计算方法是根据炉膛的容积或单位炉膛内表面，按照经验数值（表 3-6）进行计算。

表 3-4　XMZ-J 型多通道数显温度表主要技术参数

输入信号	测温范围/℃	精度	通道数量	工作电源	功率/W	工作环境
K	−300～1300					
E	−30～800					
J	−30～1000	±0.5F·S±1.0 个字	16	220V±10% 50Hz	≤5	温度 0～50℃；相对湿度 35%～85%；无腐蚀性气体
R	−30～1700					
S	0～1600					
PT100	−200～600					
Cu50	−50～150					

表 3-5　调压器主要技术参数

输出容量/W	输入电压/V	相数	输出电压/V	输出电流/A	频率/Hz
5000	110 220	1	0～250	220V 时 20A	50～60

表 3-6　炉膛容积、内表面积与安装功率的关系

最高工作温度/℃	根据炉膛容积（V）计算安装功率（P）/kW	单位炉膛内表面积功率/(kW/m²)
1200	$P=(100-150)\sqrt[3]{V^2}$	15～20
1000	$P=(75-100)\sqrt[3]{V^2}$	10～15
700	$P=(50-75)\sqrt[3]{V^2}$	6～10
400	$P=(35-50)\sqrt[3]{V^2}$	4～7

根据试验台的工况选用最高温度为 1000℃进行计算：

即：

$$P=100\sqrt[3]{V^2}=100\sqrt[3]{0.023^2}=8.088\text{kW} \tag{3-1}$$

根据风机折算出流量为 0.047m³/s，将空气从室温 20℃升高到 500℃，求出所需的热量为：

$$\begin{aligned}Q&=CM\Delta t\\&=1.0235\text{kJ}/(\text{kg}\cdot℃)\cdot0.9755\text{kg}/\text{m}^3\cdot0.047\text{m}^3/\text{s}\cdot(500-20)℃\\&=22.52\text{kJ}/\text{s}\end{aligned} \tag{3-2}$$

考虑电热元件及散热损失及电压波动等计入的安全因素，最终取功率：

$$P=K_1P_{计}=1.3\times\frac{1}{2}\times(22.52+8.088)=19.9\text{kW} \tag{3-3}$$

根据市场上购买的电热丝的规格，最后确定共计 21kW。排布方式采用交错的形式，增强换热作用。电热风炉实物图如图 3-3 所示。

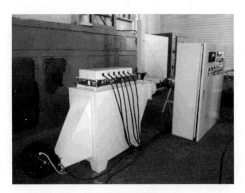

图 3-3　电热风炉实物图

3.1.1.2　试验材料

根据试验目的，要辐射出与被干燥谷物所匹配波长的红外线，在试验过程中要加热到 500℃以上，所以选择了不锈钢材料的管材。未喷涂红外材料的不锈钢换热管如图 3-4 所示，喷涂红外材料的不锈钢换热管如图 3-5 所示。

图 3-4　未喷涂红外材料的不锈钢换热管　　　　图 3-5　喷涂红外材料的不锈钢换热管

3.1.1.3　试验方法

（1）数据采集

数据采集系统的程序框图如图 3-6 所示。采集到的数据自动保存。

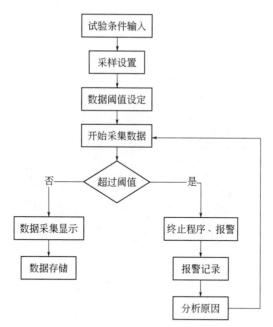

图 3-6　数据采集系统程序框图

采集界面如图 3-7 所示。

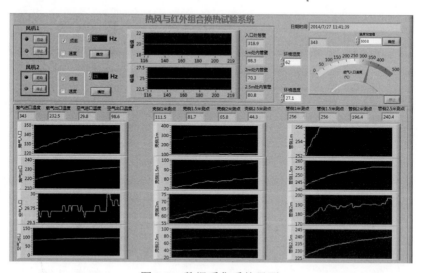

图 3-7　数据采集系统界面

（2）换热量测定

假设换热器散热损失忽略不计时，根据能量平衡，热流体所释放出的热量应等于冷流体所吸收的热量，即

$$Q = m_1 c_{p1}(t_1' - t_1'') = m_2 c_{p2}(t_2'' - t_2') \tag{3-4}$$

式中　m——流体的质量流量，kg/s；

　　　c_p——流体的定压比热，J/(kg·℃)；

　　　t——温度，℃；

　　式 3-4 中，温度 t 下角标 1 表示热流体，下角标 2 表示冷流体；上角标'表示进口状态，上角标"表示出口状态。c_p 在流体的进出口温度相差不大时，可以把热、冷流体的定压比热作为常数对待，也即取平均比热。

　　换热量的计算可用如下计算：

$$Q = m_1 c_{p1}(t_1' - t_1'') \tag{3-5}$$

（3）换热效率测定

　　换热效率用实际换热量与最大换热量的比值来表示，如式 3-6 所示。其中最大换热量计算如式 3-7 所示。

　　换热效率的计算如下：

$$换热效率 = Q / Q_{最大} \tag{3-6}$$

　　最大换热量计算如下：

$$Q_{最大} = m_1 c_{p2}(t_1' - t_2') \tag{3-7}$$

3.1.2　试验设计

　　以干燥介质（热空气）为试验研究对象，考虑换热管的壁厚、换热管的长度、管内介质温度和流量、冷空气温度和流量及管壁是否喷涂红外材料等因素对远红外对流组合换热效果指标的影响。本试验是用换热面积为 0.47m^2 喷涂 HS-2-1 中低温红外涂料的换热管，进行试验分析，将换热管壁厚、入口介质温度、外内管风量比设为试验因素，其中，确定内管风量为基本风量，大小为 $26.23\text{m}^3/\text{h}$，换热量和换热效率为性能指标，实施二次正交旋转回归试验设计。各因素及编码见表 3-7 所示，试验方案及结果见表 3-8 所示。

表 3-7　因素水平编码

编码值 X_j	管壁厚/mm	入口介质温度/℃	外内管风量比
1.682	4.2	514	2.8
1	3.5	500	2.5
0	2.5	480	2
−1	1.5	460	1.5
−1.682	0.8	446	1.2

表 3-8　试验方案及结果

试验编号	编码值			试验结果		
	管壁厚 x_1	入口介质温度 x_2	外内管风量比 x_3	换热量 y_1/kJ	换热效率 y_2/%	热风出口温度 y_3/℃
1	−1	−1	−1	1126.27	16.61	113.7
2	1	−1	−1	1109.98	17.16	113.2
3	−1	1	−1	2333.28	32.16	125.2
4	1	1	−1	1012.66	10.91	109.8
5	−1	−1	1	1248.02	17.89	103.2
6	1	−1	1	1044.86	15.91	104.1
7	−1	1	1	3089.47	41.91	116.8
8	1	1	1	1088.89	11.88	112.6
9	−1.682	0	0	1235.47	17.59	110.6
10	1.682	0	0	1037.76	15.3	102.4
11	0	−1.682	0	1072.02	15.63	110.2
12	0	1.682	0	2375.17	34.69	129.9
13	0	0	−1.682	2011.19	35.14	122.3
14	0	0	1.682	3063.31	55.81	109.9
15	0	0	0	3045.17	42.59	116.0
16	0	0	0	3015.46	41.59	114.3
17	0	0	0	3061.94	41.83	114.2
18	0	0	0	3024.93	42.15	114.2
19	0	0	0	2950.31	41.26	114.2
20	0	0	0	2790.17	38.71	114.2
21	0	0	0	2848.36	40.17	114.2
22	0	0	0	3088.11	42.13	114.2
23	0	0	0	2936.06	40.99	114.1

3.1.3　试验结果分析

3.1.3.1　喷涂红外材料的换热管换热量回归模型的建立

应用数理统计分析软件对表 3-8 中的试验数据进行多元二次回归分析，获得管壁厚 x_1、入口介质温度 x_2 和外内管风量比 x_3 关于换热量的二次回归方程为

$$y_1 = 30032.772x_1 + 1247.58x_2 - 197.23x_3 - 2780.654x_1^2 - 1.22x_2^2$$
$$- 800.34x_3^2 - 38.77x_1x_2 - 433.42x_1x_3 + 9.69x_2x_3 - 330656 \tag{3-8}$$

并对换热量回归方程中的各项系数进行检验，得到方差分析的结果，见表 3-9 所示。该模型的 F 值为 27.4，且总体显著水平小于 0.0001，说明该模型极其显著。其中 x_1^2 和 x_2^2 的显著水平也小于 0.0001，x_1^2 和 x_2^2 对模型也极其显著，x_1、x_2、x_3^2 和

x_1x_2 在 $\alpha=0.01$ 水平显著，x_3 在 $\alpha=0.05$ 水平显著，其余各项均不显著。经整理后得到的换热量 y_1 回归方程为

$$y_1 = 30032.772x_1 + 1247.58x_2 - 197.23x_3 - 2780.654x_1^2 - 1.22x_2^2 \\ - 800.34x_3^2 - 38.77x_1x_2 - 330656 \tag{3-9}$$

经方差分析得到各因素对换热量影响的主次顺序为入口介质温度 x_2、管壁厚 x_1、外内管风量比 x_3。

表 3-9　方差分析表

方差来源	偏差平方和	自由度	均方和	F 值	显著性水平 α
模型	16930000	9	1881000	27.4	< 0.0001
x_1	1098000	1	1098000	16.00	0.0015
x_2	1970000	1	1970000	28.69	0.0001
x_3	517500	1	517500	7.54	0.0167
x_1^2	7682000	1	7682000	111.89	< 0.0001
x_2^2	3781000	1	3781000	55.07	< 0.0001
x_3^2	636400	1	636400	9.27	0.0094
x_1x_2	1203000	1	1203000	17.52	0.0011
x_1x_3	93924.28	1	93924.28	1.37	0.2631
x_2x_3	75231.27	1	75231.27	1.10	0.3143
误差	892500	13	68655.35		
全部项	17820000	22			

3.1.3.2　换热量响应曲面分析

为了实现最优的换热效果，保证热量可以最大转换，应用响应曲面法分析各因素对换热量的影响，将其中一个因素固定在零水平，考虑其他两个因素对换热量的影响。

（1）入口介质温度与外内管风量比

为分析入口介质温度与外内管风量比对换热量的影响，将管壁厚设定为零水平，即取壁厚等于 2.5mm。入口介质温度与外内管风量比对换热量影响的响应曲面如图 3-8 所示，由图可知，性能指标的最大值为 3120.06kJ，在试验水平下入口介质温度对换热量影响要比外内管风量比显著。

（2）管壁厚与外内管风量比

为分析管壁厚与外内管风量比对换热量的影响，将入口介质温度设定为零水平，即取温度等于 500℃。分析管壁厚与外内管风量比对换热量影响的响应曲面如图 3-9 所示，由图可知，性能指标的最大值为 3065.2kJ，在试验水平下外内管风量比对换热量影响要比管壁厚显著。

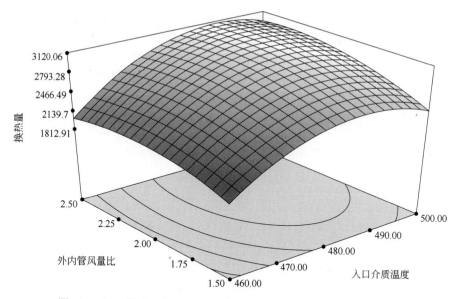

图 3-8　入口介质温度与外内管风量比对换热量影响的响应曲面图

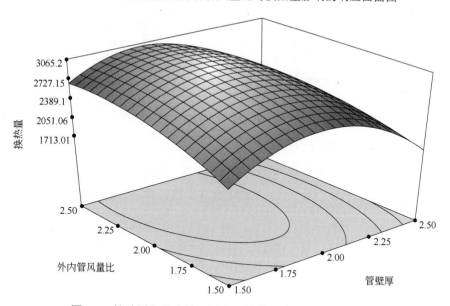

图 3-9　管壁厚与外内管风量比对换热量影响的响应曲面图

（3）管壁厚与入口介质温度

　　为分析管壁厚与入口介质温度对换热量的影响，将外内管风量比设定为零水平，即取外内管风量比等于 2。分析管壁厚与入口介质温度对换热量影响的响应曲面如图 3-10 所示，由图可知，性能指标的最大值为 3126.78kJ，在试验水平下入口介质温度对换热量影响要比管壁厚显著。

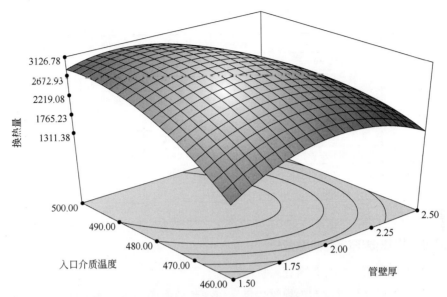

图 3-10　管壁厚与入口介质温度对换热量影响的响应曲面图

3.1.3.3　喷涂红外材料的换热管换热效率回归模型的建立

应用数理统计分析软件对表 3-8 中的试验数据进行多元二次回归分析,获得管壁 x_1、入口介质温度 x_2 和外内管风量比 x_3 关于换热效率的二次回归方程为

$$y_2 = 202.95x_1 + 18.25x_2 - 48.55x_3 - 10.38x_1^2 - 0.02x_2^2 - 0.47x_3^2 \\ - 0.31x_1x_2 - 2.83x_1x_3 + 0.13x_2x_3 - 4598.86 \qquad (3\text{-}10)$$

并对换热量回归方程中的各项系数进行检验,得到方差分析的结果,见表 3-10 所示。该模型的 F 值为 12.40,且总体显著水平小于 0.0001,说明该模型极其显著。其中 x_1^2 的显著水平也小于 0.0001,x_1^2 对模型也极其显著,x_2^2 的显著水平小于 0.001,x_2^2 对模型较显著,x_1、x_2、x_3 和 x_1x_2 在 $\alpha = 0.05$ 水平显著,其余各项均不显著。经整理后得到的换热效率 y_2 回归方程为

$$y_2 = 202.95x_1 + 18.25x_2 - 48.55x_3 - 10.38x_1^2 - 0.02x_2^2 \\ - 0.31x_1x_2 - 4598.86 \qquad (3\text{-}11)$$

经方差分析得到各因素对换热效率影响的主次顺序为入口介质温度 x_2、管壁厚 x_1、外内管风量比 x_3。

表 3-10　方差分析表

方差来源	偏差平方和	自由度	均方和	F 值	显著性水平 α
模型	3543.81	9	393.76	12.40	< 0.0001
x_1	234.23	1	234.23	7.37	0.0177
x_2	275.56	1	275.56	8.67	0.0114

续表

方差来源	偏差平方和	自由度	均方和	F 值	显著性水平 α
x_3	151.69	1	151.69	4.78	0.0478
x_1^2	1711.81	1	1711.81	53.89	< 0.0001
x_2^2	846.37	1	846.37	26.64	0.0002
x_3^2	0.22	1	0.22	0.0067	0.9357
$x_1 x_2$	310.63	1	310.63	9.78	0.008
$x_1 x_3$	15.99	1	15.99	0.5	0.4906
$x_2 x_3$	14.28	1	14.28	0.45	0.5142
误差	412.97	13	31.77		
全部项	3956.78	22			

3.1.3.4　换热效率响应曲面分析

（1）入口介质温度与外内管风量比

为分析入口介质温度与外内管风量比对换热效率的影响，将管壁厚设定为零水平，即取壁厚等于 2.5mm。入口介质温度与外内管风量比对换热效率影响的响应曲面如图 3-11 所示，由图可知，性能指标的最大值为 45.8%，在试验水平下入口介质温度对换热效率影响要比外内管风量比显著。

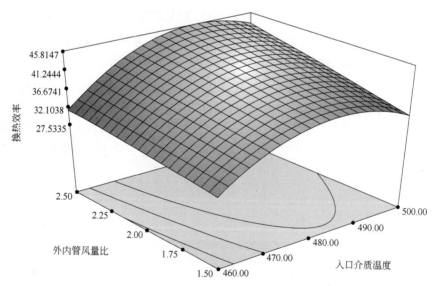

图 3-11　入口介质温度与外内管风量比对换热效率影响的响应曲面图

（2）管壁厚与外内管风量比

为分析管壁厚与外内管风量比对换热效率的影响，将入口介质温度设定为零水平，即取温度等于 500℃。分析管壁厚与外内管风量比对换热效率影响的响应曲面如图 3-12 所示，由图可知，性能指标的最大值为 45.4%，在试验水平下外内管风量比对换热效率影响要比管壁厚显著。

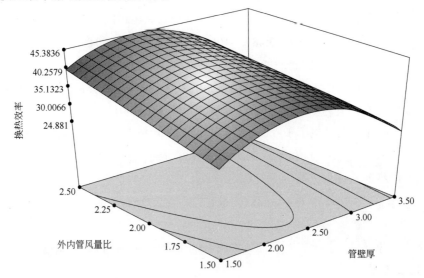

图 3-12　管壁厚与外内管风量比对换热效率影响的响应曲面图

（3）管壁厚与入口介质温度

为分析管壁厚与入口介质温度对换热效率的影响，将外内管风量比设定为零水平，即取外内管风量比等于 2。分析管壁厚与入口介质温度对换热效率影响的响应曲面如图 3-13 所示，由图可知，性能指标的最大值为 43.1%，在试验水平下入口介质温度对换热效率影响要比管壁厚显著。

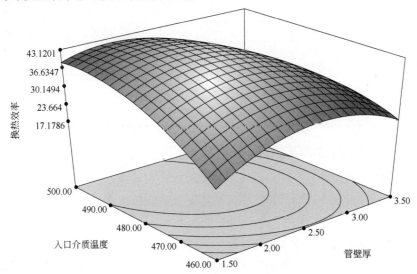

图 3-13　管壁厚与入口介质温度对换热效率影响的响应曲面图

3.1.3.5　喷涂红外材料的换热管热风出口温度回归模型的建立

应用数理统计分析软件对表 3-8 中的试验数据进行多元二次回归分析，获得管壁厚 x_1、入口介质温度 x_2 和外内管风量比 x_3 关于热风出口的二次回归方程为

$$y_3 = 153.48x_1 - 3.48x_2 - 106.72x_3 - 12.73x_1^2 + 0.004x_2^2 \\ + 0.84x_3^2 - 0.25x_1x_2 + 6.30x_1x_3 + 0.18x_2x_3 + 857.75 \tag{3-12}$$

并对热风出口回归方程中的各项系数进行检验,得到方差分析的结果,见表 3-11 所示。该模型的 F 值为 28.77，且总体显著水平小于 0.0001，说明该模型极其显著。x_2、x_3 和 x_1^2 的显著水平也小于 0.0001，x_2、x_3 和 x_1^2 对模型也极其显著，x_1 在 $\alpha = 0.01$ 水平显著，x_2^2、x_1x_2、x_1x_3 和 x_2x_3 在 $\alpha=0.05$ 水平显著，其余各项均不显著。经整理后得到的换热量 y_3 回归方程为

$$y_3 = 153.48x_1 - 3.48x_2 - 106.72x_3 - 12.73x_1^2 + 0.004x_2^2 \\ - 0.25x_1x_2 + 6.30x_1x_3 + 0.18x_2x_3 + 857.75 \tag{3-13}$$

经方差分析得到各因素对换热效率影响的主次顺序为入口介质温度 x_2、外内管风量比 x_3、管壁厚 x_1。

表 3-11　方差分析表

方差来源	偏差平方和	自由度	均方和	F 值	显著性水平 α
模型	827.01	9	91.89	28.77	< 0.0001
x_1	79.70	1	79.70	24.95	0.0002
x_2	293.70	1	293.70	91.95	< 0.0001
x_3	155.31	1	155.31	48.62	< 0.0001
x_1^2	160.97	1	160.97	50.40	< 0.0001
x_2^2	41.06	1	41.06	12.86	0.0033
x_3^2	0.71	1	0.71	0.22	0.6455
x_1x_2	50	1	50	15.65	0.0016
x_1x_3	19.84	1	19.84	6.21	0.0270
x_2x_3	24.50	1	24.50	7.67	0.0159
误差	41.52	13	3.19		
全部项	868.53	22			

3.1.3.6　热风出口温度响应曲面分析

为了实现热风出口温度最高，保证热量可以最大转换，应用响应曲面法分析各因素对热风出口温度的影响，将其中一个因素固定在零水平，考虑其他两个因素对换热量的影响。

（1）入口介质温度与外内管风量比

为分析入口介质温度与外内管风量比对热风出口温度的影响，将管壁厚设定为零水平，即取壁厚等于 2.5mm。入口介质温度与外内管风量比对热风出口温度影响

的响应曲面如图 3-14 所示，由图可知，性能指标的最大值为 122.518℃，在试验水平下入口介质温度对热风出口温度影响要比外内管风量比显著。

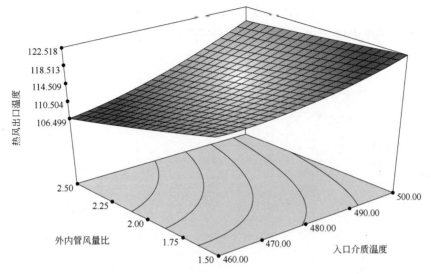

图 3-14　入口介质温度与外内管风量比对热风出口温度影响的响应曲面图

（2）管壁厚与外内管风量比

为分析管壁厚与外内管风量比对热风出口温度的影响，将入口介质温度设定为零水平，即取温度等于 500℃。分析管壁厚与外内管风量比对热风出口温度影响的响应曲面如图 3-15 所示，由图可知，性能指标的最大值为 119.272℃，在试验水平下外内管风量比对热风出口温度影响要比管壁厚显著。

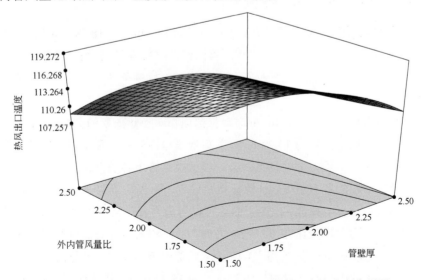

图 3-15　管壁厚与外内管风量比对热风出口温度影响的响应曲面图

（3）管壁厚与入口介质温度

为分析管壁厚与入口介质温度对热风出口温度的影响，将外内管风量比设定为零水平，即取内管风量比等于2。分析管壁厚与入口介质温度对热风出口温度影响的响应曲面如图3-16所示，由图可知，性能指标的最大值为122.581℃，在试验水平下入口介质温度对热风出口温度影响要比管壁厚显著。

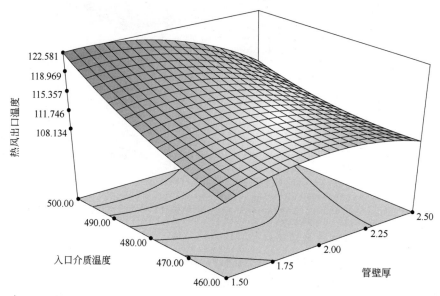

图3-16　管壁厚与入口介质温度对热风出口温度影响的响应曲面图

3.1.3.7　换热面积对换热效率影响分析

根据表3-8的试验方案，设定介质入口风量为15.24m³/h、18.78m³/h和26.23m³/h，换热管喷涂HS-2-1中低温红外材料和未喷涂红外材料，测试各组试验的相关数据并计算出换热效率。分析喷涂红外材料和未喷涂红外材料条件下，换热效率达到最佳状态的各项参数的取值范围。

（1）介质入口风量为15.24m³/h时，换热面积对换热效率的影响

把介质入口风量固定为15.24m³/h，并更换喷涂红外材料和未喷涂红外材料的换热管，进行表3-8试验方案的各组试验，根据换热管上各长度位置的温度传感器测量出相应换热面积的各点温度，计算出换热效率，图3-17为喷涂红外材料时，换热面积对换热效率的影响曲线，由图中曲线可以得出内管风量为15.24m³/h、换热面积为0.3768m²、外内管风量比在1.2～2.8之间，壁厚和入口介质温度在试验水平范围内，换热效率均达到50%以上；图3-18为未喷涂红外材料时，换热面积对换热效率的影响曲线，由图中曲线可以得出内管风量为15.24m³/h、换热面积为0.471m²、外

内管风量比在 1.2～2.8 之间，壁厚和入口介质温度在试验水平范围内，换热效率均达到 40%以上。

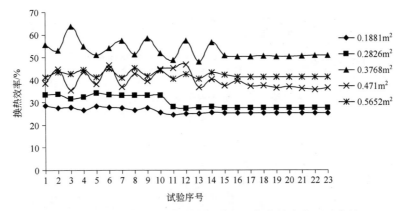

图 3-17　喷涂红外材料时，换热面积对换热效率的影响曲线

管内风量为 15.24m³/h

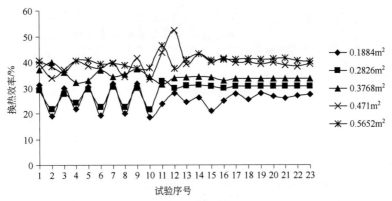

图 3-18　未喷涂红外材料时，换热面积对换热效率的影响曲线

管内风量为 15.24m³/h

（2）介质入口风量为 18.78m³/h 时，换热面积对换热效率的影响

把介质入口风量固定为 18.78m³/h，并更换喷涂红外材料和未喷涂红外材料的换热管，进行表 3-8 试验方案的各组试验，根据换热管上各长度位置的温度传感器测量出相应换热面积的各点温度，计算出换热效率，图 3-19 为喷涂红外材料时，换热面积对换热效率的影响曲线，由图中曲线可以得出内管风量为 18.78m³/h、换热面积为 0.3768m²、外内管风量比为 2，壁厚和入口介质温度在试验水平范围内，换热效率可达到 50%以上；如图 3-20 为未喷涂红外材料时，换热面积对换热效率的影响曲线，由图中曲线可以得出内管风量为 18.78m³/h、换热面积为 0.471m²、外内管风量比为 2，壁厚和入口介质温度在试验水平范围内，换热效率可达到 40%以上。

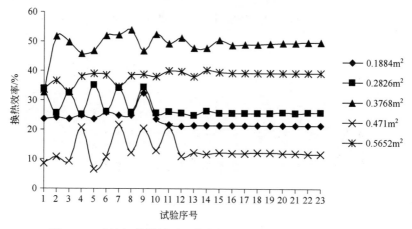

图 3-19　喷涂红外材料时，换热面积对换热效率的影响曲线
管内风量为 18.78m³/h

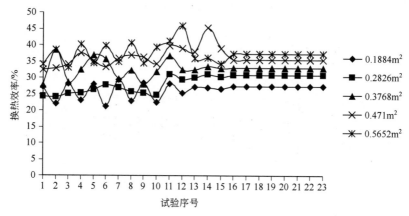

图 3-20　未喷涂红外材料时，换热面积对换热效率的影响曲线
管内风量为 18.78m³/h

（3）介质入口风量为 26.23m³/h 时，换热面积对换热效率的影响

把介质入口风量固定为 26.23m³/h，并更换喷涂红外材料和未喷涂红外材料的换热管，进行表 3-8 试验方案的各组试验，根据换热管上各长度位置的温度传感器测量出相应换热面积的各点温度，计算出换热效率，图 3-21 为喷涂红外材料时，换热面积对换热效率的影响曲线，由图中曲线可以得出内管风量为 26.23m³/h、换热面积为 0.3768m²、外内管风量比为 2，壁厚和入口介质温度在试验水平范围内，换热效率可达到 50%以上；如图 3-22 为未喷涂红外材料时，换热面积对换热效率的影响曲线，由图中曲线可以得出内管风量为 26.23m³/h、换热面积为 0.471m²、外内管风量比为 2，壁厚和入口介质温度在试验水平范围内，换热效率可达到 40%以上。

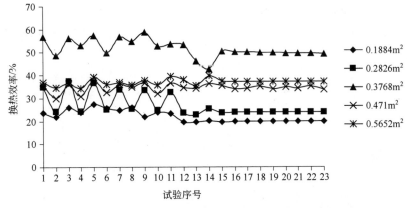

图 3-21　喷涂红外材料时，换热面积对换热效率的影响曲线

管内风量为 26.23m³/h

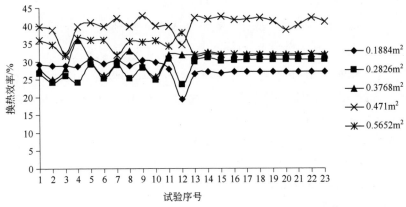

图 3-22　未喷涂红外材料时，换热面积对换热效率的影响曲线

管内风量为 26.23m³/h

综上所述，要想换热效率达到40%以上，喷涂红外材料的换热管，内管风量为 15.24～26.23m³/h、换热面积为 0.3768m²、外内管风量比为 2，壁厚和入口介质温度在试验水平范围内；未喷涂红外材料的换热管，内管风量为 15.24～26.23m³/h、换热面积为 0.471m²、外内管风量比为 2，壁厚和入口介质温度在试验水平范围内。

3.1.3.8　不同换热面积的换热性能试验

换热量是衡量换热性能的主要指标，同一热量的介质进行换热试验时，换热量的大小直接影响其能量的利用率，进一步体现出节能的程度，利用远红外对流组合其目的就是为了节约能源，使能源充分利用。

本节中，分别选用 $\Phi60mm×0.8mm$、$\Phi60mm×1.5mm$、$\Phi60mm×2.5mm$、$\Phi60mm×3.5mm$、$\Phi60mm×4.2mm$ 的不锈钢换热管，在给定的条件下进行试验研究，分析不

同换热面积对单位换热量的影响规律。如图 3-23 所示,在不同换热管壁厚的条件下,鼓风机风量为 15.24m³/h,外内管风量比为 2 时,单位换热量与换热面积的变化曲线。

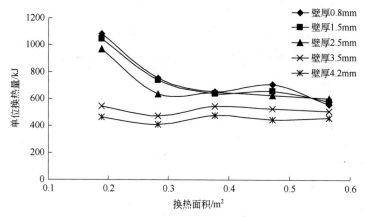

图 3-23　不同壁厚条件下换热面积与单位换热量的变化曲线
鼓风机风量 15.24m³/h,外内管风量比为 2

　　图 3-23 中横坐标为换热面积,试验中取值分别为 0.1884m²、0.2826m²、0.3768m²、0.471m²、0.5652m²;纵坐标为单位换热量数值。从图中可以看出,总体的变化趋势壁厚 0.8mm、1.5mm、2.5mm 的换热管单位换热量随换热面积增大而减小,在换热面积为 0.1884～0.2826m² 时,单位换热量的变化较大,之后单位换热量的变化趋势比较平缓。而对于壁厚 3.5mm、4.2mm 的两个换热管,总体变化趋于平缓。说明壁厚较大时换热面积对单位换热量的影响不是很明显,而壁厚增大时,单位换热量的值将有所降低。

　　图 3-24 中所示在不同换热管壁厚的条件下,鼓风机风量为 18.78m³/h,外内管风量比为 2 时,单位换热量与换热面积的变化曲线。

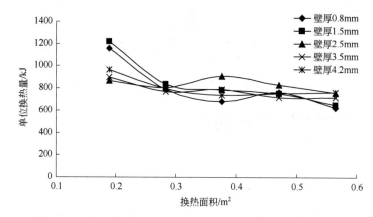

图 3-24　不同壁厚条件下换热面积与单位换热量的变化曲线
鼓风机风量 18.78m³/h,外内管风量比为 2

图 3-24 中横坐标为换热面积,试验中取值分别为 0.1884m²、0.2826m²、0.3768m²、0.471m²、0.5652m²;纵坐标为单位换热量数值。从图中可以看出,总体的变化趋势换热管单位换热量随换热面积的增大而减小,在换热面积为 0.1884～0.2826m² 时,单位换热量的变化较大,之后单位换热量的变化趋势比较平缓。随着鼓风机风量的增大,内管内风量增加,与图 3-23 相比五种壁厚相同换热面积的单位换热量差值有所减小。

图 3-25 中所示在不同换热管壁厚的条件下,鼓风机风量为 26.23m³/h,外内管风量比为 2 时,单位换热量与换热面积的变化曲线。

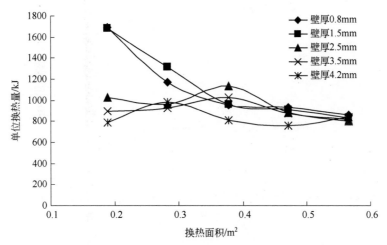

图 3-25　不同壁厚条件下换热面积与单位换热量的变化曲线
鼓风机风量 26.23m³/h,外内管风量比为 2

图 3-25 中横坐标为换热面积,试验中取值分别为 0.1884m²、0.2826m²、0.3768m²、0.471m²、0.5652m²;纵坐标为单位换热量数值。从图中可以看出,总体的变化趋势与图 3-23 和图 3-24 比较接近,只是内管内流量增大,单位换热量数值也有所增大,各壁厚中间的单位换热量差值在换热面积大于 0.2826m² 后,差值更小。

3.1.3.9　不同壁厚的换热性能试验

不同材料的换热系数是不同的,不同厚度的同一材料其换热性能也是不一样的,同一热量通过不同厚度的材料的换热时间和相应速度是有很大差别的。现就不同鼓风机风量,外内管风量比固定,换热面积不同的情况下,对管壁厚对换热量的影响进行分析。图 3-26 中所示在不同换热面积的条件下,鼓风机风量为 15.24m³/h,外内管风量比为 2 时,单位换热量与换热管壁厚的变化曲线。

图 3-26 中横坐标为换热管壁厚,试验中取值分别为 0.8mm、1.5mm、2.5mm、3.5mm、4.2mm;纵坐标为单位换热量数值,从图中可以看出,总体的变化趋势换热管单位换热量随换热管壁厚的增大而减小,换热面积为 0.1884m² 时,其单位换热

量随厚度变化比较明显，在壁厚 3.5mm 处与其他换热面积的换热量比较接近。换热面积为 $0.2826m^2$、$0.3768m^2$、$0.471m^2$、$0.5652m^2$ 时，其单位换热量随壁厚变化比较平缓，说明换热面积大于 $0.2826m^2$ 时，换热管的壁厚对单位换热量的影响不明显。

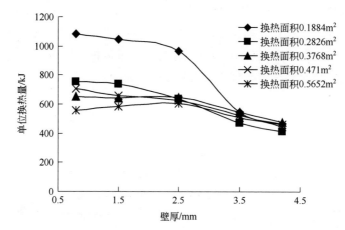

图 3-26　不同换热面积条件下管壁壁厚与单位换热量的变化曲线
鼓风机风量 15.24m³/h，外内管风量比为 2

　　图 3-27 中所示在不同换热面积的条件下，鼓风机风量为 18.78m³/h，外内管风量比为 2 时，单位换热量与换热管壁厚的变化曲线。

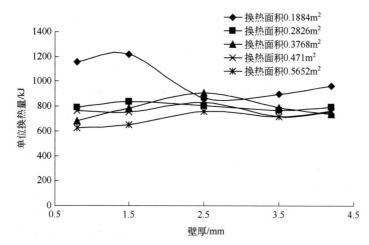

图 3-27　不同换热面积条件下管壁壁厚与单位换热量的变化曲线
鼓风机风量 18.78m³/h，外内管风量比为 2

　　图 3-27 中横坐标为换热管壁厚，试验中取值分别为 0.8mm、1.5mm、2.5mm、3.5mm、4.2mm；纵坐标为单位换热量数值，从图中可以看出，总体的变化趋势比较平稳，只有换热面积为 $0.1884m^2$ 时，其壁厚对单位换热量有比较明显的影响，并

且影响不是很大。同时，所有试验换热面积的其单位换热量都比较接近，差值不是很大。这说明，当鼓风机的风量增加到 18.78m³/h 时，壁厚对换热管的单位换热量影响不明显。

图 3-28 中所示在不同换热管面积条件下，鼓风机风量为 26.23m³/h，外内管风量比为 2 时，单位换热量与换热管壁厚的变化曲线。

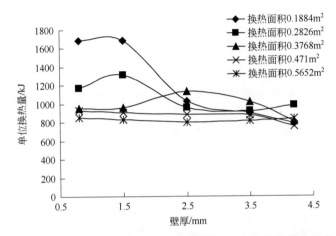

图 3-28   不同换热管面积条件下管壁壁厚与单位换热量的变化曲线
鼓风机风量 26.23m³/h，外内管风量比为 2

图 3-28 中横坐标为换热管壁厚，试验中取值分别为 0.8mm、1.5mm、2.5mm、3.5mm、4.2mm；纵坐标为单位换热量数值，从图中可以看出，总体的变化趋势也比较平稳，只有换热面积为 0.1884m² 和 0.2826m² 时，其壁厚对单位换热量有比较明显的影响，并且影响不大。这说明，当鼓风机的风量由 18.78m³/h 达到 26.23m³/h 时，壁厚对换热面积为 0.2826m² 处的单位换热量有所影响。

3.1.3.10　不同风量比对换热性能的影响

通过试验分析，得知各因素对换热量影响的主次顺序为入口介质温度、管壁厚、外内管风量比。外内管风量比对换热性能的影响在三个因素中是最小的，利用试验数据进行分析，其分析结果如图 3-29～图 3-31 所示。三个图分别为将鼓风机风量固定为 15.24m³/h、18.78m³/h、26.23m³/h，之后变换引风机的风量，来实现外内管风量比的变化，图的横坐标为引风机的风量，纵坐标为单位换热量，由三个图中的曲线可以看出，外内管风量比对单位换热量的影响不明显，只有在图 3-30 中，鼓风机风量为 18.78m³/h，引风机风量由 54.85m³/h 升高到 60.57m³/h 时，单位换热量有明显变化。这说明当鼓风机风量为 18.78m³/h，引风机风量由 54.85m³/h 增加到 60.57m³/h，也就是外内管风量比由 3 增加大到 3.2 时，单位换热量有明显增加。

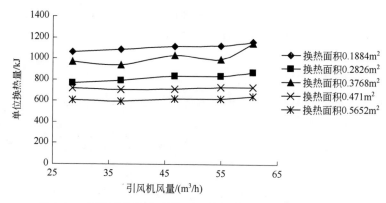

图 3-29 不同换热面积条件下风量与单位换热量的变化曲线
鼓风机风量 15.24m³/h

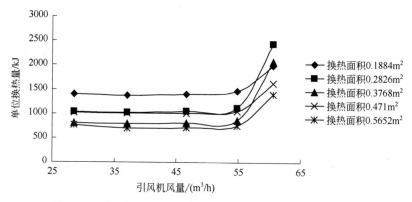

图 3-30 不同换热面积条件下风量与单位换热量的变化曲线
鼓风机风量 18.78m³/h

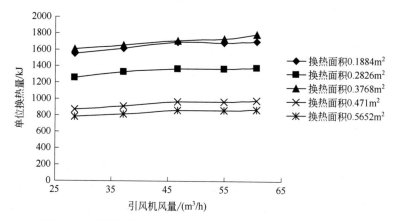

图 3-31 不同换热面积条件下风量与单位换热量的变化曲线
鼓风机风量 26.23m³/h

3.1.3.11　红外涂层对换热性能的影响

在换热管外壁上涂覆红外材料，红外材料在受热时会有红外线辐射出，红外线辐射到谷物上，利用"匹配吸收"和"非匹配穿透"的理论干燥不同谷物；同时又伴随着辐射换热的热交换过程，使对流换热的总热量有所增加。本节中，对二次正交旋转回归试验设计的 23 组试验，进行换热管涂覆红外材料和未涂覆红外材料的对比试验。

对于换热管上涂覆红外材料的换热性能试验时，又多了一部分辐射换热能量，因为本次试验是在常压下进行的，还有对流换热参与，所以对流换热介质也参与了辐射换热的过程，其辐射传递分析的物理模型如图 3-32 所示。

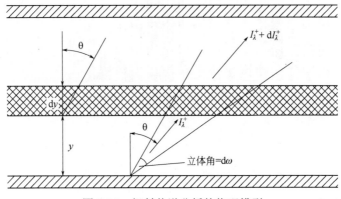

图 3-32　辐射传递分析的物理模型

图 3-32 中，设定介质的体积元素为一厚度为 dy 的薄层，有一束强度为 I_λ^+ 的单色射线投射在它的下表面上。当辐射线通过介质薄层时，其改变量为 dI_λ^+，且改变量是如下三个独立效应的叠加：

①　由于体积元素中的发射，而使 I_λ^+ 增大（发射增强）；

②　由于介质对 I_λ^+ 的吸收和散射，而使 I_λ^+ 减少（衰减减弱）；

③　由于其他各个方向上的射线在薄层中被散射到 I_λ^+ 的方向上，而使 I_λ^+ 增大（散射增强）。

所以气层的辐射平衡方程为：

$$dI_\lambda^+ = (dI_\lambda^+)_{发射} + (dI_\lambda^+)_{散射} + (dI_\lambda^+)_{衰减}$$

三个独立效应的叠加可能是正也可能是负，但对于整个系统 $I_\lambda^+ + dI_\lambda^+$ 这个值肯定为正值，所以换热管涂覆红外材料比未涂覆红外材料的换热量要大，通过试验采集数据分析结果如图 3-33～图 3-44 所示。图 3-33 为鼓风机风量 15.24m³/h，换热面积为 0.1884m²，根据前面的二次正交旋转回归试验设计的 23 组试验，各组试验对换热管涂覆红外材料和未涂覆红外材料的换热量进行对比,23 组试验每组试验涂覆红外材料的都比未涂覆红外材料的换热量有所增加,平均增加超过了 1 倍以上,是由于鼓风机风速比较小,管长也比较小,能量比较集中,温度比较高,红外材料对换热量影响比较大。

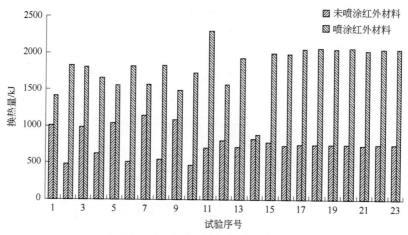

图 3-33　喷涂红外材料和未喷涂红外材料换热量对比
鼓风机风量 15.24m³/h,换热面积 0.1884m²

图 3-34 为鼓风机风量 15.24m³/h,换热面积为 0.2826m²,二次正交旋转回归试验设计的 23 组试验,各组试验对换热管涂覆红外材料和未涂覆红外材料的换热量进行对比,几乎每组试验涂覆红外材料的都比未涂覆红外材料的换热量有所增加,平均增长率为 26.7%。

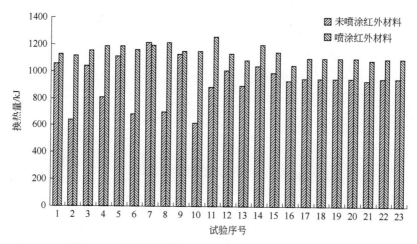

图 3-34　喷涂红外材料和未喷涂红外材料换热量对比
鼓风机风量 15.24m³/h,换热面积 0.2826m²

图 3-35 为鼓风机风量 15.24m³/h，换热面积为 0.3768m²，二次正交旋转回归试验设计的 23 组试验，各组试验换热管涂覆红外材料和未涂覆红外材料的换热量进行对比，23 组试验每组试验涂覆红外材料的都比未涂覆红外材料的换热量有所增加，平均增长率为 54.3%。

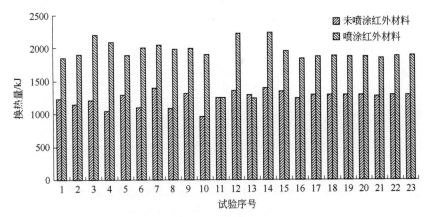

图 3-35　喷涂红外材料和未喷涂红外材料换热量对比

鼓风机风量 15.24m³/h，换热面积 0.3768m²

图 3-36 为鼓风机风量 15.24m³/h，换热面积为 0.3768m² 的平均节能比。通过能量的换算，求出利用涂覆红外材料和未涂覆红外材料的换热管加热单位体积的空气升高同一温度时所需要热量，两种情况的热量进行对比，算出节能比。平均节能比在 20%～60% 之间，其中五组数据在 40%～60% 之间，其余数据都在 20%～40% 之间。

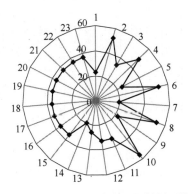

图 3-36　喷涂红外材料和未喷涂红外材料平均节能对比

鼓风机风量 15.24m³/h，换热面积 0.3768m²

图 3-37 为鼓风机风量为 18.78m³/h，换热面积为 0.1884m²，二次正交旋转回归试验设计的 23 组试验，各组试验对换热管涂覆红外材料和未涂覆红外材料的换热量

进行对比，23 组试验每组试验涂覆红外材料的都比未涂覆红外材料的换热量有所增加，平均增加 87.3%。

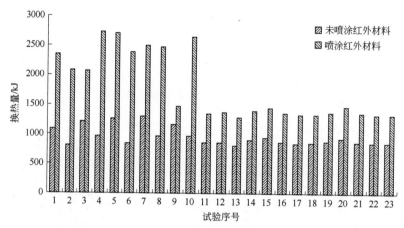

图 3-37　喷涂红外材料和未喷涂红外材料换热量对比
鼓风机风量 18.78m³/h，换热面积 0.1884m²

图 3-38 为鼓风机风量为 18.78m³/h，换热面积为 0.2826m²，二次正交旋转回归试验设计的 23 组试验,各组试验对换热管涂覆红外材料和未涂覆红外材料的换热量进行对比，几乎每组试验涂覆红外材料的都比未涂覆红外材料的换热量有所增加，平均增加 25.9%。

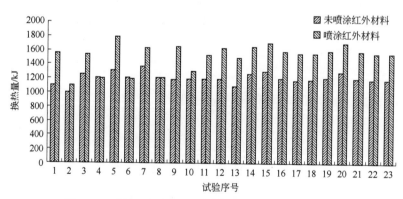

图 3-38　喷涂红外材料和未喷涂红外材料换热量对比
鼓风机风量 18.78m³/h，换热面积 0.2826m²

图 3-39 为鼓风机风量为 18.78m³/h，换热面积为 0.3768m²，二次正交旋转回归试验设计的 23 组试验,各组试验对换热管涂覆红外材料和未涂覆红外材料的换热量进行对比，几乎每组试验涂覆红外材料的都比未涂覆红外材料的换热量有所增加，平均增加 41.3%。

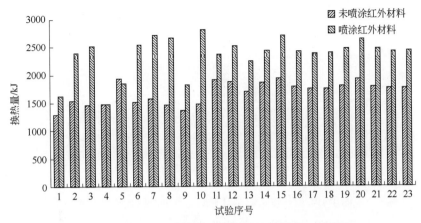

图 3-39　喷涂红外材料和未喷涂红外材料换热量对比

鼓风机风量 18.78m³/h，换热面积 0.3768m²

图 3-40 为鼓风机风量为 18.78m³/h，换热面积 0.3768m² 的平均节能比，通过能量的换算，求出利用涂覆红外材料和未涂覆红外材料的换热管加热单位体积的空气升高同一温度时所需要热量，两种情况的热量进行对比，算出节能比。平均节能比在 20%～40% 之间，其中七组数据在 30%～40% 之间，其余数据都在 20%～30% 之间。

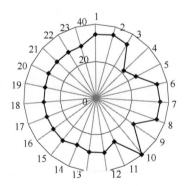

图 3-40　喷涂红外材料和未喷涂红外材料平均节能对比

鼓风机风量 18.78m³/h，换热面积 0.3768m²

图 3-41 为鼓风机风量为 26.23m³/h，换热面积为 0.1884m²，二次正交旋转回归试验设计的 23 组试验，各组试验对换热管涂覆红外材料和未涂覆红外材料的换热量进行对比，23 组试验每组试验涂覆红外材料的都比未涂覆红外材料的换热量有所增加，平均增加 44.6%。

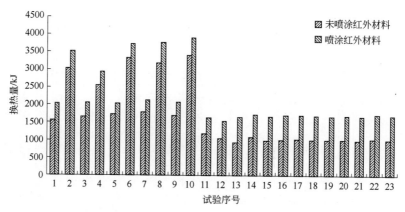

图 3-41　喷涂红外材料和未喷涂红外材料换热量对比
鼓风机风量 26.23m³/h，换热面积 0.1884m²

　　图 3-42 为鼓风机风量为 26.23m³/h，换热面积为 0.2826m²，二次正交旋转回归试验设计的 23 组试验，各组试验对换热管涂覆红外材料和未涂覆红外材料的换热量进行对比，几乎每组试验涂覆红外材料的都比未涂覆红外材料的换热量有所增加，平均增加 31.8%。

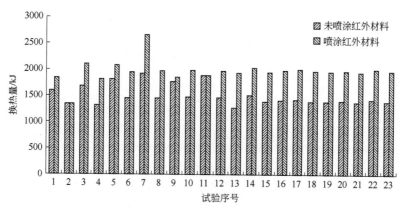

图 3-42　喷涂红外材料和未喷涂红外材料换热量对比
鼓风机风量 26.23m³/h，换热面积 0.2826m²

　　图 3-43 为鼓风机风量为 26.23m³/h，换热面积为 0.3768m²，二次正交旋转回归试验设计的 23 组试验，各组试验换热管涂覆红外材料和未涂覆红外材料的换热量进行对比，23 组试验每组试验涂覆红外材料的都比未涂覆红外材料的换热量有所增加，平均增加 44.9%。

　　图 3-44 为鼓风机风量为 26.23m³/h，换热面积为 0.3768m² 的平均节能比，通过能量的换算，求出利用涂覆红外材料和未涂覆红外材料的换热管加热单位体积的空气升高同一温度时所需要热量，两种情况的热量进行对比，算出节能比。平均节能

比在 10%～40%之间，其中十组数据在 30%～40%之间，十一组数据在 20%～30%之间，其余二组数据在 10%～20%之间。

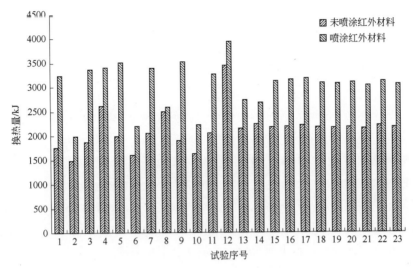

图 3-43　喷涂红外材料和未喷涂红外材料换热量对比
鼓风机风量 26.23m³/h，换热面积 0.3768m²

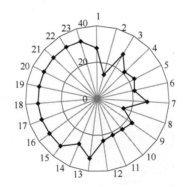

图 3-44　喷涂红外材料和未喷涂红外材料平均节能对比
鼓风机风量 26.23m³/h，换热面积 0.3768m²

3.2　远红外对流组合谷物干燥机关键部件的设计与分析

3.2.1　远红外干燥段的设计与分析

3.2.1.1　远红外干燥段的设计

通过前面介绍的内容，可以了解到远红外辐射干燥的机理及谷物所吸收远红外波长的区间范围，根据"匹配吸收"和"非匹配吸收"理论，远红外加热应使远红外辐射具有加强物质内部分子运动的作用。但并不是所有波长的红外辐射对某一种物质都具有同样的效果。匹配吸收的机理在于：加热元件的远红外线波长要与被干燥谷物的主吸收带波长一致或接近。只有这样，入射辐射进入受热体浅表层才能引起强烈的共振吸收而转为热量。这种匹配吸收理论适用于薄层谷物的干燥。依据这些理论，远红外对流组合干燥机试验台的远红外干燥段设计为薄层干燥形式。

远红外干燥段主要有远红外干燥段外壳，设置在远红外干燥段外壳内的上流粮板，设置在上流粮板下面的端部带有圆形支撑套的圆筒型红外辐射器，设置在圆筒型红外辐射器下面的下流粮板，设置在红外干燥段外框上的热风入口和设置在远红外干燥段外框一侧的冷热风混合室，冷热风混合室上安装有配风机构，圆筒型红外辐射器一端安装燃油炉，另一端直接放入冷热风混合室，如图3-45所示。远红外干燥段的工作原理是谷物从排粮段的推板与山形板之间的空隙自由落下，谷物通过上流粮板后流入下流粮板，在下流粮板上呈瀑布状薄层谷物层。位于上流粮板和下流粮板中间的远红外辐射器呈圆筒形状，辐射出的红外线可以均匀地照到薄层谷物的每粒上。热风由圆筒型远红外辐射器内喷出的热空气与配风口进入的冷空气，在冷热风混合室内混合后，通过热风入口进入红外干燥段内，沿着导挡风板流到远红外干燥段的中部，向上进入热风干燥段。

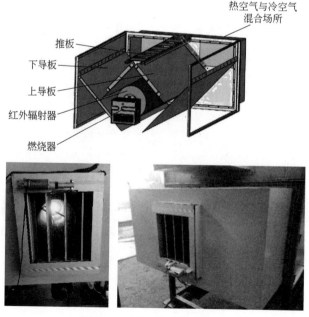

图 3-45　远红外干燥段结构

　　为了便于进一步分析和试验研究，远红外干燥段上的红外辐射器设计成可更换的，远红外对流组合谷物干燥机干燥不同的谷物使用对应的远红外辐射器，在远红外辐射器上安装有温度传感器，时时监控红外辐射器的温度，以保证激发出所需波长的远红外线。这样为后续理论研究和试验研究提供基础，远红外干燥段结构的主要参数列于表 3-12。

表 3-12　远红外干燥段结构主要参数

参数	数值	可调情况
远红外辐射器直径	380mm	固定
远红外辐射器温度	0～500℃	可调
远红外辐射距离	150mm	固定
远红外线波长	6000～12000nm	可调
配风机构进风量	0～10000m³/h	可调

3.2.1.2　远红外干燥段的分析

　　远红外辐射器的结构主要考虑受热均匀、被干燥谷物辐射均匀和远红外辐射材料的喷涂性能。远红外辐射器结构的设计主要考虑被干燥谷物均匀，受整体干燥装置谷物流动的限制，在远红外干燥段内谷物的流动是从上流粮板滑落到下流粮板，再由下流粮板滑落到绞龙里，在下流粮板上流动时受到红外辐射器发出的远红外线照射。下流粮板是左右对称的两块，相互交叉构成 V 字形，要设计的远红外辐射器位于 V 字形中间，同时辐射到两块下流粮板上的谷物，并且保证辐射均匀。再考虑受热均匀和喷涂红外材料的问题，对长方体、三棱柱和圆筒三种形式进行分析。如图 3-46 为三个形状辐射器的辐射均匀性效果。图 3-46（a）矩形截面的辐射器只有两个面能有效辐射谷物，并且在底部位置存在死角，谷物不能被辐射；图 3-46（b）三角形截面的辐射器也是两个面能有效辐射谷物，同样底部位置存在死角，谷物也不能被辐射，并且利用这种辐射器上流粮板不容易设置，如果能设置上流粮板的话，所占空间也是很大的；图 3-46（c）圆形截面的辐射器向四周均匀辐射，不存在死角，容易设置上流粮板，所占空间也小。为此，综合三种截面的辐射效果，确定截面为圆形的红外辐射器，截面为圆形的辐射器就是一个空心圆柱体，即圆筒。圆筒形远红外辐射器结构比较均匀，不容易产生受热集中现象，喷涂远红外材料也很容易。

　　对于截面为圆形的辐射器辐射距离分析，如图 3-47 中△OAB 为等腰直角三角形，OC 垂直于 AB，OC 长度减去远红外辐射器的半径为最小辐射距离，OA 或 OB 减去远红外辐射器的半径为最大辐射距离。前面的理论分析表明，辐射距离对辐射热流密度的影响很大，一般认为辐射距离与辐射热流密度呈逆二次方的关系。所以确定辐射距离在 50～150mm。

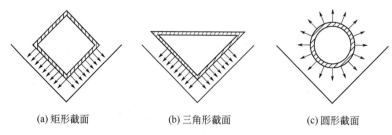

(a) 矩形截面　　　　　　(b) 三角形截面　　　　　(c) 圆形截面

图 3-46　不同形状辐射器的辐射谷物效果

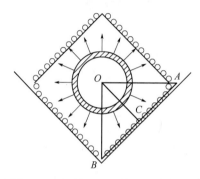

图 3-47　辐射器对谷物的辐射距离

由此可见，远红外辐射器的形状影响其辐射的均匀性，辐射距离影响其热流密度，确定辐射距离是决定干燥时间和降水速率的关键因素。

3.2.1.3　远红外干燥段谷物的流速分析

谷物从推板排粮机构下落后，先在上流粮板表面滑落，之后落到下流粮板上，在流粮板上谷物呈现瀑布状，在下流粮板上受到远红外线的辐射，辐射时间的长短取决于谷物在下流粮板上的流动时间。在分析谷物的流动速度时，把谷物假设成均质的球体，又假设在斜面上谷物单粒为纯滚动没有滑动。单粒谷物在斜面上的受力分析如图 3-48 所示。

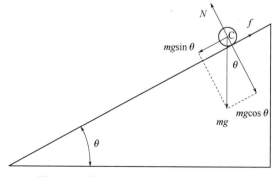

图 3-48　单粒谷物在流粮板上的受力图

　　根据力学知识，可以求得谷物沿斜面无滑动滚下时，质心的加速度和速度。把谷物的运动分解为跟质心 C 一起的平动和绕过质心 C 的定轴转动，对于平动部分直接运用质心运动定律得：

$$mg\sin\theta - f = ma_c \tag{3-14}$$

式中　θ——斜面与水平面的夹角；

　　　f——谷物下滑时的摩擦阻力；

　　　a_c——谷物从斜面上无滑动地滚下时的质心加速度。

　　对于绕定轴的转动，因为重力 mg、支承力 N 均通过质心，只有摩擦力 f 对质心才有力矩作用，所以直接运用刚体定轴转动定律得：

$$fR = I_c\beta \tag{3-15}$$

式中　$I_c = \dfrac{2}{5}mR^2$——球体对质心的中心轴的转动惯量；

　　　β——小球绕轴转动的角加速度。

　　因为谷物在斜面上无滑动地滚动，所以

$$a_c = R\beta \tag{3-16}$$

联立式子（3-14）、（3-15）、（3-16）可求得：

$$a_c = \frac{5}{7}g\sin\theta \tag{3-17}$$

再由速度、角速度和位移：

$$S = v_0 t + \frac{1}{2}at^2 \tag{3-18}$$

　　可以求得谷物在下滑板上流动的时间，即所受远红外辐射的时间，可以进一步分析谷物在这段时间内，所吸收远红外线的能量大小。

3.2.1.4　远红外辐射器涂料性能分析

　　根据前面所确定的远红外辐射器结构，以及依据"匹配吸收"理论确定的远红外材料，结合远红外材料的特性及辐射器所受高温的限制，确定基材为耐高温的无锈钢板材。为了使辐射出的远红外线均匀，首先远红外材料在基材上的涂层要均匀是最基本的，其次就是远红外辐射器受热要均匀。另外，远红外辐射器在干燥过程中要一直处于高温状态，才能辐射出所需的远红外线，为此，辐射器在高温长时间作业中，不能出现脱皮和裂纹等现象。综合以上要求，应考虑远红外材料的喷涂工艺和基材与远红外涂料结合程度等性能指标。

　　喷涂工艺过程：首先，涂料在施工前必须过滤后搅拌均匀；其次，被涂的底材必须清除油污，预处理除油应用充分稀释的除油剂进行擦洗，严禁使用有机溶剂，以避免污染除油槽液及表面形成有机溶剂固体保护膜影响除油质量。除油时，在常温情况下浸渍 25min。除油质量的检验方法是：用水冲洗，工件表面水膜连续，即除油干净。再次，施工以喷涂为宜。黏度一般在 15～20S 左右，涂层厚度为 70～100μm。最后，喷涂后在室温下放置 30min 后，再进入烘炉中逐渐升到 280℃，烘烤 30min 即可固化。喷涂红外材料的辐射器如图 3-49 所示。

二维码

图 3-49　远红外辐射器喷涂红外材料前后

基材与远红外涂料结合程度，通过一个试验来确定，选择基材的厚度、加热时间和加热温度为试验因素，基材与远红外涂料结合程度为检验指标，利用电镜图片观察微观结构，确定基材与远红外涂料的结合程度，进行定性分析。

选用三种厚度的无锈钢板材，分别为 1mm（样品 1 号、2 号、3 号）、2mm（样品 4 号、5 号、6 号）和 3mm（样品 7 号、8 号、9 号）进行机械喷涂等厚（70～100μm）的远红外涂料。利用高温烘干箱把温度设置为 400℃、500℃和 600℃，烘干时间为 12h，对 1 号、4 号、7 号样品 400℃烘干 12h，对 2 号、5 号、8 号样品 500℃烘干 12h，对 3 号、6 号、9 号样品 600℃烘干 12h，样品如图 3-50 所示。

二维码

图 3-50　喷涂远红外材料的试样

烘干后的样品需要观察其断面的形貌，根据扫描电镜工作台的大小，需要用线切割，将烘干后的样品切割成 4mm×4mm 的小方块样品，待电镜扫描用，线切割及电镜扫描制样如图 3-51 所示。

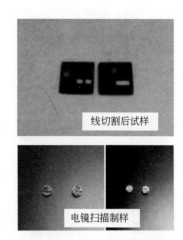

图 3-51　喷涂远红外材料试样的电镜扫描制样

图 3-51 中电镜扫描制样后，由于远红外涂层不导电，样品要进行喷金处理，如图 3-52（a）所示。图 3-52（b）为日本日立公司制造的 S-3000N 型扫描电子显微镜（SEM），进行远红外涂层样品扫描时，采用 15kV 的加速电压，放大不同倍数进行拍照保存。

(a) 喷金过程　　　　　　　　　　　　　　(b) 扫描电镜过程

图 3-52　喷涂远红外材料的试样电镜扫描

图 3-53 是不同厚度基材喷涂远红外材料在 400～600℃经 12h 持续加热后的断面 SEM 形貌图。可以看出 2 号样和 8 号样在经过持续高温加热后，涂层和基材之间有裂缝产生，结合不紧密。5 号样和 6 号样在经过持续高温加热后，涂层和基材之间无裂缝产生，结合比较紧密。试验验证基材厚度为 2mm，加热温度在 600℃以下，持续加热 12h，涂层与基材之间接触良好，无热应力引起的裂纹，没有起皮脱落的现象，为实际样机设计提供理论依据。

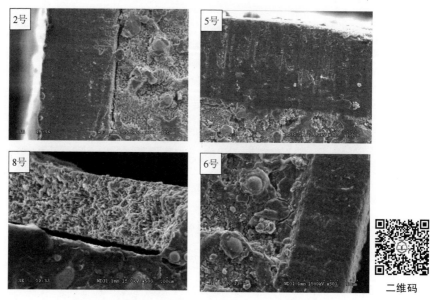

二维码

图 3-53　喷涂远红外材料的试样电镜扫描图片

3.2.2　排粮机构的设计与分析

干燥过程中，谷物在干燥装置内的流动速度和流动方式直接影响谷物的降水速率、干燥不均匀度及破碎率指标，因此在干燥过程中控制谷物的流动速度和流动方式非常重要，在远红外与对流联合干燥装置设计的过程中利用推板式排粮机构来控制谷物的流动速度。推板式排粮机构由山形板、推板、曲柄机构及电机组成，电机转动带动曲柄机构运动，实现推板的水平往返运动，推板上有均匀分布的矩形孔，每个矩形孔与山形板两两之间形成的空隙相对应。当推板水平移动时，调整矩形孔与山形板间的相对位置，实现谷物通过孔的大小变化，控制谷物的流速，如图 3-54 所示。

排粮段在远红外与对流联合干燥装置上没有单独设置一段，外表面看上去没有排粮段，此排粮段中的山形板设置在热风干燥段最下层的底部，推板设置在远红外干燥段的顶部，曲柄机构设置在干燥机的外部，连同推板电机由电机架固定，电机架安装在热风干燥段的侧板上。如图 3-55 所示。

为了在试验过程中，干燥不同的谷物，排粮机构的一些参数是可以调节的，排粮孔大小直接影响排粮速度，为此排粮孔大小必须可调。干燥装置内常因杂质导致谷物流动不畅、偏流及堵塞现象，致使谷物干燥不均匀，严重可能着火。根据谷物大小的不同及含杂率来调节不同的排粮孔大小，实现其流动通畅，防止排粮不均匀及发生死角等现象的发生，如表 3-13 所示排粮段主要参数。

(a) 排粮段推板　　　　　　　(b) 山形板和推板的空隙距离　　　二维码

图 3-54　远红外对流组合谷物干燥机排粮段内部结构

图 3-55　远红外对流组合干燥机排粮段外部结构

表 3-13　排粮机构的主要参数

参数	数值	可调情况
推板电机	200W	固定
排粮口缝隙	0～25mm	可调
山形板两两之间的距离	90mm	固定

　　谷物干燥机中排粮机构是干燥机上的一个主要转动部件，其结构的好坏、布置的合理性，直接对谷物的干燥不均匀度、破碎率和水稻爆腰率等指标有影响。现有成型的排粮机构结构型式：旋转刮板式排粮机构、往复式排粮机构、振动式排粮机构、叶轮与螺旋绞龙组合式排粮机构、叶轮与带式输送机组合式排粮机构。通过对几种排粮机构的分析，考虑到刮板式、往复式、叶轮与绞龙、叶轮与带式输送机这

几种都是主动排粮机构，谷物在机构的作用下进行排粮，这样的机构对谷物有一定的损害。为此本研究依据振动式排粮机构的原理，设计了一种新型的排粮机构，即推板式排粮机构。此机构是通过山形板之间的空隙与推板上孔的对应程度，来控制谷物流过孔的大小，进而控制谷物的流量。这种排粮方式是谷物在自身的重力作用下进行流动，没有外力施加到谷物上，从而减少排粮时的破损。

　　排粮机构的排粮量主要是由排粮孔大小来限制的，同时，由于谷物是自由落下的，也和干燥机内部结构及谷物的多少有关系。在实际干燥时，只有排粮孔大小是可以调整的，分析出孔的大小与排粮量的关系，就可以通过孔的大小来换算出单位排粮量的多少。

　　本研究中的远红外对流组合谷物干燥机排粮机构如图 3-56 所示，共有七个孔向下排粮，每个口的结构可以看作为仓斗处的结构类似，所以本文参考了钢制仓斗出口谷物流速的简单计算，不考虑谷物之间的摩擦以及谷物和仓壁之间的摩擦，如式 3-19

$$v = \sqrt{2(h_1 + h_2)g} \tag{3-19}$$

式中　　v——出口处谷物流速，m/s；

　　　　h_1——仓斗上部高度，m（本文的干燥机 h_1=0.05m）；

　　　　h_2——仓斗下部高度，m（本文的干燥机 h_1=0.05m）；

　　　　g——重力加速度，m/s^2。

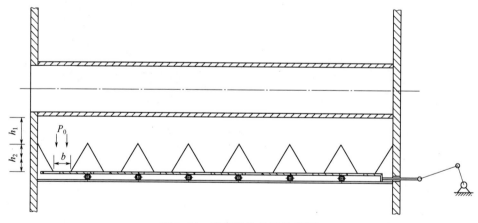

图 3-56　排粮机构的结构简图

　　排粮口处的宽度方面尺寸为 100mm，缝隙在 0～25mm 之间可调，在试验过程中，当缝隙值为 2mm 和 3mm 时，进行了流量测量，试验值为 50.4kg/min 和 75.2kg/min。

　　由式 3-19 出口处的面积及稻谷容重，可以计算出稻谷的流量：

即：当出口缝隙值为 2mm 时

$$Q = 7 \times v \times A \times 623.5 \times 60$$
$$= 7 \times \sqrt{2 \times (0.05 + 0.05) \times 10} \times 0.1 \times 0.002 \times 550 \times 60 \qquad (3\text{-}20)$$
$$= 65.33 \text{kg}/\text{min}$$

当出口缝隙值为 3mm 时

$$Q = 7 \times v \times A \times 623.5 \times 60$$
$$= 7 \times \sqrt{2 \times (0.05 + 0.05) \times 10} \times 0.1 \times 0.003 \times 550 \times 60 \qquad (3\text{-}21)$$
$$= 97.99 \text{kg}/\text{min}$$

因为实际谷物中有杂质，理论计算式忽略了杂质的影响，所以流量的试验数值要比实际测量值小。

3.2.3　热分干燥段的设计与分析

热风干燥是传统干燥技术，也是当前应用最广泛的谷物干燥方法。热风干燥是采用具有一定温度的热介质，经过要干燥的谷物籽粒表面以除去其水分。目前，生产实践中常用的谷物机械干燥设备，仍以对流传热干燥方式为主。热风谷物干燥机现有连续式和循环式，干燥段的结构主要采用有规律分布的角状盒，构成顺流、逆流、横流及混流的薄层干燥形式。对于本研究中的远红外对流组合谷物干燥装置，热风干燥段也是薄层干燥形式，在谷物流动时保证每个谷粒充分与热介质接触，均匀分配热风，避免了传统干燥机谷物易出现过干和干燥不足的现象。

通过对不同形状的角状盒及其分布情况的试验研究，最后确定热风干燥段是由通风支撑梯形网骨架、网板和排风网眼圆筒构成的斗状结构，网板固定通风支撑梯形网骨架上，排风网眼圆筒位于通风支撑梯形网骨架中间，左右贯通，前后有空隙，在整个干燥段共计 4 个斗状结构的干燥层，如图 3-57 所示。流动的谷物在重力和自身休止角的作用下，充满斗状结构内部并在上部形成一个凸出的粮层，使排风网眼圆筒周围形成一个等厚的粮层，进行干燥通风时，热介质通过等厚的粮层进入排风网眼圆筒中。

热风干燥段的风道采用引风的形式设计，四个排风网眼圆筒一端封闭，另一端开口，四个开口同时与湿空气收集室连接，再由引风机将湿空气排出收集室。热介质由远红外干燥段进入热风干燥段，远红外干燥段的热介质进入与热风干燥段的湿空气排出是在干燥装置的同一侧，为了防止热介质短路流动，在远红外干燥段的顶部位置靠近热介质入口处安装一个导风板，如图 3-58 所示。热介质在导风板的作用下，流到干燥装置的中间，之后向上进入热风干燥段，确保整个干燥装置都能有热介质通过，达到干燥均匀的效果。

图 3-57 远红外对流组合谷物干燥机热风干燥段

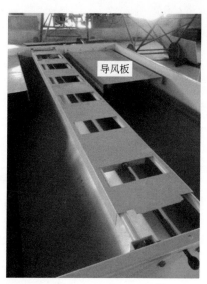

图 3-58 远红外对流组合谷物干燥机热风干燥段的导风板

为进一步提升热风干燥段干燥谷物的性能，便于实施理论优化与试验研究，将该段的主要工作参数设计成可调。通过调整变频器控制引风机的转速来完成对排湿量的调节，通过改变辐射器的温度和配风口大小实现对热介质的改变，以及改变导风板长度控制其热介质进入热风干燥段的位置，其主要参数见表 3-14 所示。

表 3-14　热风干燥段主要参数

参数	数值	可调情况
排风网眼圆筒直径	ϕ200mm	固定
干燥段斗状结构个数	4 个	固定
热介质温度	30～150℃	可调
引风机风量	0～14000m³/h	可调

第4章　红外辐射干燥设备研发及优化

4.1　稻米干燥技术应用现状

4.1.1　太阳能干燥

水稻种植一般是一年一季或一年两季，在部分热带地区为一年三季。为了满足日常消费的需求，稻谷收获后需将水分干燥至14%以下，以达到安全储藏的目的，保证市场的不间断供应。因此，干燥是稻谷储藏及加工过程中非常重要的环节。为了减少不可再生能源的消耗，很多国家和地区利用太阳能干燥稻谷，主要包括两种干燥方式：阳光日晒干燥和太阳能设备干燥。

阳光日晒干燥是将新收获的稻谷平铺在地表并接受阳光照射进行干燥，是最为古老和传统的干燥方法，目前依然被大多数发展中国家广泛应用。该法虽节能环保，但其缺点较多：易受自然环境限制；易因动物和微生物的损害以及环境的污染而造成损失；干燥速率低下，难以大规模干燥，均匀性差。尽管缺点较多，但因其成本极低，大多数发展中国家的农民更倾向于使用这种传统的干燥方式。

太阳能设备干燥是通过太阳能集热器加热空气，利用通风功能干燥稻谷，克服了阳光日晒干燥的多种缺点。在某些太阳能资源不足的区域，干燥过程中太阳能所能提供的能量有限，不适于高温干燥。日本的Basunia和Abe开发一套太阳能和热对流复合干燥机，提高了干燥温度和干燥效率。在Matsuyama（日本）地区实验时，谷物温度可高于自然空气温度20℃。印度的Jain设计了一种托盘式太阳能干燥机，配备混流空气加热器及内置蓄热器，实验时谷物的最高温度可达到77℃。通过多种太阳能干燥实验及模拟，将稻谷从水分为31.6%降至16.3%，利用复合式干燥机干燥需5～8h，箱式干燥机需要6～11h，而普通的阳光日晒干燥需7～12h。太阳能设备干燥由于受限于地区日照强度及时间的限制，且一次性投资额度较大，在一定程度上限制了它在稻谷干燥作业中的使用。

4.1.2　热风和自然通风干燥

热风干燥是指相对湿度较低的热空气穿过稻谷层并将稻谷水分转移出去的过

程，属于传统机械干燥方法。在干燥时，空气相对湿度要低于稻谷在干燥温度下的平衡相对湿度。热对流干燥主要可以分为两种干燥方式：自然通风干燥和热风干燥。自然通风干燥为利用鼓风机将自然空气强制穿过稻谷层进行干燥的过程，不需要对空气进行加热，能耗较低，但空气相对湿度与稻谷的平衡水分相差较小，热传递和水分转移速率较低，干燥时间偏长。热风干燥是利用加热器将自然空气加热后再对稻谷进行通风干燥。空气温度的升高会提高热空气和稻谷平衡相对湿度差，降低空气相对湿度，提供充足热量，促进稻谷水分蒸发，提高热空气从稻谷颗粒转移水分的能力，加速水分迁移速率。稻谷干燥效率会随着热风空气温度的增加而逐渐提高。但热风温度过高时，稻谷颗粒表面水分快速蒸发，而颗粒内部水分迁移扩散到表面相对缓慢，易形成较大的水分梯度，显著增加稻谷裂纹，降低稻谷的加工品质和经济价值。因此，为了避免这一现象的出现，实际生产中多采用循环间断式热风干燥，在每轮热风干燥后需将稻谷保温缓苏一定时间，让稻谷颗粒内部水分趋于均匀，减小水分梯度，降低稻谷裂纹的产生。通过实际调研，加利福尼亚州大米加工企业在进行热风干燥时，采用 43℃干燥稻谷 20min 后缓苏 4h，重复上述干燥工艺直至达到目标水分。Nagato 指出，连续干燥每小时降水达 1%，而多次干燥过程中每小时降水可达 1.5%，因此多次干燥比连续干燥拥有更高的干燥效率。同时，多次干燥的稻谷裂纹率仅为 4%，显著低于连续干燥后稻谷 20%的裂纹率。

4.1.3　红外干燥

　　红外辐射技术在食品领域的应用并非新技术，因其在食品加工应用中具有很大的潜力，故在过去的几十年中，红外辐射被用于定性和定量检测以及食品的加热、烘焙和干燥。很多学者分别利用红外辐射的方法对多种农产品进行加热处理，实现多种加工目的。Zhu 等利用红外辐射加热浸泡过抗坏血酸等溶液的苹果粒，可快速漂白苹果颗粒，同时实现快速干燥脱水。Nimmol 等通过结合远红外和低压过热蒸汽干燥香蕉片，认为联合干燥比单独低压过热蒸汽干燥能耗低，比较发现在 80℃下干燥效果最好，颜色变化小且破碎率低。Pan 等以苹果、香蕉和蓝莓为原料，分别采用红外加热、冷冻干燥等方法进行对比，研究表明红外加热在短时间内干燥物料至目的水分的同时具有不同程度的灭酶效果，很好地保持产品颜色及食用品质。也有研究发现红外干燥马铃薯薄片时，辐射功率增大，马铃薯薄片干燥速率加快，干燥脱水效果所需的时间降低；其他一些学者分别研究了红外干燥马铃薯过程中的水分扩散、颜色和品质，认为红外干燥在高效干燥的同时保证了马铃薯的品质。

　　利用红外辐射技术干燥稻谷的研究工作，在二十世纪五六十年代便已开展。Schroede 和 Rosberg 通过对原始水分（湿基）为 20.3%、17.8%和 15.2%的稻谷进行红外干燥，控制在 5s、10s、15s、20s、25s 和 30s。在 18 个干燥样品中，13 个样品干燥后温度低于 70℃，另外 5 个样品干燥后温度在 74～79℃之间。实验结果表明，红外干燥每分钟可降水 7～10 个百分点，且对整精米率无影响。1969 年，Ginzburg 指出通过红外辐射加热稻谷到 60～70℃不会影响稻谷的加工品质。同年，Faulkner 和 Wratten 刊文提出其研发的一套红外干燥设备，可在 1s 内将稻谷升温 24～29℃，且没有降低稻谷的加工品质。Abe 和 Afzal 研究了红外辐射强度和空气流速对稻谷干燥的影响。研究使用的红外辐射强度范围为 1670～5000W/m²，气流速度范围是 0.3～0.7m/s。通过比较发现红外辐射强度对干燥速率的影响最大，空气流速次之。

Pan 和 Khir 对稻谷的红外干燥进行了比较系统的研究。他们认为，在对流干燥初期，稻谷表面因水分含量高，稻谷温度不会高于该条件下的湿球温度。而红外辐射不需要加热空气介质，故在干燥过程中不受到空气湿球温度的影响，可在短时间内提高空气的温度。Pan 等开发了一套触媒红外干燥系统，对水分为 20.6%和 25.0%的稻谷进行单层红外干燥。干燥的稻谷包括无害虫感染和经害虫感染两种。结果表明红外干燥可快速加热稻谷且伴随着高降水率，同时整精米率相较于自然通风干燥提升了 1.9%。干燥和缓苏工艺可全部杀死稻谷样品的害虫成虫及虫卵。Khir 等通过对水分为 25.8%、31.2%和 33.8%（干基）的稻谷在 5348W/m² 辐射强度下加热 15s、30s、40s、60s、90s 和 120s 对稻谷的水分扩散速率进行分析。稻谷层的厚度分别为单层、5mm 和 10mm。同时，一部分样品因干燥和缓苏过程工艺条件的不同，显著影响了过程中稻谷水分扩散速率。厚度分别为单层、5mm 和 10mm 条件下，稻谷相应的水分迁移速率为 $4.8 \times 10^{-9} m^2/s$、$3.6 \times 10^{-9} m^2/s$ 和 $3.4 \times 10^{-9} m^2/s$。并且，红外干燥的水分扩散系数高于对流干燥，说明红外干燥的干燥速率远高于对流干燥。另外，通过比较红外干燥和自然通风的稻谷样品的碾米和感官品质，得出红外干燥对稻谷的碾米及感官品质无负面作用，且干燥稻谷层的厚度为 10mm 时其干燥效果依然良好。另外，他还对红外干燥稻谷的降水特性进行了研究。利用不同辐射强度红外辐射对稻谷进行干燥，比较了在干燥后利用多种方法冷却稻谷所带来的降水率变化。结果表明，水分为 25.7%的稻谷通过 5348W/m² 红外辐射 120 s 加热至 63.5℃，缓苏后分别通过自然冷却 40min、通风冷却 5min 和真空冷却 10min。在以上三种工艺条件下，降水率分别为 3.2%、3.5%和 3.8%。可知，在红外干燥后，通过通风冷却和真空冷却可进一步提高稻谷干燥的降水率。

4.1.4 其他干燥方法

除上述干燥方法外，学者们还针对其他稻谷干燥方法进行过研究，包括微波干燥和高压电场干燥等。射频干燥技术在食品加工中研究较晚，部分学者曾利用该技术对稻秆进行热解研究。微波干燥由于加热速度快且产量大，目前已广泛地运用于食品行业，但在实际操作中需要控制加热分布不够均匀以及加热过快导致的"热失控"现象的发生。高压电场干燥技术是利用电极释放的离子束与物料内部水分子产生相互作用而加速水分蒸发，具有干燥效率高而物料温度低等特点，相关机理目前尚未研究透彻。射频干燥技术利用高频电场加速水分子极性运动并发生剧烈碰撞，实现水分子的快速蒸发。但对于不规则形状的物料（如谷物等）容易产生"边角效应"，导致部分物料出现过干燥的现象。上述新型粮食干燥方法的研究，具有干燥效率高、节能环保等优点，为粮食行业提供了更多选择，促进粮食行业朝高效节能的方向的进一步发展。

4.2　稻米储藏品质研究现状

4.2.1　储藏现状

　　稻谷作为主粮之一，其供应问题关系到国计民生，如果日常供应出现问题，必然会引起严重的社会问题。为了满足市场的连续供应，稻谷收获后需要进行适当时间的储藏。另外，为稳定粮食价格，保证社会稳定，并应对各种自然灾害以及复杂的国际环境，降低不可预知的风险，保证合理的稻谷储备对国家来说至关重要。中国主粮自给率一直稳定在 95% 以上，也为国家稳定提供了坚实的基础。联合国粮农组织（Food and Agriculture Organization，FAO）提出，一个国家的粮食储备量应达到粮食储藏安全线，即国家粮食消费量的 17%～18%。中国作为世界上人口最多的国家，目前的粮食储备量相当于当年全国粮食消费总量的 35% 以上，总储备量突破 2 亿吨。巨量粮食储备保障了国家粮食安全，也为行业带来前所未有的挑战。稻米在储藏期间，易受到虫霉鼠等危害，稻米食用品质会出现不同程度劣变，导致其经济和社会价值受损。

　　目前，稻米储藏形式基本分为三种形式：稻谷、糙米和精米。稻米储藏形式取决于不同的市场需求以及定位。另外，由于结构上的差异，三种储藏形式对储藏条件的要求也不尽相同。因有稻壳的保护，故大部分粮食储藏企业对水稻储藏时可直接以稻谷的形式储藏在粮仓内。在储藏过程中，稻壳将米糠、胚和胚乳与外界环境从物理上分隔开，减少了外界环境包括虫蚀、微生物污染以及氧化对稻谷品质的影响。与小麦和玉米相比，稻谷属于不耐储藏的品种，其宜储年限为三年左右，一般储藏条件下第二年开始出现陈化。但与糙米和精米相比，稻谷储藏可以在较长时间内保证稻谷品质不会出现明显下降。

　　在稻谷各组分中，稻壳占稻谷总质量的 20% 左右，而其体积占稻谷总体积的 30%～40%。稻谷体积大，所需仓容大，劳动强度大，收储运输费用高。从经营管理的角度考虑，储存稻谷经济性不高。因此，探索稻米的其它储藏形式安全储藏技术具有良好的发展前景，符合粮食流通体制改革的切实需要。若以糙米储藏，可显著提高仓容利用率，节约大量劳动力，降低储藏和运输装置及相关经营管理费用，提高流通效益。另外，稻谷在产区脱壳并就地利用，给主产区的粮食加工企业带来新的机遇。同时，避免在城市进行稻谷脱壳作业，减少大量灰尘和对城市环境的污染。糙米虽无稻壳保护，但保存着果皮、胚芽和胚乳，仍具有发芽能力，依然还是"活米"。只要合理储藏，糙米亦可以在较长时间内保持良好的品质。对糙米储藏保鲜研究较早的主要有日本、朝鲜、菲律宾、美国等国家。对糙米储藏技术的研究集中于常温储藏、气调储藏和低温储藏。有学者研究了不同含水量糙米在常温密封储藏 6 个月后发芽率和微生物生长情况，发现含水量是影响糙米常温储藏的一个决定性因素。在 30℃条件下，充入 CO_2 气体对糙米进行气调储藏，并与常规储藏的糙米品质进行比较。结果表明，常规储藏的糙米在相同温度下储藏 3 个月后品质显著下降，而气调储藏的糙米可依然保持良好的品质。糙米进行低温储藏时，可以有效保持糙米发芽能力，抑制害虫和微生物的繁殖并降低糙米内脂质的氧化作用。日本从 1995 年开始应用糙米低温储藏技术，现今已达到 300 万吨糙米的收储规模，低温仓 210 万吨，准低温仓 90 万吨。

精米作为成品粮，在加工时去掉了内、外稃及皮层，使胚乳直接裸露在外，所以在储藏中极易遭受外界不良环境的影响。成品粮比原粮更容易陈化，稻谷的陈化，以精米最快，糙米次之，稻谷较慢。传统上我国粮食储备一直以稻谷为主，精米储藏的技术难度大，尤其在夏季，湿热空气更易对大米品质造成影响，给大米的安全储藏带来困难。国内目前采用的"三低"（低氧、低温、低浓度磷化氢）储藏方法更适合于大型粮食仓储企业储藏原粮，对成品粮的储藏而言具有一定的局限性。因此，成品粮安全储藏技术的缺失依然是我国粮食储运体系的薄弱环节，开发新的精米储藏保鲜技术尤为必要。精米储藏保鲜新技术的开发应用有利于提高大米的有效食用品质，保障在储运过程中和货架大米质量稳定，提高产品国际竞争力，从而解决长期困扰国家粮食储运难题，具有巨大的经济效益和社会效益。

4.2.2　储藏与陈化

粮食的陈化，不论有胚与无胚的粮食均会发生。含胚粮食的陈化，不但品质降低，其生活力也随之下降。不含胚的粮食不是完整的生命体，其表现集中在品质的下降，大米品质劣变就是无胚粮食陈化的典型。陈化，既是粮食本身生理变化，又是粮食本身生化变化的自然现象。粮种不同，陈化的出现也有差异。总体来说，除小麦外，大多数粮食储藏一年均有不同程度的陈化表现。稻米的陈化机理极其复杂，不仅与稻米储藏环境相关，也与稻米自身品种相关。在储藏过程中多种因素的交互影响，导致稻米成分、内部结构以及生活力等方面的变化，至今尚无全面的理论支持。目前，学者对储藏期间稻米陈化的研究报道集中于各主要组分、各种酶、理化性质和蒸煮品质在储藏期的变化。稻谷储藏过程中的化学组分的变化速度有所不同，一般的共识是脂类变化快，蛋白质次之，淀粉变化很微弱，糙米和精米各组分在储藏过程中亦有相同表现。

4.2.2.1　脂质与陈化

稻谷的脂质总含量不高，仅占稻谷质量的 1.5%～2.3%。脂质在稻谷颗粒内部分布不均匀，胚中含量最高，其次是种皮和糊粉层，胚乳中含量低。由于脂类在稻米籽粒中存在上述不均匀分布，在大米加工过程中，随着碾米精度的提高脂肪含量逐渐减少。米糠层中的脂类按结构可分为三类：甘油脂类（包括甘油脂、甘油磷脂、甘油糖脂），固醇类（游离固醇、固醇脂）和鞘脂类（神经酰胺、己糖神经酸胺）。胚乳（精米）中含有中性脂和相当数量的极性脂，如游离脂肪酸。稻米中主要有三种脂肪体，分别为脂肪体、淀粉脂肪体和蛋白脂肪体。淀粉脂肪体中的脂肪酸可与直链淀粉生成螺旋状的络合物，抑制淀粉的膨润作用，从而影响淀粉的糊化特性。

由于脂质在三大主要组分当中最不稳定，易在储藏中受到空气温湿度的影响而酸败，加速大米劣变的速度，因此，稻谷脂质的变化被认为是导致陈化的最主要因素。粮食中脂质变化主要包括两个方面（图 4-1）：

① 氧化作用，分为酶促氧化和非酶促氧化。酶促氧化过程中，脂肪氧合酶起决定性作用；在氧化过程中，脂肪酸组成多不饱和脂肪酸，被氧化产生羰基化合物，主要为醛、酮类物质。

② 水解作用，脂质在脂肪酶的催化下，水解产生甘油和脂肪酸。脂肪酶在油脂氧化和水解中起决定作用。

脂肪酶、半乳糖酸酶和磷脂酶与糙米脂质变化密切相关。储藏环境的温度以及光照对脂质的水解和氧化均有影响。高温高湿储藏条件下，稻谷脂质分解更快。脂肪酸值是评价粮食品质的重要指标，脂肪酸值越高，粮食品质越差。在储藏过程中，中性脂质中的油酸和亚油酸比例降低而在游离脂肪酸中则表现为上升。Sowbhagya 和 Bhattacharya 指出，稻谷在储藏期内过氧化值和游离脂肪酸值均有上升。游离脂肪酸含量的变化与储藏稻谷品质劣变有很大关系。

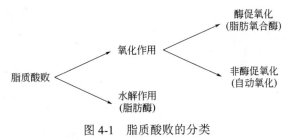

图 4-1　脂质酸败的分类

　　储藏稻米游离脂肪酸含量的增加是导致食味变差的主要原因。对于某些稻谷品种，加工成精米后储藏 2 至 4 周后就已产生不好风味，严重影响稻米的风味。氧化过程中产生的羰基化合物，是导致陈米产生令人不愉快味道的主因。稻米储藏时，由于不饱和脂肪酸的氧化，主要羰基化合物包括丙醛、戊醛和己醛含量均上升，伴随上升的还有其他醛类化合物包括正丁醛、2-甲基丙醛和 3-甲基丁醛。己醛是稻米产生"陈米臭"味的主要气味物质，其含量在储藏 60～75 天后增加量超过了一倍。

4.2.2.2　蛋白质与陈化

　　大米蛋白质是优良的植物蛋白，其营养价值接近动物蛋白质。虽然稻米蛋白质的含量仅为 8%～10%，但人群摄入基数大，因此稻谷蛋白质在消费者营养摄入方面处于非常重要的地位。稻谷中蛋白质以蛋白体的形式存在于胚乳中，主要包括清蛋白、球蛋白、谷蛋白和醇溶蛋白，分别占蛋白质总含量的 5%、12%、80% 和 3%。清蛋白和球蛋白集中于皮层、糊粉层和胚等组织中。谷蛋白正好相反，主要分布在胚乳中。相比较前三种蛋白质的不均匀分布，醇溶蛋白则相对分布比较均匀。经过脱壳和碾米工艺后，稻壳、米糠层以及胚分别被去除，绝大部分的清蛋白和球蛋白也随之去除。因此，精米中的蛋白质主要以谷蛋白和醇溶蛋白为主。

　　研究认为总蛋白质含量在稻米储藏过程中基本保持不变，而结构和类型会随着储藏时间而变化。在储藏期间，游离氨基酸含量上升，随着清蛋白含量的减少，总的蛋白质水溶性出现下降。稻米储藏后，蛋白质会出现分子量增加的趋势，陈米的谷蛋白中低分子量谱带含量减少，高分子量谱带含量增多，米谷蛋白的平均分子量增大。Chrastil 还研究了巯基（—S＝S—）含量对大米流变学特性的影响，指出谷蛋白中巯基含量减少、分子量增大与稻米的理化性质以及稻米品质劣变有关。由于在空气、光和热的作用下，淀粉外围蛋白质的巯基氧化成二硫键。由于二硫键的形成，只有单分子层水膜保护的淀粉外围蛋白质与脂质氧化产生的过氧化物距离缩短，造成蛋白质分子的接近，进一步增加了蛋白质二硫键的交联度，导致蛋白质溶解度下降。结合后的蛋白质分子在淀粉颗粒周围形成坚固的网状结构，限制了淀粉的膨胀和柔润，因而陈米蒸煮出的米饭硬度大，黏性小。

　　与羰基化合物是陈米臭味的主要成分不同，硫化物是稻米香味的主要成分。经检测发现检出挥发性硫化物以硫化氢最多，其余是甲硫醇、二甲硫、二甲基硫化物。硫化氢前身是蛋白质和氨基酸，故稻米蛋白质与大米香味密切相关。稻米在储藏过程中，硫化氢易被氧化成二硫键而导致其含量降低。有研究者发现，在 40℃储藏的稻米气味中硫化氢含量水平要低于 5℃下储藏的稻米；也有研究者指出新碾磨大米挥发性气味中的甲硫醇、二甲基硫醚、二甲基二硫醚和二氧化硫明显低于储藏大米气味中的含量。

4.2.2.3　淀粉与陈化

作为稻谷的主要成分，淀粉占精米总重的 70%左右，是最主要的营养成分。稻米中的淀粉包括直链淀粉和支链淀粉。其中，支链淀粉又是淀粉的主要成分，对形成淀粉颗粒形状和结构起到非常重要的作用。很多研究集中于大米在陈化过程中淀粉性质以及支链淀粉和直链淀粉各自的化学组成的变化。直链淀粉的含量是预测稻米蒸煮及加工品质最重要的因素，与稻米蒸煮时的吸水率、膨胀率、起毛以及黏性等直接相关。一般来说，籼米等大部分直链淀粉高的稻米品种，在蒸煮后较为松散，黏度低，粳米等直链淀粉含量高的品种蒸煮后黏度高。在储藏过程中，淀粉在酶的作用下，逐步水解成糊精、麦芽糖和葡萄糖，作为代谢活动的能源而减少。然而因稻米在储藏过程中能量消耗极为有限，故淀粉总的含量没有明显的变化，但在淀粉结构及种类上有所不同。有学者提出，稻米储藏后，直链淀粉含量增加很少；其中，不溶性直链淀粉与蒸煮后的大米品质有更好的相关性。蒸煮损失和可溶性直链淀粉含量被用于评价稻米的品质。溶出淀粉量占总直链淀粉含量的 18.4%~29.5%，并与蒸煮后大米的质构性质呈现正相关。也有学者发现，陈米蒸煮后米汤中可提取物含量降低。有研究者认为，随着储藏时间的增加，稻米中的 α-淀粉酶活力逐渐降低，说明内部细胞生理活性逐渐降低，稻米逐渐表现出陈化。

4.2.2.4　微观结构与陈化

稻米陈化受脂质、蛋白质和淀粉的影响，理化性质差异取决于内部各组分含量和空间结构的不同。稻米内的胚和胚乳的作用定位不同，胚乳（精米）内部组织细胞主要为薄壁细胞，由蛋白质、果胶和纤维素等组成薄初生壁，外形是多面体，可能由于结构挤压所致。酚酸是植物细胞中非常重要的成分，与细胞壁的生理性质相关。在单子叶植物尤其是禾本科植物中，阿魏酸和对香豆酸是主要的酚酸成分。多酚类化合物，与蛋白质和多糖分子相连接，形成空间网络，提高胞壁的强度。新米具有排列整齐的胚乳细胞构造，淀粉粒以及胞间通道较完整。而经过长时间储藏，稻粒内部的细胞结构比较模糊，可能导致淀粉糊化过程中水分不能以最快速度进入米粒内部。有研究者指出，稻谷在 40℃条件下储藏 60 天后，游离酚酸物质上升。可能因酶促和非酶促反应，致使结合态酚酸被游离出来，进而破坏了新米胞壁原有网络结构。作为木质素的主要前体，储藏期间产生的游离酚酸可能发生聚合，形成具有一定硬度的聚合体结构，加剧了胞壁变质过程，影响大米的蒸煮品质、质构特性以及最终的食用品质。有学者研究了储藏大米的胚乳细胞变化，认为大米颗粒内部结构的变化不仅包括内部各物质本身结构的变化，也包含各物质间相互连接形成的复合结构，可能致使淀粉颗粒分布模糊，淀粉粒及淀粉粒细胞的胞间通道逐渐消失，从而引起储藏大米蒸煮后没有新米饭的滑润口感，降低了稻谷的食用品质。

4.3　稻米红外薄层干燥特性及对稻米加工品质的影响

4.3.1　试验方法

4.3.1.1　材料

新收获稻谷 240 kg，由美国加利福尼亚州萨克拉门托 Farmers 大米加工厂提供。稻谷品种为 M206，由美国加利福尼亚州水稻研究基金会实验站培育的抗倒伏抗寒中粒稻优良品种，2003 年开始推广种植，一年一季，目前已是加州中粒稻种植的主要品种之一，其整精米率相比较早的 M104 品种高 3%。试验稻谷收获时间为 2012 年 11 月，初始干基水分为 25.03%±0.01%（湿基水分为 20.02%±0.01%），糖类、蛋白质、脂类和灰分含量分别为 85.5%、5.8%、2.9% 和 5.8%（干基）。将样品平均分成三份，每份样品 80kg，分别利用红外辐射干燥（Infrared Drying，IRD）、热风干燥（Hot Air Drying，HAD）、自然通风干燥（Ambient Air Drying，AAD）的方法将稻谷水分干燥至 14% 以下。干燥后，每份样品再平均分成三份，分别将其中一份样品砻谷成糙米，另一份经砻谷碾磨后成精米。将上述所有样品置于温度为 35℃，相对湿度(65±3)%的环境条件下储藏 10 个月并进行研究。本部分水分均以干基水分表示，同时由标准空气烘箱法测定水分含量。

4.3.1.2　干燥设备

加州大学戴维斯分校（University of California，Davis）农业生物工程系的食品加工实验室设计研发的催化式红外干燥装置被用于稻谷样品的干燥（图 4-2）。干燥装置主要包括三个部分：红外辐射催化发生器、电脑控制和支架部分。发生器是红外辐射的来源，由 Catalytic Industrial Group（独立城，堪萨斯州，美国）所提供。发生器与天然气管道相连接，可以通过催化天然气产生的红外辐射并与空气中的氧产生的热量，反应的副产物是少量的水蒸气和二氧化碳。反应产生的最小辐射波长为 $3.1\mu m$，覆盖了部分中红外及红外辐射波长范围。天然气的着火点是 650℃ 左右，因此发生器的最高温度接近 650℃。假设发生器为黑体，此时辐射峰值波长为 $3.1\mu m$。发生器由软件控制并安装于设备电脑中，可随时控制设备运行并实时了解发生器运行状态。支架主要用于固定干燥装置和干燥物料。支架提供托盘，待干燥物料可平铺放置于托盘内。

单层水稻平铺在托盘中，置于发生器下 20cm 处并与发生器保持水平。此时，通过使用奥弗热敏功率探头测量稻谷表面平均辐射强度为 $4685W/m^2$（FL205A，Ophir，华盛顿州，美国）。3mm 厚的铝制托盘是干燥托盘，以减少辐射能量损失。

托盘尺寸为 56cm（长）×26cm（宽）。同时，在稻谷颗粒的底侧还可以吸收反射的辐射能量。利用该装置干燥稻谷示意图见图 4-2（b）。

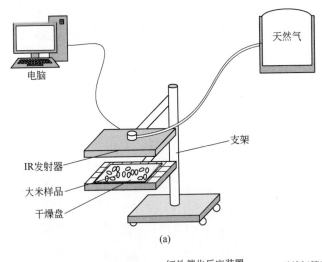

(a)

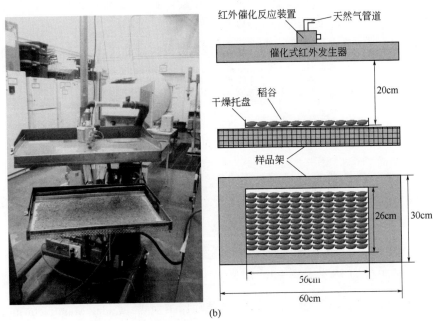

(b)

图 4-2　催化式红外干燥装置示意图和干燥稻谷示意图

4.3.1.3　干燥方法

（1）红外干燥

本次实验使用上述红外干燥设备对稻谷进行薄层干燥。单层稻谷荷载率为 2.06kg/m²，在 4685W/m² 红外辐射强度下加热至 60℃。稻谷温度是利用 T 型热电偶进行测定的。红外干燥结束后，立即将样品置于已经预热密闭容器内并放置在设定为60℃条件下的恒温箱内，缓苏4h。缓苏结束后，在室温条件下（温度22℃±1℃，相对湿度43%±2%）自然冷却30min。最后将样品水分通风干燥至最终水分含量15.92%±0.05%。在红外干燥和自然冷却过程中的干燥水分量，可由干燥前后物料质量差计算得出。

（2）自然通风和热风干燥

自然通风和热风干燥均采用粮食加工及仓储行业已广泛运用的干燥工艺。利用木制对流干燥箱对稻谷进行上述2种干燥作业（图4-3）。干燥箱长度为1.52m，宽度为1.22m，高度为0.56m。顶部有25个圆形开孔，开孔直径为15.2cm。另外，与开孔相对应圆柱形纸板容器的直径为17.0cm，高度为17.5cm，主要用于在干燥时盛放稻谷样品并置于圆形开孔上方进行干燥。每个容器的底端均为金属筛网，确保气流通过稻谷样品。自然通风干燥时，自然空气通过DAYTON风机（转速1050r/min，功率124W）以0.141m³/s的风量压入干燥箱，对稻谷进行对流干燥。实验时，干燥空气流速保持在（0.10±0.01）m/s，风速由精度为0.01m/s风速计测出。通风干燥时，自然空气温度为（22±1）℃、相对湿度为（43.0±3.0）%条件下自然干燥稻谷18h，初始水分降低至（16.13±0.12）%。分别记录下干燥前后的容器和稻谷质量，计算干燥过程的降水率。

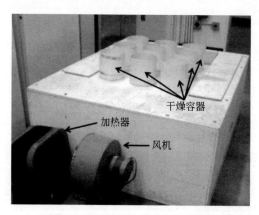

图4-3　木制对流箱式干燥装置

在进行热风干燥时，空气在外部加热器作用下加热（Cadet Manufacturing，温哥华，加拿大）并控制在（43±1）℃，热空气温度采用微型热电偶测定温度（时间间隔0.15s）。加热空气再通过DAYTON风机压入稻谷层进行干燥，方法与自然通风干燥一致。因长时间热风干燥会导致稻谷颗粒产生大量裂纹，故干燥过程采用间断式干燥。每次循环包括两个部分：第一部分干燥工艺，样品在43℃的干燥空气下干燥20min；第二部分为4h的缓苏工艺。在通过3次循环干燥之后，稻谷的初始水分最终降至（16.15±0.09）%。

三种稻谷干燥工艺见图 4-4。

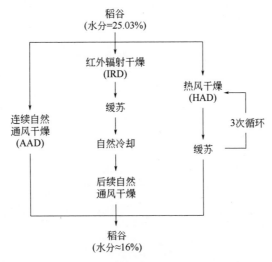

图 4-4　三种稻谷干燥工艺

4.3.1.4　储藏方法

将通过红外干燥、热风干燥和自然通风干燥后的 3 组稻谷再平均分成 3 份，分别将其中 1 份样品砻谷成糙米，另 1 份经砻谷碾磨后成精米。将所有稻谷、糙米及精米样品（共 9 组）同时置于（35±1）℃、相对湿度（65±3）%的条件下储藏10 个月（表 4-1）。分别于 0、1、2、4、7 和 10 月取样并检测储藏样品的加工品质，评估 3 种干燥方式对稻米加工品质的影响。

表 4-1　稻米储藏样品及形态

干燥方法	储藏形态		
红外干燥	稻谷	糙米	精米
热风干燥	稻谷	糙米	精米
自然通风干燥	稻谷	糙米	精米

4.3.1.5　水分和稻米加工品质的测定

稻谷水分含量的测定采用标准空气烘箱法。

加工品质主要包括精米率、整精米率和白度指标。对于稻谷来说，称取 400 g样品，利用 Yamamoto 砻谷机和试验碾米机碾磨成精米。碾米过程分为三次，前两次产量和碾白分别设置为 1 档和 4 档，而第三次则设置为 1 档和 5 档。分别记录砻谷和脱壳后的糙米和精米质量。加工的精米符合美国联邦谷物检验局（Federal Grain

Inspection Service，FGIS）规定的优质米标准。将碾磨精米再通过 Foss 谷物检测机检测稻谷的整米率。精米白度指标则通过白度仪检测。每个样品各指标数据重复测三次取平均值。精米率和整精米率的计算为：

$$精米率 = \frac{精米质量}{稻谷总质量} \times 100\% \tag{4-1}$$

$$整精米率 = \frac{整粒精米质量}{稻谷总质量} \times 100\% \tag{4-2}$$

4.3.1.6 数据处理及分析

研究利用软件 PASW 18.0（IBM SPSS Statistics，芝加哥，美国）对稻米的加工品质进行两因素方差分析（Two-way ANOVA）并进行 Tukey 多重比较，统计并分析干燥方式和储藏时间对干燥后稻谷加工品质的影响。研究中提到的统计学显著性的置信区间水平为 95%。

4.3.2　红外干燥模型的建立

红外干燥是一种非稳态过程，干燥物料的种类、理化特性、空间结构和外部形状等多种因素均会影响其干燥效果。因此，根据红外辐射和物料自身特性，分析干燥过程中的传热传质过程，建立可靠的数学模型，可为红外干燥设备的研制、工艺开发以及对物料干燥后品质分析提供重要的参考依据。

目前针对传统对流干燥过程分析主要通过对 Fick 扩散定律和牛顿冷却定律的简化与修正得以实现，而本章主要基于红外薄层干燥时稻谷层微单元的热质平衡进行分析，建立稻谷红外干燥的数学模型，分析红外干燥的动态过程。在建立的模型中，微单元吸收的红外辐射能、稻谷微单元和干燥过程产生的水蒸气被视为一个系统（图4-5），干燥前后均符合物料守恒和热量守恒，并满足以下假设条件：

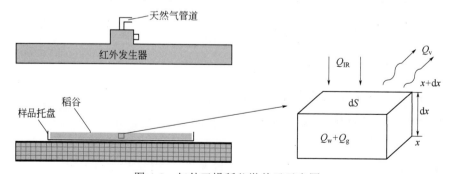

图 4-5　红外干燥稻谷微单元示意图

Q_{IR}—谷物吸收的红外辐射能；Q_v—水分蒸发汽化消耗热量；Q_w—稻谷中水分温度上升所吸收的热量；
Q_g—谷物中干物质温度上升吸收热量；dS 和 dx 分别为微单元辐射表面积和厚度

① 因稻谷为热的不良导体，故不考虑稻谷微单元中的温度梯度；

② 在红外辐射能、稻谷微单元和水蒸气的整个系统中，无能量损失；

③ 干燥过程中稻谷水分的转移和蒸发不考虑克服水分与稻谷的结合能；

④ 干燥过程中产生的水蒸气迅速转移，不影响稻谷对红外辐射的吸收。

4.3.2.1　物料平衡方程

通过干燥前后水分质量平衡可得对应的质量平衡方程：

$$dm_{w1} = dm_v + dm_{w2} \tag{4-3}$$

式中，dm_{w1} 为干燥前稻谷微单元中的水分质量，kg；dm_{w2} 和 dm_v 分别为干燥后稻谷微单元剩余稻谷中的水分质量和蒸发出去的水分，kg。

由上式可得：

$$dm_{dg}w_1 = dm_v + dm_{dg}w_2 \tag{4-4}$$

式中，dm_{dg} 分别为干燥前后稻谷微单元干物质质量，kg；w_1 和 w_2 分别为干燥前后稻谷微单元蒸发出去的蒸汽和剩余物料中的水分干基含量，%。

4.3.2.2　热量平衡方程

由干燥前后微单元内热量平衡原理得到热量平衡方程：

$$Q_{IR} = Q_g + Q_w + Q_v + q \tag{4-5}$$

式中，Q_{IR} 为稻谷吸收的红外辐射能，J；Q 为水分蒸发汽化和水蒸气热量，J；Q_w 为稻谷中水分温度上升所吸收的热量，J；Q_g 为稻谷中干物料温度上升所吸收热量，J；q 为系统热量损失，J，这里假设为热量损失为 0。

4.3.2.3　稻谷吸收红外辐射热量的计算方程

根据稻谷对红外辐射吸收特性，在 dt 时间内，稻谷吸收的红外辐射能 Q_{IR} 可通过式（4-6）计算：

$$Q_{IR} = \int_S \varepsilon_S C \left[\left(\frac{T_{IR}}{100} \right)^4 - \left(\frac{T}{100} \right)^4 \right] dS dx dt \tag{4-6}$$

式中，dS 为微单元辐射表面积，m^2；C 为黑体辐射系数，$W/(m^2 \cdot K^4)$；T_{IR} 为红外发生器表面温度，K；T 为稻谷微单元温度，K；dx 为稻谷微单元的厚度，m；ε_s 为红外发生器与谷物的系数黑度，可由式（4-7）计算：

$$\varepsilon_S = \cfrac{1}{\left(\cfrac{1}{\varepsilon_1} - 1 \right) + \cfrac{1}{\varphi_{12}} + \cfrac{S_1}{S_2} \left(\cfrac{1}{\varepsilon_2} - 1 \right)} \tag{4-7}$$

式中，ε_1 为红外发生器的辐射系数；ε_2 为稻谷吸收系数；S_1 为红外发生器的辐射面积，m^2；S_2 为谷物表面积，m^2；φ_{12} 为辐射表面积与谷物表面积的角度系数；干燥过程中，红外发生器辐射面积和稻谷表面积相等，故 $S_1/S_2=1$。

4.3.2.4　稻谷干物质和水分吸收热量的计算方程

稻谷吸收热量为稻谷颗粒干物质和内部水分吸收热量的总和。因此可由式（4-8）和式（4-9）计算在 $\mathrm{d}t$ 时间内稻谷干物质和水分的吸收热量：

$$Q_g = \mathrm{d}m_{dg}(H_{g2} - H_{g1})\frac{\partial T}{\partial t}\mathrm{d}t \qquad (4\text{-}8)$$

$$Q_w = \mathrm{d}m_{w2}(H_{w2} - H_{w1})\frac{\partial T}{\partial t}\mathrm{d}t \qquad (4\text{-}9)$$

式中，H_{g1} 和 H_{g2} 为干燥前后稻谷干物质热焓量，kJ/kg（以干物质计）；H_{w1} 和 H_{w2} 为干燥前后稻谷中水分的热焓量，可分别通过式（4-10）和式（4-11）计算：

$$H_g = c_g(T - T_0) \qquad (4\text{-}10)$$

$$H_w = c_w(T - T_0) \qquad (4\text{-}11)$$

式中，c_g 和 c_w 为稻谷干物质比热容，kJ/(kg·K)（以干物质计）；T 为稻谷温度，K；T_0 为参考温度，K，这里设为 273.15K，即 0℃。

4.3.2.5　水分汽化和水蒸气热量计算方程

稻谷中的一部分水分在红外加热过程中由液态转变为气态，需要吸收能量克服水分子引力及大气压力而做功。红外干燥稻谷时降水速率高，主要用于高水分物料的干燥，以免产生裂纹，降低稻谷品质。因此，在热量衡算时不考虑红外干燥稻谷结合水的情况，忽略克服水与稻谷的结合能所需要的能量。在 $\mathrm{d}t$ 时间内，水分汽化所需热量为：

$$Q_v = \frac{\partial \mathrm{d}m_v}{\partial t}H_v\mathrm{d}t \qquad (4\text{-}12)$$

式中，H_v 为水的汽化潜热，kJ/kg。

因 $\mathrm{d}m_v$ 为水蒸气的增加量，与稻谷内部水分量相等，故：

$$Q_v = \mathrm{d}m_{dg}\frac{\partial w}{\partial t}\mathrm{d}tH_v \qquad (4\text{-}13)$$

式中，w 为稻谷干基含水量的变化值，%。

4.3.2.6　稻谷热质衡算方程

将式（4-6）至式（4-13）代入式（4-5）中，可得：

$$\int_S \varepsilon_S C \left[\left(\frac{T_{IR}}{100} \right)^4 - \left(\frac{T}{100} \right)^4 \right] dS dx dt$$

$$= dm_{dg}(H_{g2} - H_{g1}) \frac{\partial T}{\partial t} dt + dm_{w2}(H_{w2} - H_{w1}) \frac{\partial T}{\partial t} dt \qquad （4\text{-}14）$$

$$+ dm_{dg} \frac{\partial w}{\partial t} H_v dt$$

结合物料平衡方程式（4-4），简化式（4-14）可得：

$$\frac{\partial T}{\partial t} = \frac{\varepsilon_S CV \left[\left(\frac{T_{IR}}{100} \right)^4 - \left(\frac{T}{100} \right)^4 \right] - m_{dg} H_v \frac{\partial w}{\partial t}}{m_{dg}[(H_{g2} - H_{g1}) + (w_1 - w)(H_{w2} - H_{w1})]} \qquad （4\text{-}15）$$

式中，V 为稻谷层体积，m^3；w 为稻谷干基水分含量变化，%。

式（4-15）反映了稻谷升温速率和降水速率的动态关系。在干燥过程中，已知稻谷升温速率或干燥速率，可分析另一变量在干燥过程中的变化。

4.3.3　不同干燥方法的效率分析和稻米加工品质

4.3.3.1　不同干燥方法的效率分析

红外干燥可以达到加热速率和很高的降水率。在红外辐射 58s 后，稻谷温度从室温上升到 60℃，平均加热速率达到 0.7℃/s。同时，在不到 1min 的加热过程中，稻谷水分从（25.03±0.01）%降至（22.87±0.04）%，降水率达到 2.17%。缓苏过程由于对稻谷进行密封处理，故无水分下降的现象。缓苏 4h 后，将稻谷平铺于实验室桌面，让其自然晾干 30min。自然晾干的 30min 内，在没有额外能量消耗的情况下，稻谷水分含量又下降 1.20%至 21.66%。红外辐射的高温干燥易导致低水分稻谷产生裂纹，故稻谷在自然晾干后，不再使用红外辐射干燥，改用自然通风的干燥将稻谷水分干燥至 15.92%。红外干燥工艺各阶段干燥效果如图 4-6 所示。

图中，58s、30min 和 6h 分别代表红外加热、自然冷却和后续自然通风干燥所消耗的时间，2.17、1.20 和 5.75 分别代表在上述 3 个处理阶段的稻谷水分含量下降百分点；23.76%、13.17%和 63.07%表示各阶段降水占总降水的比重。

自然空气与稻谷没有温度差，干燥过程中稻谷颗粒表层水分下降速率慢，稻谷颗粒由内而外的水分梯度小，因此不易产生裂纹，故在干燥时进行连续干燥，没有缓苏工艺。干燥 18h 后，稻谷水分从（25.03±0.01）%干燥至（16.13±0.12）%。干燥曲线如图 4-7 所示。而热风干燥的空气温度为 43℃，为避免稻谷颗粒裂纹的出现，故利用热风干燥稻谷 20min 后进行 4h 缓苏，以减小颗粒内水分梯度，降低裂纹率。热风干燥特性如图 4-8 所示。

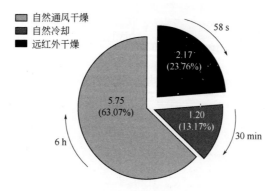

图 4-6　红外干燥工艺各阶段干燥效果

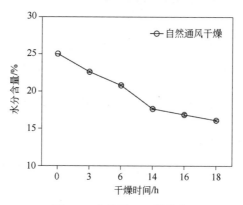

图 4-7　自然通风干燥曲线

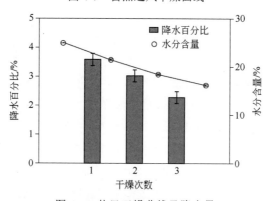

图 4-8　热风干燥曲线及降水量

　　由图 4-7 发现，自然通风干燥的前 6h 内，稻谷水分含量保持匀速下降，而从图 4-8 看出，热风干燥的前 2 次水分下降幅度一致。因此，在干燥初期，稻谷初始水分含量高，水分含量基本呈直线下降，自然和热风干燥初期阶段可被视为匀速干燥，干燥速率为定值。自然通风干燥初期的 3h，稻谷水分从 25.03%下降 2.4 个百分点至 22.62%。对于第一段热风干燥,稻谷水分从 25.03%下降 3.6 个百分点至 21.43%。相比较而言,红外辐射 58s 可将稻谷从初始水分干燥至 22.87%,降水达 2.17%。在此条件下,计算得出红外、热风和自然通风在干燥初期的平均干燥速率为 $1.68×10^{-2}$kg/(kg·min)、$9.04×10^{-5}$kg/(kg·min)和 $8.13×10^{-4}$kg/(kg·min)。可见,在干燥初期干燥速率恒定的情况下,红外干燥速率分别是热风和自然通风干燥速率的 21 倍和 186 倍,干燥速率远高于自然通风及热风干燥。

红外加热稻谷效率高于传统热风和自然通风干燥,是由于稻谷中的水分对红外辐射的选择性吸收所致。红外辐射作为一种电磁波,不同物质对电磁波的吸收具有选择性。稻谷中的水分对红外辐射具有很强的吸收峰,因此在干燥过程中,稻谷颗粒中的水分子极易吸收红外辐射,将电磁能通过摩擦生热,促使温度上升,加速水分蒸发。另外,红外辐射对稻谷具有一定的穿透能力,可在稻谷颗粒内部产生热量积累。而颗粒表面水分易吸收辐射能而蒸发吸热,一定程度上降低了稻谷颗粒表面温度,易导致稻谷颗粒内出现由内而外逐渐下降的温度梯度。同时,由于稻谷表面水分蒸发,颗粒内外出现水分梯度,水分由内而外扩散,与热量扩散方向一致。而传统热风和自然通风干燥时,热量扩散和水分扩散方向相反,不利于水分在稻谷颗粒由内向外迁移。因此,与传统热风和自然通风干燥相比,红外干燥稻谷可显著提高水分干燥和扩散速率。

4.3.3.2　稻米加工品质

稻谷在储藏期间的加工品质变化见表 4-2。红外、热风及自然通风干燥后的稻谷精米率分别为(67.12±1.61)%、(67.74±1.68)%和(66.52±1.15)%,干燥方式对精米率的影响不显著($p>0.05$)。储藏 2 个月后,精米率分别上升至(68.91±1.37)%、(68.97±1.41)%和(68.50±1.35)%。经过 10 个月的储藏,相对应的精米率为(69.39±1.37)%、(68.97±0.93)%和(69.22±1.19)%。分析结果表明,稻谷储藏期间的精米率亦无显著性差异($p>0.05$)。

红外、热风和自然通风干燥的稻谷整精米率分别为(57.94±1.93)%、(57.78±1.23)%和(56.07±1.40)%。储藏 4 个月后整精米率分别是(59.67±1.25)%、(59.15±1.44)%和(59.23±1.53)%。相比较热风和自然通风干燥,红外干燥的稻谷样品具有较高的整精米率,并在储藏期的前 4 个月依然保持,但在统计学上无显著性差异($p>0.05$)。而储藏 10 个月后的值分别为(61.21±1.09)%、(61.67±1.40)%和(61.29±0.93)%。在储藏末期,这些样品的整精米率差异减小,逐渐趋于一致。总的来说,红外和热风干燥的样品储藏期间整精米率有所上升但不显著。相比之下,自然通风干燥的样品经过 7 个月储藏后,整精米率有显著上升。经过长期储藏,米糠层和胚乳结合作用更加紧密,稻谷颗粒内部蛋白质形成网状结构,会降低同等工艺下碾米精度,并一定程度上减少碾米挤压对胚乳结构造成的破坏,导致整精米率上升。

表 4-2　储藏稻谷加工品质的变化

干燥方法	储藏时间/月	加工品质		
		精米率/%	整精米率/%	白度/%
红外干燥	0	67.12±1.61	57.94±1.93aA	39.90±0.36aA
	1	68.23±1.64	58.69±1.49aA	40.60±0.28aAB
	2	68.91±1.37	59.66±1.02aA	39.20±0.71aAC
	4	69.05±1.26	59.67±1.25aA	39.45±0.07aAC
	7	69.26±1.16	60.81±1.04aA	35.92±0.50aD
	10	69.39±1.37	61.21±1.09aA	31.08±0.83aE
热风干燥	0	67.74±1.68	57.78±1.23aA	39.94±0.48aA
	1	67.93±1.35	57.98±1.03aA	40.40±0.28aAB
	2	68.97±1.41	58.42±1.39aA	39.20±0.57aAC
	4	68.68±1.81	59.15±1.44aA	39.30±0.14aAC
	7	68.94±1.43	60.93±1.68aA	36.37±0.23aD
	10	68.97±0.93	61.67±1.40aA	32.18±0.21bE
自然通风干燥	0	66.52±1.15	56.07±1.40aA	38.37±0.46bA
	1	67.83±1.39	56.74±1.58aA	37.95±0.49bAB
	2	68.50±1.35	58.00±1.62aAB	37.15±0.07bB
	4	68.71±1.36	59.23±1.53aAB	35.84±0.49bC
	7	69.10±1.33	60.77±1.19aB	33.57±0.27bD
	10	69.22±1.19	61.29±0.93aB	30.29±0.46ae

　　注：表中数值均为平均值±标准差。小写字母代表 3 种干燥方法干燥的样品储藏相同时间时各指标内部比较的显著性差异分析结果，大写字母代表同种干燥样品不同储藏时间时各指标内部比较的显著性差异分析结果。带有相同字母的数值代表无显著性差异（$p>0.05$）。精米率所有数值无显著性差异，故无字母标识。

　　红外、热风和自然通风干燥的稻谷碾成精米后白度分别为(39.90±0.36)%、(39.94±0.48)%和(38.37±0.46)%。红外干燥样品白度比自然通风干燥样品高 3.99%。储藏 4 个月后，自然通风干燥样品下降了 0.45 个百分点，而红外干燥稻谷白度下降 2.53 个百分点，比自然通风干燥样品下降值减少 82.2%。在本节中，针对不同干燥方式对稻谷颜色的影响研究，发现颜色渗透是致使储藏稻米颜色变化的主要原因。在储藏期间，因稻米中的脂质氧化和美拉德反应，产生有色物质，通过水分传递进入胚乳层，导致稻米白度的下降。另外，稻壳中存在一些黄色色素，在长时间的储藏过程中亦可随着水分的传输而渗透至胚乳中，降低精米的白度。由于红外干燥对脂质降解氧化具有抑制作用，减少了有色物质的产生，因此该储藏样品加工的精米白度高于自然通风干燥。在前 4 个月储藏期内，红外和热风干燥样品白度均高于38%，说明精米的白度能被市场广泛接受。而自然通风干燥的样品在储藏 2 个月后降至(37.15±0.07)%，低于38%，说明该精米白度不被市场认可。

　　表 4-3 列出了糙米在储藏期间的加工品质具体变化。干燥后储藏 2 个月后，精米率分别上升至(68.16±0.89)%、(68.13±1.65)%和(67.80±0.76)%。经过 10 个月的储藏，相对应的精米率上升到(68.91±0.5)%、(68.83±0.67)%和(69.10±0.72)%。糙米精

米率在储藏期无显著性差异，与稻谷保持一致。

　　糙米储藏 4 个月后，经过红外、热风和自然通风干燥的样品相对应的整精米率分别是(58.87±0.33)%、(58.44±0.75)%和(57.33±0.90)%。储藏 10 个月后，整精米率上升到(58.61±0.49)%、(58.99±0.34)%和(58.53±1.29)%。与储藏稻谷相似，相比较热风和自然通风干燥，红外干燥的稻谷样品在储藏的前 4 个月亦保持了较高的整精米率。10 个月后干燥方式对整精米率的影响几乎消失。与稻谷不同的是，糙米储藏过程中，所有样品的整精米率上升但均不显著。针对糙米储藏，红外干燥的样品经 4 个月的储藏白度从(39.90±0.36)%降至(38.52±0.45)%，在前 4 个月储藏期内下降幅度最小，热风干燥样品从(39.94±0.48)%降到(38.10±0.4)%，降幅略高，而自然通风干燥样品白度下降较显著，从(38.37±0.46)%降到(35.72±0.45)%。相比较而言，红外干燥样品的白度比自然通风干燥样品的下降程度减少了 47.9%。自然通风干燥样品白度在前 4 个月降幅较大，可能是因为干燥温度较低，脂肪酶活性较强，在缺少稻壳的保护的情况下，米糠层暴露于外界空气中，易加速脂质氧化，致使颜色加深，白度下降。

表 4-3　储藏糙米加工品质的变化

干燥方法	储藏时间/月	加工品质		
		精米率/%	整精米率/%	白度/%
红外干燥	0	67.12±1.61	57.94±1.93	39.90±0.36aA
	1	67.72±0.39	58.04±0.55	39.73±0.53aA
	2	68.16±0.89	58.67±0.53	39.53±1.06aA
	4	68.23±0.27	58.87±0.33	38.52±0.45aA
	7	68.63±0.39	58.19±0.97	35.45±0.44aB
	10	68.91±0.50	58.61±0.49	30.87±0.38aC
热风干燥	0	67.74±1.68	57.78±1.23	39.94±0.48aA
	1	67.38±0.84	58.42±1.17	40.19±0.11aA
	2	68.13±1.65	58.11±0.76	39.54±0.64aAB
	4	68.92±0.66	58.44±0.75	38.10±0.45aB
	7	68.49±0.64	58.2±0.38	34.92±0.44aC
	10	68.83±0.67	58.99±0.34	30.01±0.57aD
自然通风干燥	0	66.52±1.15	56.07±1.40	38.37±0.46bA
	1	67.63±1.28	57.37±0.54	37.88±0.77bA
	2	67.80±0.76	57.44±0.47	36.68±0.29bAB
	4	67.74±0.44	57.33±0.9	35.72±0.45bB
	7	69.18±0.71	57.62±0.55	33.25±0.77bC
	10	69.10±0.72	58.53±1.29	29.59±0.71aD

　　注：表中数值均为平均值±标准差。表中白度一栏，小写字母代表 3 种干燥方法干燥的样品储藏相同时间时各指标内部比较的显著性差异分析结果，大写字母代表同种干燥样品不同储藏时间时各指标内部比较的显著性差异分析结果。带有相同字母的数值代表无显著性差异（$p>0.05$）。精米率和整精米率所有数值无显著性差异，故无字母标识。

4.3.4　小结

通过对红外薄层干燥稻谷的特性分析，建立了稻谷红外薄层干燥模型，提出了干燥衡算方程。红外干燥效率远高于传统热风和自然通风干燥的同时可有效提升稻谷的加工品质，具体结论如下：

① 红外干燥过程中，稻谷水分子对红外辐射具有强吸收峰，且稻谷层温度和水分扩散方向一致，因此红外干燥加热效率和干燥速率均远大于传统的热对流干燥。红外干燥可在58s内将稻谷从室温加热至60℃，并使稻谷水分含量下降2.17个百分点。在后续的自然冷却过程中，无需额外的能量输入，使稻谷水分含量继续下降1.20个百分点。在干燥初期，红外干燥平均速率分别是热风和自然通风干燥速率的 21 倍和 186 倍。

② 基于红外干燥过程中的物料和热量平衡，对稻谷红外薄层干燥的数学模型进行了研究，介绍了稻谷干燥的衡算方程，为红外干燥稻谷的动力学研究提供参考。

③ 与自然通风干燥相比，红外干燥样品精米率和整精米率与之差异不显著（$p>0.05$），但加工的精米白度显著提升了3.99%。储藏过程中，所有样品精米率无明显变化，整精米率缓慢上升，白度总体呈现下降的趋势。然而，红外干燥抑制了稻谷脂质降解氧化，减少了有色物质的产生，因此样品以稻谷和糙米形式储藏4个月后其加工精米的白度下降程度分别比对应的自然通风干燥样品减少了 82.2%和47.9%。

4.4　红外滚筒干燥装置的开发与工艺优化及干燥动力学研究

4.4.1　试验方法

4.4.1.1　红外滚筒干燥装置的开发

由于红外辐射在食品中穿透力不足，传统深床干燥方式并不适用于稻谷的红外干燥工艺，连续式薄层干燥工艺更易实现红外干燥产量的提升和产业化应用。食品物料的连续式薄层干燥一般采用轨道或者滚筒干燥工艺，通过调节物料在干燥箱的传输速度，控制单位质量物料的加热时间，提高干燥效率和产量。为减少干燥装置的占地面积，结合红外干燥特性，开发设计小型稻谷滚筒式红外干燥装置（图4-9）。

该滚筒干燥装置主要包括三个部分：红外线发生装置，滚筒及其传动装置和设备支架。由于所开发的干燥装置为试验性设备，为降低该装置的占地面积，提高其使用便利性，并未选取面积较大的催化式红外发生器作为热源，而选用狭长型陶瓷

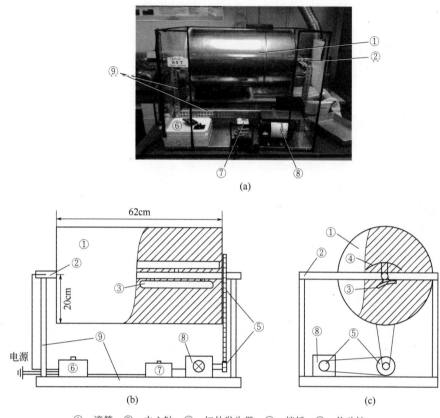

①—滚筒；②—中心轴；③—红外发生器；④—挡板；⑤—传动轴；
⑥—红外发生器控制器；⑦—电动机控制器；⑧—电动机；⑨—支架

图 4-9　实验室红外滚筒干燥装置照片及结构示意图

红外发生器，降低滚筒设计尺寸。两个陶瓷红外发生器固定在滚筒轴心位置，通过卡扣串联固定于滚筒中心轴上，角度可调，不随滚筒转动而产生位移。该陶瓷红外发生器为了提高热效率，表面设计为弧形，当量半径为83mm，长宽分别为292mm和92mm。该发生器热效率达96%，最高温度为700℃，此时峰值波长为2.9μm，覆盖远红外波长区间和部分中红外波长区间。在 100～1800W 的功率范围内可通过Payne 控制器实现无级可调。陶瓷红外发生器与催化式红外发生器的能量来源存在差异，但均通过红外辐射加热物料，且红外辐射波长覆盖范围基本一致，故对干燥效果的评价无明显差异。从单位能耗角度看，催化式红外发生器采用燃气作为热量来源，成本较低，故单位质量物料干燥至相同程度时其能耗会低于通电使用的陶瓷发生器。

　　针对陶瓷红外发生器的尺寸，设计滚筒长 60cm，半径 20cm。滚筒通过不锈钢中心轴固定在设备支架上。为了帮助待干燥物料的传热，提高加热和干燥效率，滚筒内部表面覆盖一层黑色特氟龙材料。另外，滚筒内每隔 90°加装刮板，提高物料加热的均匀性。在滚筒中间部位，切割出一个椭圆形装料口，加装同材质盖子，通过铰链固定，密封效果良好，确保干燥物料不渗漏。在干燥过程中，发生器温度高，为了避免干燥物料在滚筒内翻滚的过程中降落在红外发生器的上方从而引发火灾，在红外发生器上方安装了弧形不锈钢挡板，引导少量翻滚稻谷颗粒降落至干燥器下方。滚筒侧面开有观察孔（Φ12cm），设备外围加装有机玻璃围挡，防止设备周边人员因为高温而导致受伤。

滚筒右侧装有固定齿轮，利用链条将滚筒、二级齿轮和三相电动机相连接。频率为 60Hz 和 120Hz 下，其额定转速分别是 1725r/min 和 3450r/min，在该范围内可通过电动机控制器控制转速。经过齿轮传动，控制滚筒转速与电动机转速比为 1∶14.4。

4.4.1.2　稻谷干燥

利用上述自主研制的小型红外滚筒干燥设备干燥稻谷。干燥前，分别调节滚筒干燥机功率和转速至所需功率和转速，提前预热 30min，待红外发生器温度稳定以后方可进行实验。稻谷晾至室温（24.2℃）备用。根据实验设计，称取适当的样品，快速倒入干燥机，关闭装料口，同时打开计时器计时。单因素实验中，每隔 30s 测定稻谷温度，绘制稻谷升温曲线。稻谷温度通过红外检测仪（精准度为±1℃，Fluke，型号 568，美国）检测。响应面实验中，到达预定加热时间后，测定干燥后稻谷温度并收集样品。响应面实验重复三次，重复实验得出的稻谷温度标准差用于衡量稻谷加热均匀性。

4.4.1.3　降水率的测定

稻谷干燥前后水分均通过烘干法进行测定。降水率为干燥前后水分差值。所有水分值均为干基水分。

4.4.1.4　干燥单位能耗的计算

稻谷干燥单位水分所消耗的能量计算如式（4-16）：

$$干燥单位能耗(MJ/kg) = \frac{功率(W) \times 加热时间(s)}{样品加载量(g) \times 76.35\% \times 降水率(\%) \times 1000} \quad (4\text{-}16)$$

式中，76.35%为测试稻谷干基含量。

4.4.1.5　加工品质的测定

以最佳工艺参数干燥稻谷后，缓速 4h，利用后续自然空气干燥稻谷至水分 15.42%（干基水分）。同时，通过自然通风将另一批稻谷从原始水分干燥至 15.71%。

将两部分稻谷干燥后脱壳碾米，检测两部分稻谷的精米率、整精米率和白度。同时，以自然通风干燥的稻谷作为对照样，分析红外滚筒干燥方法对稻谷加工品质的影响。

4.4.1.6 单一工艺参数对稻谷温度的影响试验

针对红外辐射功率、稻谷加载量和滚筒转速等因素，在固定 2 个因素的条件下，逐个进行单因素试验，研究各因素对稻谷加热速率的影响，判定各因子较优的参数区间。

4.4.1.7 响应面试验

在单因素试验结果的基础上，利用中心复合响应面方法对该滚筒干燥装置的干燥工艺进行优化。将加热时间、功率、稻谷加载量和滚筒转速 4 个干燥参数，分别编码为 X_1、X_2、X_3 和 X_4，每个参数设-1、0 和 1 三个水平（表 4-4）。响应指标为升温速率、降水百分比和单位干燥能耗。总试验数量为 27，包括 3 个中心点重复。通过响应面分析方法对稻谷红外滚筒干燥进行动力学分析，并分别建立稻谷升温速率、降水百分比和单位干燥能耗的拟合方程。每个指标重复检测 3 次，取平均值为最终结果。

表 4-4 设计因素和水平编码值

因素	编码	水平		
		−1	0	1
加热时间/s	X_1	45	60	75
功率/W	X_2	1620	1800	1980
稻谷加载量/g	X_3	300	450	600
滚筒转速/(r/min)	X_4	7	10	13

4.4.1.8 数据处理与分析

利用统计分析软件 JMP10.0 对响应面试验进行设计、处理和分析。所有试验均重复三次，测定结果以均值±标准差（mean ± SD）表示。采用 PASW 18（IBM SPSS Statistics，芝加哥，伊利诺伊，美国）分析软件中的邓肯多重范围检验（Duncan's multiple range test）进行两因素方差分析（Two-way ANOVA），并在 $p = 0.05$ 的水平下进行检验。

4.4.2 稻谷红外滚筒干燥温度特性

滚筒干燥装置在稳定空载状态下，其红外发生器和滚筒内壁温度与功率呈正相关，具体见图 4-10。由图可知，随着功率的提高，发生器和滚筒内壁温度持续增加。当功率为 720W 时，发生器温度与拟合曲线误差较大，可能是因为此时反应器温度较低，环境低温对其影响较明显。在干燥过程中，红外发生器和滚筒内壁均会与物料产生能量传递。在较高红外辐射功率下，发生器温度远高于滚筒壁温度，红外传递能量效率也远高于普通热传递，故滚筒内壁对稻谷温度的影响可忽略不计。但当红外发生器功率较低时，红外辐射强度有限，而此时滚筒内壁温度与发生器温度相差较小，在进行传热传质分析时，需要考虑两者的交互作用。

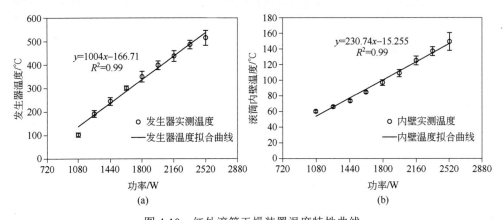

图 4-10　红外滚筒干燥装置温度特性曲线

图（a）和（b）分别为红外发生器和滚筒内壁温度与发生器功率的关系图

4.4.3　稻谷层运动及分布特性

滚筒在运行过程中，稻谷内部保持相对静止状态。随着滚筒的继续旋转，筒壁给予稻谷的垂直方向的力将逐渐减少，当靠近滚筒旋转方向最前沿的稻谷随滚筒旋转上升到一定高度时，其相对平衡状态将被破坏。稻谷受到向下的重力大于谷堆及筒壁对稻谷的支撑力，因而这部分稻谷会沿着谷堆表面向下翻滚。随后升至顶部的稻谷继续保持这种运动轨迹。稻谷运动轨迹见图 4-11。

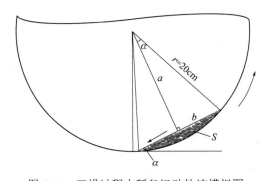

图 4-11　干燥过程中稻谷运动轨迹模拟图

r—滚筒半径，cm；a—滚筒圆心到谷堆表面的距离，cm；b—稻谷表面宽度的二分之一，cm；α—稻谷覆盖滚筒弧面角度的二分之一；S—稻谷横截面积，cm²

稻谷层运动轨迹的计算基于以下假设：

① 滚筒内部平整，无多余部件，如刮板等；

② 滚筒内表面摩擦力大于稻谷内部摩擦力；

③ 滚筒转动过程中，稻谷处于相对稳定的状态。

图 4-11 中，主要计算式如下：

$$a = r \times \cos \alpha \tag{4-17}$$

$$b = r \times \sin \alpha \tag{4-18}$$

$$V = \frac{1000m}{\rho} \tag{4-19}$$

$$S = \frac{V}{L} = \frac{\alpha}{360} \times \pi r^2 - \frac{1}{2} ab \tag{4-20}$$

经计算，可得稻谷层最大厚度：

$$D_{\max} = r - a \tag{4-21}$$

以上式中：r 为滚筒半径，cm；a 为滚筒圆心到谷堆表面的距离，cm；b 为稻谷表面宽度的二分之一，cm；α 为稻谷覆盖滚筒弧面角度的二分之一，(°)；V 为相应稻谷加样量的体积，cm³；m 为稻谷加样量，g；ρ 为稻谷容重，kg/m³；L 为滚筒长度，cm；$D_{\max}$ 为稻谷层最大厚度，cm。

根据稻谷在干燥过程中的特性，稻谷集中于滚筒向上旋转方向一侧。当稻谷载样量在 200～800g 之间，其角度覆盖范围约在 30°至 48°（表 4-5）。经测量，稻谷层下边缘与垂直线夹角在 0～5°，故在干燥实验中，红外发生器与水平面的夹角固定在(20±5)°，以增加稻谷对红外辐射的吸收，进而提高稻谷加热及干燥效率。

表 4-5　不同加载量下稻谷运动轨迹相关参数表

样品量/g	稻谷覆盖弧面角度 2α/(°)	稻谷层最大厚度/cm
200	30.52	0.71
400	38.57	1.12
600	44.25	1.47
800	48.81	1.79

4.4.4　稻谷红外滚筒干燥模型的建立

滚筒干燥过程中，稻谷在固定转速条件下处于持续翻滚的运动状态，因此热质分析的方法与薄层干燥有所不同。如果将稻谷分割成若干微单元，每个微单元并非处于一个稳定状态，难以通过传热传质分析得到解析解，更多的是借助计算机动态模拟而得到数值解。本节将干燥装置和稻谷作为一个宏观系统，利用物料和热量平衡对稻谷干燥过程进行传热传质分析（图4-12），获得干燥和加热速率的动态关系方程，对稻谷滚筒干燥的模拟提供相关依据。干燥过程满足以下假设条件：

① 干燥过程中部分红外辐射被用于加热滚筒内壁，假设干燥过程中滚筒内壁温度为定值；

② 在红外辐射、稻谷和水蒸气的整个系统中，无能量损失；

③ 红外干燥结合水的情况不作考虑；

④ 干燥稻谷产生的水蒸气迅速转移，不影响稻谷对红外辐射的吸收。

根据干燥前后物料平衡，可得：

$$m_{dg}w_1 = m_v + m_{dg}w_2 \qquad (4\text{-}22)$$

式中，m_{dg} 为干燥前后稻谷干物质质量，kg；w_1 和 w_2 分别为干燥前后稻谷微单元蒸发出去的蒸汽和剩余物料中的水分干基含量，%。

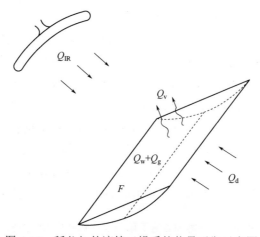

图 4-12　稻谷红外滚筒干燥系统热量平衡示意图

Q_{IR}—稻谷吸收的红外辐射能；Q_v—水分蒸发汽化消耗热量；Q_w—稻谷中水分温度上升所吸收的热量；
Q_d—滚筒内壁对稻谷的传递热量，J；Q_g—稻谷中干物料温度上升所吸收热量；F—稻谷表面积

与稻谷红外薄层干燥的模拟不同的是，稻谷滚筒干燥时，滚筒内壁与稻谷温度差较大，且稻谷在持续翻滚状态下与内壁产生热量交换，因此桶壁对稻谷的热量传递需要纳入考核范围。根据干燥前后系统热量平衡，可得：

$$Q_{IR} + Q_d = Q_g + Q_w + Q_v + q \qquad (4\text{-}23)$$

式中，Q_{IR} 为稻谷吸收的红外辐射能，J；Q_d 为滚筒内壁对稻谷的传递热量，J；Q_w 为稻谷中水分温度上升所吸收的热量，J；Q_g 为稻谷中干物料温度上升所吸收热量，J；Q_v 为水分蒸发汽化消耗热量；q 为系统热量损失，J，这里假设热量

损失为 0。

经过 dt 时间的干燥后，Q_{IR}、Q_g、Q_w 和 Q_v 的计算方法与前述针对稻谷微单元的计算方法相似，故仅列出相应的计算方程：

$$Q_{IR} = \varepsilon_s CV\left[\left(\frac{T_{IR}}{100}\right)^4 - \left(\frac{T}{100}\right)^4\right]dt \tag{4-24}$$

$$Q_g = m_{dg}(H_{g2} - H_{g1})\frac{\partial T}{\partial t}dt \tag{4-25}$$

$$Q_w = m_{dg}(w_1 - w)(H_{w2} - H_{w1})\frac{\partial T}{\partial t}dt \tag{4-26}$$

$$Q_v = m_{dg}\frac{\partial w}{\partial t}H_v dt \tag{4-27}$$

以上式中：C 为黑体辐射系数，W/(m^2 • K^4)；T_{IR} 为红外发生器表面温度，K；T 为稻谷微单元温度，K；ε_s 为红外发生器与谷物的系数黑度，计算方法见式（4-7）；H_{g1} 和 H_{g2} 为干燥前后稻谷干物质热焓量，kJ/kg（以干物质计）；H_{w1} 和 H_{w2} 为干燥前后稻谷中水分的热焓量；c_g 和 c_w 为稻谷干物质比热容，kJ/[kg 干物质 • K]；w_1 为干燥前稻谷干基水分含量，%；w 为干燥过程中干基水分含量变化值，%；H_v 为水的汽化潜热，kJ/kg（以水计）。

滚筒内壁传导至稻谷的热量 Q_d，可根据稻谷的导热特性进行分析：

$$Q_d = \frac{\lambda F}{d_{ave}}\left(T_d - \frac{\partial T}{\partial t}dt\right)dt \tag{4-28}$$

式中，λ 为稻谷导热系数，W/(m • K)；T_d 为滚筒内壁温度，K；T 为稻谷平均温度，K；F 为稻谷与滚筒内壁接触表面积；d_{ave} 为稻谷层平均厚度，m。

将式 4-24 至式 4-28 代入式 4-23 得：

$$\varepsilon_s CV\left[\left(\frac{T_{IR}}{100}\right)^4 - \left(\frac{T}{100}\right)^4\right]dt + \frac{\lambda F}{d_{ave}}\left(T_d - \frac{\partial T}{\partial t}dt\right)dt$$

$$= m_{dg}(H_{g2} - H_{g1})\frac{\partial T}{\partial t}dt + m_{dg}(w_1 - w)(H_{w2} - H_{w1})\frac{\partial T}{\partial t}dt + m_{dg}\frac{\partial w}{\partial t}H_v dt$$

$$\tag{4-29}$$

经简化，得到红外干燥过程中稻谷升温速率与降水速率的动态关系方程：

$$\frac{\partial T}{\partial t} = \frac{-m_{dg}\dfrac{\partial w}{\partial t}H_v + \varepsilon_s CV\left[\left(\dfrac{T_{IR}}{100}\right)^4 - \left(\dfrac{T}{100}\right)^4\right] + \dfrac{\lambda F}{d_{ave}}T_d}{m_{dg}(H_{g2} - H_{g1}) + m_{dg}(w_1 - w)(H_{w2} - H_{w1}) + \dfrac{\lambda F}{d_{ave}}} \tag{4-30}$$

4.4.5　单因素对稻谷加热特性的影响

4.4.5.1　稻谷加载量对稻谷升温特性的影响

红外辐射对稻谷具有一定的穿透能力，利用红外加热在对稻谷进行薄层干燥时，1cm 厚度的稻谷薄层干燥效果良好。在滚筒干燥过程中，表层稻谷随着滚筒的旋转持续翻转，可提高稻谷干燥的均匀性，故适当增加滚筒内稻谷薄层最大厚度。在单因素实验中，分别加入 200g、400g、600g 和 800g 稻谷进行干燥，相对应的稻层理论厚度分别为 0.71cm、1.12cm、1.47cm 和 1.49cm。干燥时，红外发生器功率为 1800W，转速为 10r/min，稻谷干燥到 70～80℃停止干燥，稻谷升温曲线如图 4-13所示。稻谷升温速度随着稻谷加载量的增加而下降。200g 稻谷在 30s 时，温度已接近 60℃，干燥时间过短，干燥过程不易控制且易造成单位能耗的上升。400g 和 600g样品在干燥 60s 以后，稻谷温度略高于 60℃，较为合理，与之前的研究条件一致。而加载量增加到 800g 时，稻谷温度标准差明显增大，说明稻谷加热均匀性较差，超过了合理的稻谷层厚度。综合上述发现，选择 300g、450g 和 600g 作为响应面试验中稻谷加载量的 3 个水平。

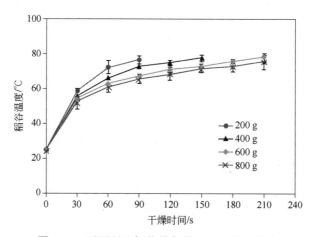

图 4-13　不同稻谷加载量条件下稻谷升温曲线

4.4.5.2　功率对稻谷升温特性的影响

实验中，分别选取 1440W、1620W、1800W、1980W 和 2160W 等 5 个红外发生器功率对稻谷进行干燥，稻谷加载量为 400g，转速为 10r/min，稻谷干燥到 70～80℃停止干燥，稻谷升温曲线如图 4-14 所示。稻谷升温速度随着功率的增加而增加。1440W 条件下，稻谷温度在加热 420s 左右达到 60℃左右，显然时间过长，加热效率过低，限制了滚筒干燥机的干燥能力。1620W、1800W 和 1980W 可在较短干燥时间内将稻谷温度从室温上升至 60℃左右。而功率上升至 2160W 时，稻谷温度在干燥30s 后已超过70℃，升温速度过快，干燥过程难以控制，易引起稻谷淀粉糊化和蛋白质变性，甚至导致稻谷烤焦起火，降低稻谷品质，不适合产业化生产。综上，选择 1620W、1800W 和 1980W 作为响应面实验中功率的 3 个水平。

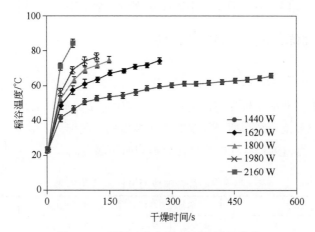

图 4-14　不同功率条件下稻谷升温曲线

4.4.5.3　滚筒旋转速率对稻谷升温特性的影响

分别调节滚筒转速为 5r/min、7.5r/min、10r/min、12.5r/min 和 15r/min 对稻谷进行干燥，稻谷载样量为 400g，功率为 1800W，稻谷干燥到 70～80℃停止干燥，稻谷升温曲线如图4-15 所示。由图可知，滚筒转速对稻谷升温速度有影响，但不及稻谷载样量和功率影响明显。稻谷温度低于70℃时，低转速条件下（5r/min），稻谷温度上升速度稍慢。转速在 7.5～12.5r/min 之间差别不显著（$p > 0.05$），但稻谷温度

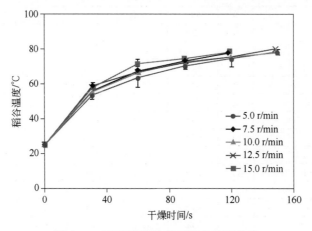

图 4-15　不同转速条件下稻谷升温曲线

均匀性表现好于转速为 5.0r/min 和 15.0r/min。当转速达到 15r/min 时，稻谷温度上升速度较快。但因干燥设备所限，稻谷在滚筒内部运动不稳定，翻转运动较为剧烈，造成部分稻谷颗粒翻滚至红外发生器夹缝中，易导致稻谷颗粒加热过快引发安全事故，不宜作为合理的工艺参数。为提高响应面拟合方程的可靠性和适用性，将 7r/min、10r/min 和 13r/min 作为响应面实验中滚筒转速的 3 个水平。

4.4.6　响应面优化及干燥动力学分析

4.4.6.1　响应面试验结果

滚筒干燥响应面试验设计与结果见表 4-6，进行多元回归拟合，可得稻谷温度、降水百分比以及单位能耗与四个因素的二次多项式回归模型。表中，试验值为试验检测数据，而预测值为根据回归模型计算得到的预测值。

表 4-6　中心复合响应面设计及实验结果

序号	因素				稻谷温度/℃		降水百分比/%		单位能耗/(MJ/kg)	
	X_1	X_2	X_3	X_4	试验值	预测值	试验值	预测值	试验值	预测值
1	0	0	0	0	64.8	65.2	1.98	2.1	15.88	14.7
2	1	−1	1	−1	53.9	55.3	1.38	1.4	19.22	18.4
3	1	1	1	1	75.2	74.7	1.98	2.0	16.37	17.4
4	−1	1	−1	1	73.5	72.1	2.07	2.1	18.79	18.5
5	1	1	−1	1	81.3	82.2	2.94	2.9	22.05	21.9
6	0	0	1	0	63.5	62.0	1.58	1.7	14.92	13.9
7	1	1	1	−1	75.7	75.5	1.95	1.9	16.62	17.7
8	0	0	0	1	66.0	64.9	2.14	2.1	14.69	14.7
9	0	0	0	0	63.9	65.2	2.01	2.1	15.64	14.7
10	−1	1	−1	−1	75.3	74.8	2.33	2.2	16.70	18.2
11	−1	0	0	0	60.6	61.4	1.49	1.5	15.82	16.4
12	0	1	0	0	75.8	75.6	2.16	2.4	16.01	13.1
13	−1	1	1	1	64.8	65.4	1.44	1.3	13.51	14.4
14	−1	−1	−1	−1	51.9	52.5	1.01	1.1	31.51	29.5
15	0	0	0	0	63.7	65.2	2.05	2.1	15.33	14.7
16	0	0	−1	0	67.3	67.3	2.50	2.3	18.86	20.7
17	−1	−1	−1	1	55.0	54.9	1.11	1.1	28.67	28.4
18	−1	1	1	−1	67.5	67.4	1.34	1.4	14.51	13.7
19	1	−1	−1	1	62.7	62.8	2.04	2.1	26.00	25.8
20	1	−1	−1	−1	60.1	59.2	1.90	1.9	27.92	27.9
21	1	0	0	0	71.8	69.4	2.33	2.2	16.86	17.1
22	1	1	1	1	83.5	83.6	2.80	2.9	23.15	22.7
23	−1	−1	−1	−1	50.6	49.4	0.82	0.8	19.41	20.4
24	0	0	0	1	64.6	64.9	2.10	2.1	14.97	14.7

序号	因素				稻谷温度/℃		降水百分比/%		单位能耗/(MJ/kg)	
	X_1	X_2	X_3	X_4	试验值	预测值	试验值	预测值	试验值	预测值
25	1	−1	1	1	59.5	59.6	1.53	1.6	17.34	16.7
26	0	−1	0	0	58.3	56.9	1.93	1.6	14.66	18.4
27	−1	−1	1	1	52.4	52.4	0.78	0.8	20.40	19.8

4.4.6.2　稻谷温度与各因素的关系

经回归得到稻谷温度（Y_1）与四因素的多元二次回归方程（式 4-31），模型方差结果分析见表 4-7。模型 p 值均小于 0.0001，说明稻谷温度对该模型的影响是极显著的，具有统计学意义；失拟项 F 值为 6.82，$p=0.1346>0.05$，说明该回归方程与试验结果的拟合程度较好；决定系数（R^2）为 0.99，均方根误差（RMSE）为 1.42，表明稻谷温度与 4 个因素之间的多元回归关系显著且误差较小。该方程反映了稻谷温度与上述考察的 4 个因素的关系和动态变化过程，可用于在考察工艺参数范围内干燥稻谷温度进行分析和预测。

$$Y_1=65.237+4.006X_1+9.344X_2-2.639X_3+0.406X_4+0.519X_1X_2-0.181X_1X_3-1.069X_2X_3+$$
$$0.319X_1X_4-1.269X_2X_4+0.156X_3X_4+0.179X_1^2+1.030X_2^2-0.62X_3^2-0.72X_4^2$$

$$(4\text{-}31)$$

表 4-7　稻谷温度回归模型方差分析

方差来源	自由度	平方和	F 值	p 值
回归模型	14	2043.78	72.73	<0.0001**
X_1	1	288.80	143.89	<0.0001**
X_2	1	1571.74	783.08	<0.0001**
X_3	1	125.35	62.45	<0.0001**
X_4	1	2.96	1.48	0.2479
X_1X_2	1	4.31	2.15	0.1687
X_1X_3	1	0.53	0.26	0.6181
X_1X_4	1	1.63	0.81	0.3858
X_2X_3	1	18.28	9.11	0.0107*
X_2X_4	1	25.76	12.83	0.0038**
X_3X_4	1	0.39	0.19	0.6669
X_1^2	1	0.08	0.04	0.8423
X_2^2	1	2.73	1.36	0.2665
X_3^2	1	0.99	0.49	0.4960
X_4^2	1	1.33	0.66	0.4307
残差				

续表

方差来源	自由度	平方和	F 值	p 值
总变异	12	24.09		
失拟	10	23.40	6.82	0.1346
误差	2	0.69		
总和	26	2067.87		

注：*表示差异显著（$p < 0.05$），**表示差异极显著（$p < 0.01$）。

由表 4-7 可得，一次项 X_1、X_2 和 X_3 对稻谷温度的影响极显著，二次项中 X_2X_4 对稻谷温度的影响极显著（$p<0.01$），X_2X_3 的影响显著（$p<0.05$），其他项对稻谷的影响不显著。从 F 值检验和 p 值概率可以看出影响因子的主效应顺序为：功率>加热时间>加载量>转速。

回归模型中的 X_iX_j 项反映了各个因素间的交互作用。图中响应面和等高线的形状可直观反映了交互效应的强弱。由于 X_2X_4 对稻谷温度的影响极显著，作出红外功率和稻谷加载量对稻谷温度影响的响应曲面和等高线图（图 4-16）。响应曲面坡度陡峭，等高线为椭圆形且轴线与坐标轴呈一定的夹角则表示两因素交互作用显著。反之，曲面坡度平缓且等高线近似圆形表示两因素交互作用不显著。由图 4-16 可知，功率增加，稻谷温度快速上升，而稻谷温度与加载量呈现负相关性。干燥过程中，红外辐射功率的增加和总质量的减少会使单位时间内单位质量稻谷吸收的红外辐射量增加，因此出现上述相关性。从图中可发现，红外辐射功率对稻谷温度的影响要明显大于稻谷加载量，说明二者具有明显的交互作用。同时随着稻谷温度的增加，等高线由疏变密，说明稻谷的温度越高，升温速率越快，而过快的升温速率将导致稻谷温度难以准确控制。

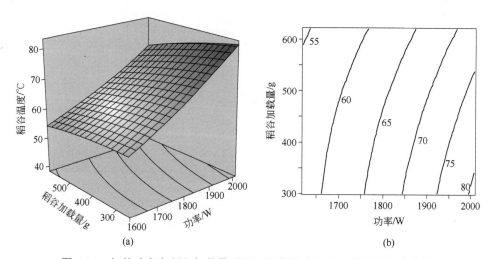

图 4-16　红外功率和稻谷加载量对稻谷温度影响的响应曲面和等高线图

4.4.6.3 降水百分比与各因素的关系

回归得到降水百分比（Y_2）与各因素的多元二次回归模型（式 4-32），结合方差分析结果（表 4-8）可得 p 值<0.0001，决定系数为 0.96，均方根误差为 0.15，表明稻谷温度与四个因素之间的多元回归关系显著且误差较小，降水百分比对该模型的影响极显著，同时失拟项均不显著（p>0.05），该方程与试验拟合程度好，故可用该方程代替真实试验对结果进行分析并对考察工艺参数范围内不同条件下稻谷降水率进行预测。式 4-32 作为降水百分比与稻谷加载量、红外辐射功率、干燥时间以及滚筒转速的动态关系方程，较高的拟合度表示该式可准确描述红外滚筒干燥的动力学特性以及与各参数的关系。

表 4-8 降水百分比回归模型方差分析

方差来源	自由度	平方和	F 值	p 值
回归模型	14	7.54	23.50**	<0.0001**
X_1	1	2.32	101.15	<0.0001**
X_2	1	2.35	102.72	<0.0001**
X_3	1	1.93	84.37	<0.0001**
X_4	1	0.01	0.39	0.5451
X_1X_2	1	0.03	1.12	0.3114
X_1X_3	1	0.03	1.34	0.2702
X_1X_4	1	0.02	0.86	0.3733
X_2X_3	1	0.22	9.64	0.0091*
X_2X_4	1	0.01	0.32	0.5848
X_3X_4	1	0.00	0.04	0.8462
X_1^2	1	0.11	4.86	0.0477*
X_2^2	1	0.01	0.60	0.4535
X_3^2	1	0.02	0.69	0.4240
X_4^2	1	0.00	0.00	0.9847
残差				
总变异	12	0.28		
失拟	10	0.27	6.00	0.1511
误差	2	0.01		
总和	27	7.82		

注：*表示差异显著（$p < 0.05$），**表示差异极显著（$p < 0.01$）。

$$Y_2=2.077+0.359X_1+0.362X_2-0.328X_3+0.022X_4-0.04X_1X_2-0.044X_1X_3-0.118X_2X_3+$$
$$0.035X_1X_4-0.021X_2X_4+0.008X_3X_4-0.208X_1^2-0.073X_2^2-0.078X_3^2+0.002X_4^2$$

$$(4-32)$$

　　其中，一次项 X_1、X_2 和 X_3 对降水百分比影响极显著（$p < 0.01$），二次项 X_2X_3 和 X_1^2 对降水影响显著（$p < 0.05$），其他项对稻谷的影响不显著。从 F 值检验和 p 值概率可得出影响因子的主效应顺序为：功率>加热时间>加载量>转速。

　　图 4-17 为红外加热功率和稻谷载样量对降水百分比影响的响应曲面和等高线图。可知，随着功率的增加，降水百分比保持上升态势，而其与稻谷加载量呈现负相关性。由图可知，功率增加，稻谷温度快速上升，而稻谷温度与加载量呈现负相关性。红外辐射功率的增加和总质量的减少使单位时间内单位质量稻谷中水分吸收的红外辐射量增加而加速其蒸发。从等高线图中可发现，红外辐射功率对降水百分比的影响要稍大于稻谷加载量，说明二者存在一定的交互效应。而随着稻谷降水量的增加，等高线由疏变密，说明稻谷在干燥后期，降水速率存在下降的趋势，主要是由于稻谷表层水分已被干燥，而内部水分的干燥受到颗粒内部水分扩散速率的影响而存在一定程度的抑制。

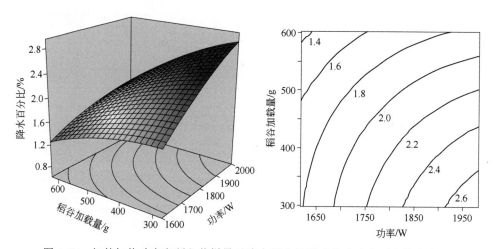

图 4-17　红外加热功率和稻谷载样量对降水百分比影响的响应曲面和等高线图

4.4.6.4　干燥单位能耗与各因素的关系

　　干燥单位能耗（Y_3）与各因素的多元二次关系方程见式（4-33），决定系数为 0.93，均方根误差为 1.89。方差分析得出模型 p 值均小于 0.0001，说明单位能耗对该模型的影响极其显著，具有统计学意义；且失拟项均不显著（$p>0.05$），该回归方程与试验拟合程度较好，单位能耗与四个因素之间的多元回归关系显著且误差小，因此可利用该模型对考察工艺参数范围内不同条件下干燥的单位能耗进行分析和预测。

$$Y_3=14.7+0.345X_1-2.634X_2-3.408X_3-0.361X_4+1.512X_1X_2-0.108X_1X_3+1.128X_2X_3-$$
$$0.274X_1X_4+0.337X_2X_4+0.102X_3X_4+2.032X_1^2+1.027X_2^2+2.582X_3^2+0.372X_4^2$$

$$（4\text{-}33）$$

由表 4-9 可得，一次项 X_2 和 X_3 对单位能耗的影响极显著（$p < 0.01$），二次项中 X_1X_2 对干燥单位能耗的影响极显著（$p < 0.01$），X_2X_3、X_3^2 对单位能耗的影响显著（$p < 0.05$），其他项对稻谷的影响不显著。从 F 值检验和 p 值概率可以看出影响因子的主效应顺序为：功率>加热时间>加载量>转速。

表 4-9　干燥单位能耗回归模型方差分析

方差来源	自由度	平方和	F 值	p 值
回归模型	14	567.35	11.32	<0.0001**
X_1	1	2.14	0.60	<0.4542
X_2	1	124.93	34.89	<0.0001**
X_3	1	209.10	58.39	<0.0001**
X_4	1	2.34	0.65	0.4346
X_1X_2	1	36.57	10.21	0.0077**
X_1X_3	1	0.19	0.05	0.8231
X_1X_4	1	1.20	0.34	0.5727
X_2X_3	1	20.36	5.69	0.0345*
X_2X_4	1	1.82	0.51	0.4900
X_3X_4	1	0.17	0.05	0.8331
X_1^2	1	10.61	2.97	0.1108*
X_2^2	1	2.71	0.76	0.4014
X_3^2	1	17.14	4.79*	0.0492*
X_4^2	1	0.36	0.10	0.7582
残差				
总变异	12	42.97		
失拟	10	42.32	13.02	0.0734
误差	2	0.15		
总和	27	610.32		

注：*表示差异显著（$p < 0.05$），**表示差异极显著（$p < 0.01$）。

方差分析结果表明，稻谷红外加热功率和干燥时间对干燥能耗存在极显著影响。通过红外加热功率和干燥时间对单位干燥能耗影响的响应曲面和等高线图（图 4-18）可知，随着功率的增加，单位干燥能耗下降。而随着干燥时间的增加，单位干燥能耗呈先下降后上升的趋势。两者对单位干燥能耗的影响明显，具有显著的交互作用。由等高线的疏密程度可判断，在较低的红外辐射功率和较短的干燥时间下，单位干燥能耗较大，而随着功率和时间的提高，干燥能耗下降比较明显。在较低辐射功率和较短干燥时间条件下，水分吸收的辐射能尚未达到其蒸发潜热，稻谷温度不能快速上升，降水速率下降，相对应的干燥单位质量水分的能耗将增加。

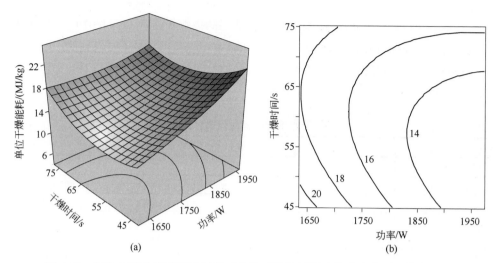

图 4-18　红外加热功率和干燥时间对单位干燥能耗影响的响应曲面和等高线图

4.4.7　工艺优化及验证

4.4.7.1　意愿函数

在干燥实践过程中，最大意愿即在较低的能量消耗量的情况下，获得最大的干燥效果，同时具备良好的均匀性且不影响稻谷的品质。故在本研究中，干燥意愿函数被定义为：

①　稻谷温度 ∈ [58℃，62℃]，重要性=0.3；

②　最大化降水百分比，重要性=0.4；

③　最小化干燥单位能耗，重要性=0.3。

因在干燥过程中，干燥稻谷温度控制在 60℃ 左右为试验前提，故在上述意愿函数中，在条件①中设定稻谷温度重要性为 0.3，用于控制干燥后稻谷温度在所述区间。在此前提下，提高单次降水百分比，避免重复干燥作业增加能耗，故设定最大化降水百分比的重要性为 0.4。意愿函数最大值为 1，最小值为 0。对式 4-31～式 4-33求导得到最佳工艺参数为干燥时间 62.4s，功率为 1698W，稻谷加载量为 522g，旋转速率为 10.4r/min。此时稻谷温度 60℃，降水率为 1.76%，干燥单位能耗为15.06MJ/kg（以 H_2O 计），此时意愿函数达最大值 0.65。在最佳工艺条件下，该装置的单位干燥稻谷量达到 31.3kg/h。

4.4.7.2　验证实验

为了考察预测结果的可靠性，应在最优工艺条件下进行验证试验，但考虑到生产实践中工艺参数不宜复杂，故微调该优化条件为干燥时间 62s，功率为 1698W，稻谷加载量为 522g，旋转速率为 10r/min。验证实验结果为：稻谷温度为 60.4℃，降水百分比为 1.79%，单位能耗为 15.52MJ/kg（以 H_2O 计）。经显著性检验，该数据与理论预测值差异不显著（$p>0.05$），故本研究所得模型可靠有效。

以最佳工艺参数干燥稻谷，缓苏 4h，利用后续自然空气干燥稻谷至水分 15.42%。通过连续自然通风将另一批稻谷从原始水分干燥至 15.71%。两部分稻谷的加工品质见表 4-10。可知，红外干燥样品的精米率和白度相对自然通风干燥样品略高，而整精米率略低，但统计学上无显著性差异（$p>0.05$）。这说明该红外干燥工艺可有效提升干燥效率，并保持了稻谷良好的加工品质，与目前商业化稻谷干燥后加工的大米品质在同等水平。

表 4-10　自然通风和红外滚筒干燥稻谷加工品质对比

干燥方式	精米率/%	整精米率/%	白度/%
红外滚筒干燥	68.1±1.2	57.8±0.9	39.4±0.3
自然通风干燥	67.9±1.2	58.0±1.2	39.1±0.1

4.5　玉米红外辐射干燥机理与数学模型

对于玉米，其毛细管道比较细小，玉米内部水分需从细胞壁上极其细小的纹孔排出，因此，内部水分扩散比较慢，干燥的关键是内部水分的扩散而不是表面水分的迅速蒸发。现代干燥技术利用加热过的空气来干燥的比较多，但是大部分的对流热量没有传到被干燥物上，而是其热量停留在被干燥物表面，所以损失很多能量。红外辐射干燥条件下，由辐射板产生的辐射能在频率或波长上与玉米的基本质点的固有运动频率相等时，外加的辐射能就会被玉米吸收，使基本质点的运动产生激烈的共振现象，远红外线的热量不会被其他介质夺走热能，直接将热能传递到被干燥物上，干燥效率高。结果，水分子挣脱谷物对它的约束力，变成气体分子而脱离出来。另外，共振现象产生，会使谷物内部变热，产生自发热效应，能使物质内部的水分驱赶出来，将热量传递给谷物并促使谷物组织中的水分向外转移是谷物脱水干制的基本过程，这一过程中既有热的传递也有质（即水分）的外移。由此，湿热的转移就成为研究谷物红外辐射干燥过程机理的核心问题。

干燥过程的准确描述常通过建立数学模型的方法，干燥数学模型能预测并控制不同干燥工艺及参数任何时刻的失水速率和含水量，不仅为优化干燥工艺、保证质量提供技术依据，而且为计算机自动作业提供了前提条件。

4.5.1　谷物对红外辐射的吸收

如果某种粒子运动的两个能级差与外来的光子能量相同，则粒子吸收光子的能量，即吸收了电磁辐射的能量，同时粒子运动跃迁到高能级。如果红外线照射到物体上，那么将引起分子振动能级、转动能级的升高，此时分子转动和振动加剧，造成分子平均动能的增加，即物体内分子不规则热运动的加剧，从宏观上表现为物体温度的升高。

只有当物料吸收红外线时，红外线能量才被转换成热量。现实中被加热干燥的谷物是由许多不同的成分组成的，如水分、蛋白质、淀粉等。因为每种成分的结构、组成不一样，所以它们吸收不同波长的红外线。对于宏观的谷物来说，它的红外吸收波段是内部成分相应吸收波段相互叠加、耦合的结果。虽然每种成分对红外各波段的吸收强弱不同，但因为各个成分吸收的红外辐射频率并不互补，所以整体叠加、耦合的结果是谷物对红外辐射各波段的吸收强弱不一样，即谷物对红外吸收具有选择性。

如果利用红外辐射对谷物进行高效的干燥，就必须知道谷物的红外吸收图谱。本节对玉米和水稻两种谷物的红外透射光谱进行了测试，测得它们的红外透射图谱如图 4-19～图 4-21 所示。

根据红外光谱定律，物料吸收的热量与物料本身的吸收率、光谱辐射率以及辐射系统的角系数有关，可以表达为：

$$q = X_{12}\alpha(\lambda)\tau(\lambda)q_h \tag{4-34}$$

式中，q_h 为黑体吸收的热量，W/cm^2；q 为物料实际吸收的热量，W/cm^2；X_{12} 为辐射系统的角系数；$\alpha(\lambda)$ 为与波长有关的物料吸收率；$\tau(\lambda)$ 为滤镜的透射率。

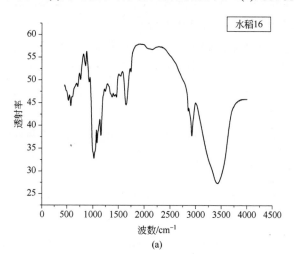

(a)

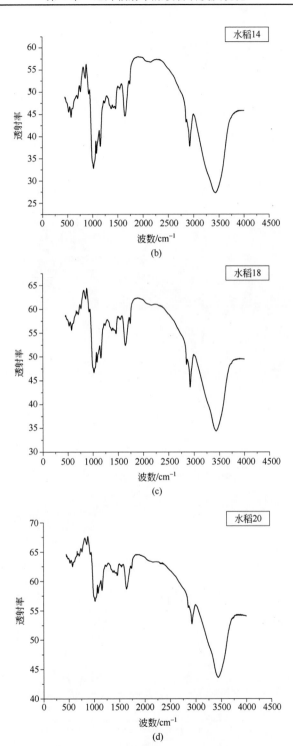

图 4-19　不同含水率水稻的红外透射光谱

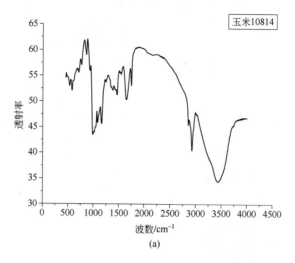

(a)

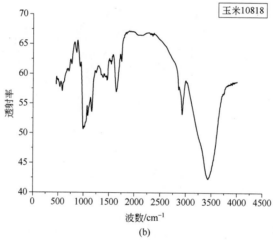

(b)

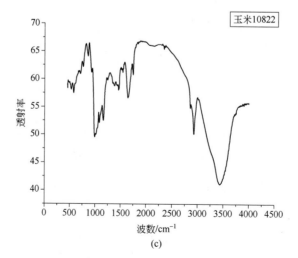

(c)

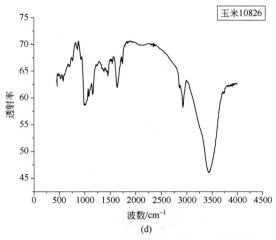

(d)

图 4-20　不同含水率 108 品种玉米的红外透射光谱

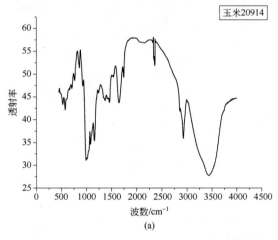

(a)

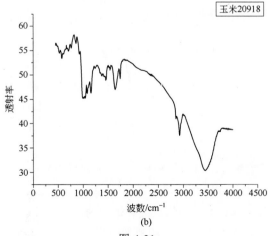

(b)

图 4-21

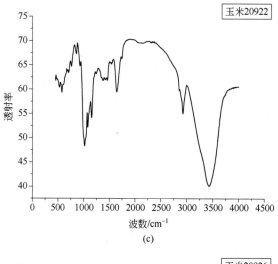

(c)

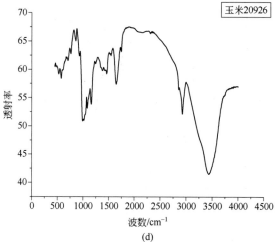

(d)

图 4-21　不同含水率 209 品种玉米的红外透射光谱

辐射系统的角系数 X_{12} 可以用平行板间的辐射经验求得：

$$X_{12} = \frac{1}{2}(A - \sqrt{A^2 - 4})$$

$$A = 1 + \frac{a^2 + r^2}{r^2}$$

式中，a 为锥型板底部距物料的距离，m；r 为锥型板底部半径，m。

从图 4-19～图 4-21 可以看出，两种谷物的红外透射光谱十分相似，在波数小于 $3500cm^{-1}$ 的中远红外谱区，两种谷物对红外辐射的透射率最小。由于吸收率=1−透射率，在 $3200～3800cm^{-1}$ 的区域有一个明显的吸收峰。而在波数大于 $4000cm^{-1}$ 的近红外谱区，两种谷物对红外辐射的透射率很高，吸收率都很低。另外，图 4-19～图 4-21 中（a）、（b）、（c）、（d）分别为不同含水率的透射光谱，可以看出，含水率对红外透射率有影响，因此可知，谷物初始含水率影响红外干燥速率。图 4-20 和图 4-21 分别为不同品种的玉米红外透射光谱，可以看出，品种不同，透射率也存在微小差别。

表 4-11 和图 4-22～图 4-24 是通过计算得出的各段光谱下水稻、玉米所吸收的热量。从中可以看出在不加玻璃滤镜时，即在全波长范围内加热时，玉米吸收的热量高于水稻所吸收的热量。

表 4-11　特定光谱下的吸收热量对比

波长范围	吸收的热量/(W/cm^2)		热量的比率（水稻/玉米）
	水稻	玉米	
全波长范围	0.23	0.38	0.61
2.5～3.5μm	0.074	0.11	0.67
3.5～6μm	0.068	0.082	0.83

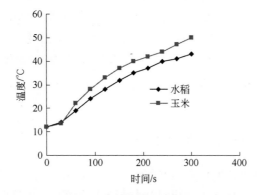

图 4-22　水稻与玉米的全波长范围的温度值对比

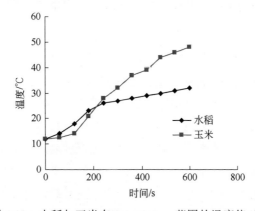

图 4-23　水稻与玉米在 2.5～3.5μm 范围的温度值对比

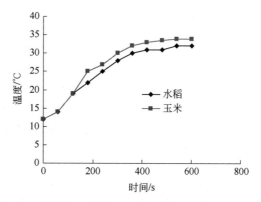

图 4-24　水稻与玉米在 3.5～6μm 范围的温度值对比

图 4-22 是在全波长范围内水稻与玉米的温升图，在加热 30s 后，玉米和水稻的温升曲线开始不同，玉米的温度总体上要高于水稻的温度。加热到 300s 后，玉米的温度比水稻的温度大约高 7℃。

在辐射光谱范围为 2.5～3.5μm 之间时，与全谱比较，水稻和玉米的温升图有所不同，如图 4-23 所示，在加热 200s 前，水稻的温度值高于玉米的温度，在加热 200s 后，玉米的温度值高于水稻的温度，加热 600s 后，玉米温度高于水稻温度大约 6℃。

图 4-24 是辐射光谱范围为 3.5～6μm 之间，水稻与玉米的温升图。该图表明在此光谱范围内，玉米的选择吸收能力仍然要高于水稻的吸收能力，在加热 600s 后，玉米的温度高于水稻温度大约 2℃。

4.5.2　干燥过程中谷物的水分迁移

在这里将从引入水势的概念来分析红外辐射干燥玉米的机理。一种物质每摩尔的自由能就是该物质的化学势，相同温度下一个系统中一偏摩尔体积的水与一偏摩尔体积纯水之间的自由能差数叫作水势。水势表达式如下：

$$\varphi = \frac{RT}{V_{\mathrm{w}}} \ln a_{\mathrm{w}} + (p - p_0) + \rho g h \qquad (4\text{-}35)$$

式中，a_{w} 和 ρ 分别为溶液中水的活度和密度。式（4-35）表明，溶液浓度、压力以及高度、温度梯度都会对水势造成影响，在红外辐射干燥过程中 $p-p_0=0$。

通过引入水势的概念来分析干燥过程中水分的迁移过程，认为玉米红外辐射干燥过程中水分迁移动力主要来源于温度梯度、湿度梯度造成的水势差。一般而言，玉米干燥过程中的水分迁移是通过玉米表皮进行的，玉米的表皮具有一定的厚度和微孔，其内部呈多孔态。则玉米可看成是一个渗透系统，种皮近似看作半透膜，那么水分子的移动方向则决定于半透膜两边水势的高低。红外辐射干燥过程中，玉米的热扩散过程由内部向外部进行，玉米颗粒内部存在温度差，另外，当湿物料受热时，最初水分的汽化是在玉米颗粒表面进行的，内部的湿度高于表面，故逐渐形成玉米颗粒从内部到表面的湿度梯度，这种情况下，物料内部由温度梯度引起的水分迁移与湿度梯度引起的水分迁移方向是一致的，从而加速了水分的扩散过程。

4.5.3　红外滚筒干燥装置的开发

由水势的基本概念分析可得出，对于玉米颗粒物料内部，其水分子的水势可用下式计算：

$$\varphi(x,t) = \frac{RT}{V_w} \ln\left(r_s \frac{M}{M_s} \right) + gh \tag{4-36}$$

式中，R 为普适气体常数，T 为绝对温度（假设与环境温度相同），M 为颗粒物料内部的水分（w.b.），M_s 为颗粒物料内部的平衡水分（w.b.），V_w 为水的偏摩尔体积，$18 \times 10^{-6} \text{m}^3/\text{mol}$；$r_s$ 为颗粒物料内部的水分活度系数。

对于玉米颗粒物料外部，环境的大气水势为：

$$\varphi_a = \frac{RT}{V_w} \ln\frac{e}{e_s} = \frac{RT}{V_w} \ln R_H \tag{4-37}$$

式中，R 为普适气体常数，T 为绝对温度，e 为空气中实际水汽压力，e_s 为空气饱和水汽压力，R_H 为相对湿度，V_w 为水的偏摩尔体积，$18 \times 10^{-6} \text{m}^3/\text{mol}$。

对于颗粒物料水分传递边界内外，邻近两点的水势差为：

$$\varphi_T = \varphi_a - \varphi_{in} = \frac{RT}{V_w} \ln\frac{M_s}{r_s} \frac{R_H}{M} - gh \tag{4-38}$$

这里，定义 φ_T 为颗粒物料的水分迁移势。

当 $\varphi_T > 0$，外部水分向内迁移，是颗粒物料的吸湿过程。

当 $\varphi_T = 0$，内外水分达到平衡，颗粒物料水分有两种状态：一为水分为饱和时；二为内部的水分为平衡水分时。干燥过程中，只考虑平衡水分。

当 $\varphi_T < 0$，内部水分向外迁移，是颗粒物料的干燥过程。

因此，可认为颗粒物料的水势迁移率（dM/dt）取决于水势迁移势 φ_T，即：

$$\frac{dM}{dt} = f(\varphi_T) \tag{4-39}$$

$$\frac{\partial M}{\partial t} = f\left(\frac{\partial \varphi}{\partial x}, \frac{\partial^2 \varphi}{\partial x^2}, \cdots\cdots, \frac{\partial^n \varphi}{\partial x^n}, \cdots\cdots \right) \tag{4-40}$$

这里近似取水势的一阶微分，则有：

$$\frac{\partial M}{\partial t} = \lambda \frac{\partial \varphi}{\partial x} \qquad (4\text{-}41)$$

式中，λ 为常数。

对式（4-36）微分，并代入式（4-41），有

$$\frac{\partial M}{\partial t} = \frac{K}{M} \frac{\partial M}{\partial x}, 0 < x < r, t > 0 \qquad (4\text{-}42)$$

其中，
$$K = \frac{\lambda RT}{V_\text{w}} \qquad (4\text{-}43)$$

为了求解式（4-42），做出如下假设：

① 玉米颗粒为球状渗透体。

② 物料的初始含水量分布均匀，且干燥过程刚开始，玉米颗粒最外层水分值达到平衡水分，而玉米中心水分值一直保持初始含水量的值。

③ 干燥过程中玉米体积无变化。

④ 水分扩散是从玉米中心到表面，水分排除过程只发生在玉米表面。

式（4-41）的初始条件和边界条件为

$$M(x,0)=M_0 \qquad (4\text{-}44)$$

式中，M_0 为初始水分。

$$M(r,t)=M_\text{s} \qquad (4\text{-}45)$$

式中，M_s 为平衡水分。

4.5.4　红外辐射干燥玉米模型的解析

取玉米球体的一个中心平面，如图 4-25 所示，x、y 坐标代表玉米球体某点离中心的距离，t 坐标为干燥过程中的某时刻坐标。

设将矩形 $R=\{(x,t):0 \leqslant x \leqslant r,\ 0 \leqslant t \leqslant 48\}$ 分割成 $(n-1)(m-1)$ 个小矩形，长宽分别为 $\Delta x=h$ 和 $\Delta t=k$。下面介绍在连续 $\{M(x_i,t_j): i=1, 2, \cdots, n\}$ 内，$j=2,3,\cdots,m$，求解网络结点 $M(x,t)$ 的数值近似方法。

$$M_t'(x,t) = \frac{M(x,t+k) - M(x,t)}{k} + O(k) \qquad (4\text{-}46)$$

$$M_x'(x,t) = \frac{M(x-h,t) - M(x,t)}{h} + O(h) \qquad (4\text{-}47)$$

如图 4-26，每一行的网络间隔是均匀的，而且每一列的网络间隔也是均匀的。

接下来，将式（4-46）、式（4-47）中 $M(x_i, t_j)$ 的近似值 $M_{i,j}$ 按顺序代入式（4-41）中，可得：

$$\frac{M_{i,j+1} - M_{i,i}}{k} = \frac{K}{M_{i,j}} \cdot \frac{M_{i-1,j} - M_{i,j}}{h} \tag{4-48}$$

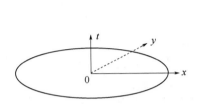

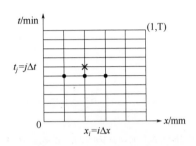

图 4-25　玉米球状模型的一个中心平面　　　图 4-26　差分解析的网格分布图

上式是式（4-41）的解的近似值，为了方便，可得到前式前向差分方程：

$$M_{i,j+1} = M_{i,j} + \frac{Kk}{h}\left(1 - \frac{M_{i+1,j}}{M_{i,j}}\right) \tag{4-49}$$

式（4-49）为玉米颗粒内部水分差分模型。

某一时刻玉米颗粒的平均水分可用下式计算

$$\bar{M}_j = \frac{1}{V}\sum_{i=1}^{n} M_{i,j} \cdot V_{i,j} \tag{4-50}$$

式（4-49）中，系数 K 的估算方法如下，

对式（4-42）等式两边进行积分：

$$\int_0^r \frac{\partial M}{\partial t}\mathrm{d}x = \int_0^r \frac{K}{M} \cdot \frac{\partial M}{\partial t}\mathrm{d}x \tag{4-51}$$

式中，r 为玉米球体模型的半径，单位为 mm。

式（4-51）左边变形：

$$\int_0^r \frac{\partial M}{\partial t}\mathrm{d}x = r\left[\frac{1}{r}\int_0^r \frac{\partial M}{\partial t}\mathrm{d}x\right] = r \cdot \frac{\mathrm{d}\bar{M}}{\mathrm{d}t} \tag{4-52}$$

式（4-51）右边变形：

$$\int_0^r \frac{K}{M} \cdot \frac{\partial M}{\partial t}\mathrm{d}x = \int_0^r \frac{K}{M}\mathrm{d}M = K \cdot \ln\left(\frac{M^r}{M^0}\right) \tag{4-53}$$

上式中，$\dfrac{M^r}{M^0}$ 实际是玉米颗粒内部边界最低水分值和（$x = r$：$M = M^r = M_e$）最高水

分值（$x=0$：$M=M^0$）的比，在玉米干燥的过程中按指数规律由 1 逐渐减小。则可令：

$$\frac{M^r}{M^0} = 1 - e^{-\alpha t} \tag{4-54}$$

由上，式（4-54）变为：

$$r \cdot \frac{\mathrm{d}\bar{M}}{\mathrm{d}t} = K \ln(1 - e^{-\alpha t}) \tag{4-55}$$

由上式得：

$$\bar{M} = \int_0^t \frac{K}{r} \ln(1 - e^{-\alpha t})\mathrm{d}t = \frac{K}{r\alpha}\left(\beta - \sum_{n=1}^{\infty}\frac{e^{-n\alpha t}}{n^2}\right) \tag{4-56}$$

式中，K、α、β 为待定常数，$n=1,2,\cdots$；t 为时间间隔。

4.6　小结

① 基于红外干燥机理和稻谷的物料属性，设计开发了新型滚筒式红外干燥装置，以期实现连续化红外干燥稻谷。针对稻谷红外滚筒干燥特性以及对稻谷红外滚筒干燥模型进行了研究，提出干燥过程中加热速率与干燥速率的关系方程。运行试验结果表明：在同样的干燥工艺条件下，加热速度与稻谷加载量呈负相关，与红外发生器功率呈正相关。当红外发生器功率在 1620～1980W，稻谷加载量在 400～600g，滚筒转速在 7.5～12.5r/min 范围内，稻谷可在 1min 左右将稻谷从室温加热至 60℃，且具有良好的加热均匀性。

② 针对稻谷载样量、功率、干燥时间和滚筒转速四个因素，设计三水平中心复合响应面实验，以稻谷温度、降水百分比和干燥单位能耗作为响应值进行分析，并基于试验数据进行回归拟合干燥过程中稻谷升温、干燥及能量消耗的动力学方程，决定系数均大于 0.90，均方根误差较小，表明四因素对稻谷温度、降水百分比及单位能耗回归模型拟合好，可用于考察工艺范围内稻谷红外滚筒干燥效果的预测。

③ 通过响应面优化得到最佳工艺参数为干燥时间 62.4s，红外发生器功率为 1698W，稻谷加载量为 522g，滚筒转速为 10.4r/min。在最优工艺条件下，干燥后稻谷温度满足(60±2)℃，实现产量最大化和干燥能耗的最小化，并具有良好的加热均匀性。此时，该装置单位干燥稻谷量可达 31.3kg/h。经验证，以最优工艺进行稻谷干燥，与回归模型预测无显著性差异，优化结果可靠有效。通过与自然通风干燥稻谷加工品质比较，该优化工艺条件下干燥的稻谷加工品质良好，无显著性差异（$p>0.05$）。

④ 对玉米和水稻两种谷物的红外透射光谱进行了测试，两种谷物的红外透射

光谱十分相似，在波数小于 3500cm^{-1} 的中远红外谱区，两种谷物对红外辐射的透射率最小，在 3200～3800cm^{-1} 的区域有一个明显的吸收峰。而在波数大于 4000cm^{-1} 的近红外谱区，两种谷物对红外辐射的透射率很高，吸收率都很低。另外，谷物初始含水率影响红外干燥速率，品种不同，透射率也存在微小差别。在水势概念的基础上，分析了玉米红外辐射干燥的机理，认为玉米红外辐射干燥过程中水分迁移动力主要来源于温度梯度和湿度梯度造成的水势差，水分从水势较高的玉米颗粒内部向水势较低的颗粒外部迁移，并在玉米颗粒表面附近汽化，溢出玉米颗粒表面。与同等条件下无红外辐射干燥相比，干燥效率高，这是因为红外发射光谱的谱区在玉米吸收光谱的谱区内，使玉米内部质点易形成共振现象，有利于玉米内部变热，从而使玉米水分由内向外形成温度差和湿度差，水分很快移向玉米表面，并使玉米表面不易出现表面硬化和裂纹。另外，辐射距离越短，加热功率越大，干燥速率越快。基于水势理论建立了关于玉米红外干燥的数学模型。

第5章　红外辐射干燥技术在稻米储藏品质稳定化中的应用

5.1　红外辐射干燥对储藏稻米主要理化特性的影响及相关机理

5.1.1　试验方法

5.1.1.1　稻米干燥及储藏

（1）红外辐射干燥处理

采用课题组自主研发的实验室规模陶瓷红外干燥装置对稻米进行处理，该红外辐射干燥装置由红外发射器、循环风机、样品架和控制面板组成，红外发射器功率可在 1225～3974W/m² 范围内调节，样品架是尺寸为 50.0cm×35.0cm 的钢网结构。如图 5-1 所示，将 K 型热电偶仪的温度测量探头分别置于托盘的五个部位，取 250.0g 稻米以单层籽粒平铺于尺寸为 40.0cm×30.0cm 的托盘上并覆盖住探头。在对稻米进行红外处理前，将红外发射器功率调节至 2780W/m²，此时红外辐射板温度为 300.0℃，待其稳定 30.0min 后，将托盘置于红外发射器下 20.0cm 的距离。稻米最终加热温度为热电偶仪上各部位温度的平均值，待稻米加热到 60.0℃ 后取出托盘，将稻米快速置于自封袋，并将自封袋封口放入 55.0℃ 烘箱中缓苏 4.0h。缓苏后将稻米取出待冷却后放入有孔的尼龙袋中，一部分稻米在 35.0℃ 的恒温箱中储藏，并用饱和硫酸铵溶液调节 RH=80%，另一部分稻米在 4.0℃ 的恒温箱中储藏，并调节 RH=80%。对储藏稻米定期取样（0、2、4、6、8 月），进行各项指标的测定，每个样品做 3 个平行。

（2）自然通风干燥处理

将稻米置于陶瓷红外-热风联合干燥箱中，不开启红外辐射加热，仅使用自然通风功能将稻米水分降至与红外辐射处理的稻米相同，随后将稻米放入有孔的尼龙袋中，作为对照样品，一部分稻米置于 35℃的恒温箱中储藏，并用饱和硫酸铵溶液调节 RH=80%，另一部分稻米在 4.0℃的恒温箱中储藏，并调节 RH=80%。对储藏稻米定期取样（0、2、4、6、8月），进行各项指标的测定，每个样品做 3 个平行。温度测量探头分布图如图 5-2 所示。

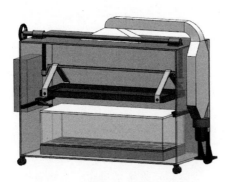

图 5-1　陶瓷红外辐射干燥装置

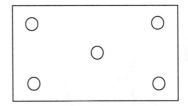

图 5-2　温度测量探头分布图

5.1.1.2　稻米水分测定

参照《粮食、油料水分两次烘干测定法》（GB/T 20264—2006）。

5.1.1.3　稻米加工品质测定

参照《粮油检验　稻谷出糙率检验》（GB/T 5495—2008）；《稻谷整精米率检验法》（GB/T 21719—2008）。

5.1.1.4　稻米颜色特性测定

参考丁超等的方法，先对分光测色仪进行校正，然后将稻米均匀加入载物皿中进行表面颜色测定，根据仪器面板显示的数据记录样品的 L^*、a^*、b^* 值，每个样品重复 5 次。L^* 值表示样品表面亮度，其范围为[0, 100]，L^* 值为 0 代表样本为纯黑色，值为 100 代表样本为纯白色；a^* 表示样品的红绿程度，范围为[-∞, +∞]，a^* 值越大代表样本颜色越接近红色，a^* 值越小代表样本颜色越接近绿色；b^* 表示样品黄蓝程度，范围为[-∞, +∞]，b^* 值越小代表样品颜色越接近黄色，b^* 值越大代表样品颜色越接近蓝色。且由 YI=142.86×b^*/L^* 计算得出稻米黄度指数。

5.1.1.5　米饭蒸煮品质测定

参考李枝芳等的方法并做适当修改。称取 7.0g 整精米于 100.0mL 烧杯中，用流水清洗 3 次，再用蒸馏水清洗 1 次，将水沥干后加入 120.0mL 蒸馏水，在 100.0℃水浴锅中蒸煮 20.0min 后取出烧杯，沥干米汤，将米饭冷却 30.0min 后称重，稻米吸水率计算：稻米吸水率=米饭质量/稻米质量×100%。使用排水法测定蒸煮前稻米体积和蒸煮后米饭体积，膨胀率计算：膨胀率=米饭体积/稻米体积×100%。取蒸煮后的米汤用蒸馏水稀释至 100.0mL，以 4000.0r/min 速度离心 10min 后取 10.0mL 于提前称重的烧杯中，置于 105.0℃的烘箱中烘 24h 至恒重后称量，米汤干物质计算：米汤干物质=干物质质量（mg）/7.0（g）×100/10。

5.1.1.6　米饭质构特性测定

参照 Ding 等的方法并做适当修改。取 10.0g 完整稻米于直径 3.0cm，高 5.0cm 的带盖铝盒中并在流水下淘洗三次，将水沥干后按水米比 1.3∶1 的比例加入清水浸泡 30.0min，在电饭煲中加入足够清水使之能持续蒸煮 40.0min，将铝盒置于电饭煲上层的蒸屉中，利用蒸汽蒸煮 30.0min 后调节至保温模式保持 10.0min，得到米饭。使用 TPA 模式测定米饭质构特性，取三粒完整饱满的米饭并排放置于载物台中心，使用 P36R 探头，将测前速率、测试速率设置为 1.0mm/s，测后速率设置为 10.0mm/s，米饭压缩程度为 80%，探头触发力为 10.0g。结果显示米饭的硬度、黏着性、弹性、咀嚼性、黏聚性和回复性。

5.1.1.7　数据处理与分析

最终的实验数据是取三个及以上重复实验所得平均值，采用 SPSS 20.0 进行数据统计和分析方差，采用 Duncan 多重检验（$p<0.05$）确定不同处理之间的显著差异，采用 Origin 2018 软件作图。

5.1.2　红外辐射干燥对储藏稻米水分、加工品质的影响

稻米加工品质直接影响稻米的蒸煮品质及消费者可接受度。表 5-1 显示的是红外辐射和自然通风干燥后稻米储藏 8 个月过程中水分、出糙率和整精米率的变化情况。从表中可以看出稻米经红外辐射和自然通风干燥后水分含量基本降到相同程度，且两种干燥方式都没有对加工品质产生显著影响，说明红外辐射干燥在实现稻米快速降水的同时，不会降低稻米的加工品质。在 4℃条件下储藏 8 个月后，两种干燥方式对储藏稻米加工品质没有显著影响，这说明低温储藏可以有效延缓稻米陈化，较好地保持稻米加工品质。

在 35℃加速陈化储藏过程中稻米水分下降显著，其中红外辐射干燥的稻米下降 2.3%，自然通风干燥的稻米下降 2.6%，可能是因储藏温度较高导致水分散失较多，而且稻米在高温储藏条件下生理活动更活跃，也可能导致水分含量下降；储藏稻米的加工品质出现不同程度下降，其中红外辐射干燥的稻米出糙率下降 2.65%，整精米率下降 4.44%，自然通风干燥的稻米出糙率下降 3.02%，整精米率下降 5.42%，稻米出糙率和整精米率的下降可能是因为稻米水分含量下降，导致稻米刚性程度上升，在碾磨过程中更容易碎。相比自然通风干燥的稻米，红外辐射干燥后的稻米加工品

质下降程度更小，可能是由于红外辐射对稻米组分如淀粉和蛋白质等内部结构有稳定化作用，从而延缓了稻米陈化，前人研究也有相似结果，丁超等研究发现红外辐射可以通过稳定淀粉和蛋白质结构从而改善稻米储藏品质。

表 5-1　红外辐射和自然通风干燥后储藏稻米水分、出糙率及整精米率变化情况

干燥方式	储藏温度/℃	储藏时间/月	水分/%	出糙率/%	整精米率/%
红外辐射	4	0	13.8±0.1a	80.29±0.79bc	60.49±0.56a
		2	13.5±0.2a	80.01±1.13bc	60.15±2.54a
		4	13.1±0.2b	81.17±0.12a	60.56±1.87a
		6	12.8±0.1b	80.36±0.36bc	60.30±0.99a
		8	12.3±0.1c	80.71±0.79b	60.99±0.86a
	35	0	13.8±0.1a	80.29±0.79a	60.49±0.56a
		2	13.1±0.2b	80.13±2.05a	61.01±0.88a
		4	13.0±0.2b	79.62±1.15b	58.51±0.47b
		6	12.3±0.1c	78.74±1.28c	57.44±0.81c
		8	11.5±0.1d	77.64±1.38d	56.05±1.37d
自然通风	4	0	13.9±0.2a	80.12±0.49b	60.66±0.81ab
		2	13.7±0.1a	80.34±0.93ab	60.12±1.36b
		4	13.5±0.2a	80.97±1.36a	60.94±1.55a
		6	13.0±0.1b	80.99±0.61a	60.71±1.16ab
		8	12.5±0.2c	80.47±1.40ab	61.05±1.37a
	35	0	13.9±0.2a	80.12±0.49a	60.66±0.81a
		2	13.4±0.1b	79.14±0.98b	59.55±0.43b
		4	13.1±0.2b	79.33±0.61b	58.29±0.61c
		6	12.2±0.1c	78.96±0.35c	56.83±0.38d
		8	11.3±0.2d	77.10±0.58d	55.24±0.15e

注：在表格同一列中相同干燥方式和储藏温度下，不同字母的值在 $p<0.05$ 时有显著性差异。

5.1.3　红外辐射干燥对储藏稻米颜色特性的影响

稻米储藏期间，其表面颜色会由正常的黄色趋向黯淡化。红外辐射和自然通风干燥后稻米在储藏过程中的表面颜色特性变化如图 5-3 所示，其中图（a）表示稻米的 a^* 值，红外辐射和自然通风干燥后稻米表面颜色 a^* 值分别为 7.09±0.20 和 6.79±0.37，说明两种干燥方式对稻米红绿色程度无显著性影响。随着储藏时间的延长，红外辐射干燥稻米表面颜色 a^* 值高于自然通风干燥的稻米，尤其是在 35℃ 条件下储藏 8 个月后，红外辐射干燥的稻米表面颜色 a^* 值增长至 7.83±0.23，自然通风干燥的稻米表面颜色 a^* 值增至 7.33±0.23，两种方式干燥的稻米表面颜色 a^* 值在储藏 8 个月后差异较大。而在 4℃ 储藏条件下，稻米表面颜色 a^* 值在 8 个月储藏期间无显著变化，整体保持在同一水平。

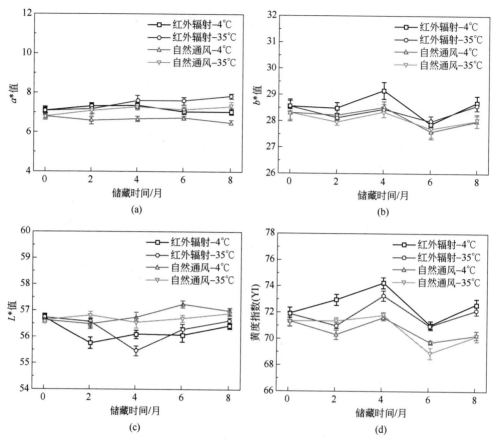

图 5-3　红外辐射和自然通风干燥后储藏稻米颜色特性变化情况

(a) 稻谷颜色 a^* 值变化情况；(b) 稻谷颜色 b^* 值变化情况；

(c) 稻谷颜色 L^* 值变化情况；(d) 稻谷颜色 YI 值变化情况

图(b)显示的是两种方式干燥后储藏稻米表面颜色特性 b^* 值的变化，红外辐射和自然通风干燥后的稻米表面颜色 b^* 值保持稳定，说明两种干燥方式对稻米黄蓝色程度无显著性影响。随着储藏时间的延长，两种方式干燥后稻米表面颜色 b^* 值呈现波动性变化，且红外辐射干燥稻米的表面颜色 b^* 值高于自然通风干燥稻米，说明红外辐射干燥后稻米表面颜色更显黄色。在 35℃ 加速陈化储藏 8 个月后，红外辐射干燥的稻米表面颜色 b^* 值与储藏初期稻米基本保持不变，而自然通风干燥的稻米表面颜色 b^* 值相比储藏初期有较大上升。高温条件下储藏的稻米表面颜色与低温储藏相比有显著性差异（$p<0.05$），说明低温可以减缓稻米表面颜色变化程度。

图(c)显示的是红外辐射和自然通风干燥的储藏稻米表面颜色特性 L^* 值变化情况。由图可知，红外辐射和自然通风干燥后稻米表面颜色特性 L^* 值保持不变，但随着储藏时间延长，红外辐射干燥稻米表面颜色特性 L^* 值基本都低于自然通风干燥稻米。

图（d）表示红外辐射和自然通风干燥后储藏稻米表面颜色特性的黄度指数（YI）。出图可知，在 8 个月储藏期间，红外辐射干燥的稻米 YI 值普遍高于自然通风稻米，在 4℃低温储藏 8 个月后，红外辐射和自然通风干燥的稻米 YI 值分别为 72.67±0.64 和 70.29±0.96，红外辐射较自然通风干燥后，稻米黄度上升 3.4%；35℃加速陈化，储藏 8 个月后，红外辐射和自然通风干燥稻米 YI 值分别为 72.62±1.37 和 70.21±0.6，红外辐射较自然通风干燥后，稻米黄度上升 3.4%，说明在储藏过程中自然通风干燥后稻米表面颜色相对于红外辐射干燥的稻米更趋向于灰色，可能是由于红外辐射干燥可以提高稻米储藏稳定性，降低了储藏稻米品质劣变程度，从而保持了稻米表面颜色黄度值稳定。

5.1.4　红外辐射干燥对储藏稻米米饭蒸煮品质的影响

米饭蒸煮品质与稻米食用品质及口感密切相关，同时可以用于评价储藏稻米品质变化程度，米饭蒸煮过程中主要涉及淀粉的糊化及凝胶化作用，因此蒸煮品质与淀粉的理化性质及结构有较大相关性。图 5-4 是红外辐射和自然通风干燥后储藏稻米的米饭蒸煮品质变化情况，可以发现红外辐射干燥对稻米吸水率及膨胀率影响较小，但干物质的量比自然通风干燥的稻米上升 17.2%，干物质的量是指稻米蒸煮后溶解于米汤中物质的质量，这可能是因为红外辐射及缓苏过程中的高温使稻米表面有裂痕，从而使稻米蒸煮过程中溶解进米汤中的物质增多；且红外辐射干燥后的稻米在储藏过程中，米饭蒸煮品质的变化较自然通风干燥的稻米更小，可能是由于红外辐射干燥对稻米中淀粉的理化性质及结构有稳定化作用，降低了淀粉在储藏过程中的老化作用从而较好地保持了米饭蒸煮品质。

稻米储藏过程中，吸水率和膨胀率均呈上升趋势，其中红外辐射干燥后吸水率和膨胀率在 4℃储藏条件下分别上升 22.9%、31.5%，在 35℃储藏条件下分别上升 45.8%、67.2%，自然通风干燥后吸水率和膨胀率在 4℃储藏条件下分别上升 30.3%、36.4%，在 35℃储藏条件下分别上升 59.3%、141.5%，稻米储藏过程中吸水率和膨胀率的上升可能是因为细胞壁老化或是被破坏，从而提高了吸水率，并膨胀更明显，也有可能是由于稻米储藏过程中水分含量下降从而提高了蒸煮过程中水分吸收量；所有稻米样品干物质的量先上升后下降，整体呈下降的趋势，红外辐射及自然通风干燥后并在 4℃条件下储藏 8 个月后干物质的量分别下降 17.6%、16.1%，而 35℃储藏条件下干物质的量分别下降 29.4%、18.4%，这可能是因为储藏稻米中部分细胞壁的溶解性下降，从而降低了细胞内容物的溢出，且高温储藏下稻米陈化速度加剧，所以干物质的量下降程度大。

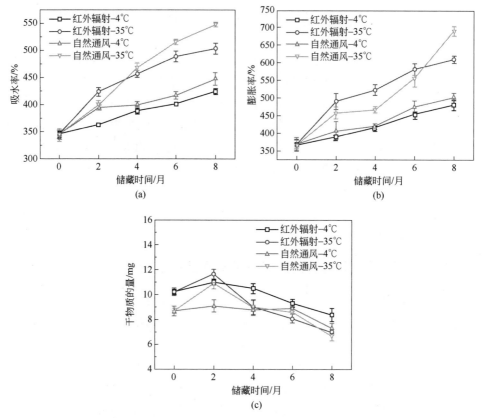

图 5-4　红外辐射和自然通风干燥后储藏稻米蒸煮品质变化情况
（a）米饭吸水率变化情况；（b）米饭膨胀率变化情况；（c）米饭干物质量变化情况

5.1.5　红外辐射干燥对储藏稻米米饭质构特性的影响

　　米饭质构特性是反映稻米食用品质的重要指标，关系到米饭的口感和消费者的接受程度，同时也可以作为评价稻米储藏品质变化的重要指标之一。图 5-5 显示的是红外辐射和自然通风干燥后储藏稻米的质构特性，从图中可以看出，经过红外辐射和自然通风干燥的新鲜稻米质构特性没有显著性差异，说明红外辐射不会立刻改变稻米质构特性。在 4℃储藏 8 个月后，红外辐射和自然通风干燥稻米的米饭硬度分别上升 6.5% 和 9.7%，而在 35℃储藏 8 个月后，红外辐射和自然通风干燥稻米的米饭硬度分别上升 14.7% 和 15.4%；且在储藏过程中，红外辐射干燥相比自然通风干燥的稻米蒸煮后咀嚼性和黏聚性的变化程度更小，尤其是在 4℃储藏条件下，说明红外辐射干燥可以较好地保持储藏稻米的质构特性，这可能是因为红外辐射干燥造成稻米淀粉结构的变化从而改变了淀粉糊化特性等性质，也可能是影响蛋白质和淀粉结合的紧密程度从而改变米饭质构特性。

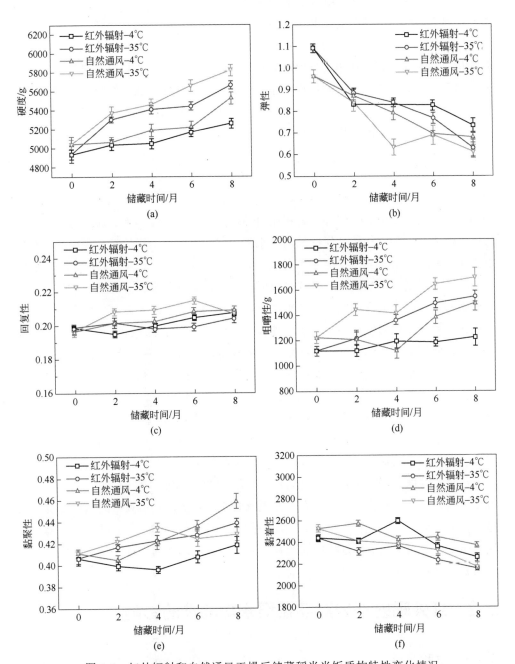

图 5-5　红外辐射和自然通风干燥后储藏稻米米饭质构特性变化情况

（a）米饭硬度变化情况；（b）米饭弹性变化情况；（c）米饭回复性变化情况；（d）米饭咀嚼性变化情况；
（e）米饭黏聚性变化情况；（f）米饭黏着性变化情况

在 8 个月储藏过程中，所有稻米的硬度、回复性、咀嚼性和黏聚性呈上升趋势，弹性和黏着性呈下降的趋势，其中硬度的增加可能是由于淀粉在储藏过程中有老化的现象，且淀粉中的羟基会与蛋白质的电荷基团结合并形成静电复合物，从而加强淀粉和蛋白质间的相互作用，导致蒸煮过程中米饭硬度增加；稻米回复性的上升和弹性的下降可能是由米饭蒸煮过程中水分吸收多所导致的，实验结果与现实生活中陈米口感较硬、质地松散的现象相符合，稻米中淀粉和蛋白质含量较多，猜测可能是因为淀粉和蛋白质的理化性质和结构变化所致，因此后面对此进行了实验论证。

5.1.6　小结

根据实验结果发现红外辐射可以将稻米快速干燥至安全水分之内，同时保证稻米的加工品质不受影响。红外辐射相比自然通风干燥后新鲜稻米的加工品质、颜色特性、蒸煮品质和质构特性保持在同一水平，但红外辐射干燥的稻米表面颜色黄度值高出 3.4%，且在储藏 8 个月后变化较小，说明红外辐射干燥可以较好地保持储藏稻米颜色，延缓颜色黯淡化；且红外辐射干燥后，储藏稻米在蒸煮过程中吸水率、膨胀率和米饭硬度上升程度分别减小 7.4%、4.9% 和 3.2%，米饭黏弹性变化与自然通风干燥稻米变化程度相同，说明红外辐射干燥可以较好地保持储藏稻米的米饭蒸煮品质，降低了稻米储藏过程中品质劣变的程度，这可能是因为红外辐射干燥会使稻米中淀粉和蛋白质结构及功能特性发生变化，从而提高了稻米的储藏稳定性。

在 8 个月储藏过程中，所有稻米品质均有不同程度下降，尤其是在高温加速陈化储藏条件下，稻米出糙率、整精米率分别下降 3.02% 和 5.42%，这可能是由于稻米储藏过程中水分含量下降提高了稻米刚性程度，从而在碾磨时容易产生碎米；且稻米表面颜色相比新鲜稻米更趋向黯淡化，会降低消费者对陈米的购买意愿；储藏稻米在蒸煮过程中，吸水率和膨胀率分别上升 22.9%~59.3% 和 31.5%~141.5%，这可能是因为稻米水分含量下降导致其在蒸煮时吸水较多，且蒸煮后的米饭硬度、咀嚼性、黏聚性上升，弹性和黏着性下降，说明稻米陈化后米饭质地松散、口感变差，这可能是由于稻米在储藏过程中淀粉发生老化，影响淀粉糊化特性从而改变米饭蒸煮品质及质构特性。

5.2　红外辐射干燥对储藏稻米功能性的影响

5.2.1　试验方法

5.2.1.1　储藏稻米直链淀粉含量的测定

参照《大米　直链淀粉含量的测定》（GB/T 15683—2008）。

5.2.1.2　稻米蛋白质总含量和分级蛋白质含量的测定

稻米蛋白质总含量的测定使用凯氏定氮法。根据 Osborne 分级原理，参考张启莉的方法，并做适当改进，配制 1.0mg/mL 的牛血清蛋白标准溶液，量取标准液 0.00mL、0.02mL、0.04mL、0.06mL、0.08mL、0.10mL 于具塞试管中，加蒸馏水补至 1.0mL，向每支试管分别加入 5.0mL 考马斯亮蓝，静置 2.0min 后，在 595nm 下测定溶液的吸光度值，绘制标准曲线。分别用蒸馏水（清蛋白）、5%NaCl 溶液（球蛋白）、70%乙醇溶液（醇溶蛋白）和 0.05mol/L 的 NaOH 溶液（谷蛋白）作提取液，按照 1∶10 的料液比经过磁力搅拌和离心得到含有不同品种蛋白质的样液，取 1.0mL 提取液，按照之前的操作测定其在 595 nm 下的吸光度，根据所制定的标准曲线计算各级分蛋白含量。

考马斯亮蓝 G-250 溶液：准确称取 100.0mg 考马斯亮蓝 G-250 试剂溶于 50.0mL 50%乙醇中，加入 100.0mL 质量浓度 0.85kg/L 磷酸，再加入适量蒸馏水稀释溶液至 1000.0mL，将其过滤后储藏于棕色广口瓶中并放入 4℃冰箱。

5.2.1.3　米粉糊化特性测定

使用砻谷机将稻米脱壳成糙米，并用精米机将糙米进行抛光处理，将得到的精米用旋风磨磨碎并筛选通过 100 目筛的米粉作为样品。参考 Zhu 等的方法并做适当修改后，使用快速黏度测定仪对米粉糊化特性进行测定，向样品筒中加入 25.0mL 去离子水，根据米粉水分含量称取 3.5g 米粉于样品筒中，按以下程序进行测定：温度在开始后 1.0min 内保持在 50.0℃，随后以 12.0℃/min 的速度升温至 95.0℃并保温 2.5min，再以 12.0℃/min 的速度降温至 50.0℃并保持 2.0min；测试头的转速在开始的 10.0 s 内为 960.0r/min，在后面的测试过程中保持在 160.0r/min。通过以上测试程序，可以得到米粉样品的糊化曲线以及米粉糊化的峰值黏度（PV）、谷值黏度（TV）和最终黏度（FV）等特征值，并计算出米粉糊化的崩解值（BD）=峰值黏度（PV）－谷值黏度（TV），回生值（SB）=最终黏度（FV）－谷值黏度（TV），通过这些特征值可以分析米粉糊化过程中的黏度变化。

5.2.1.4　米粉流变学特性测定

在 1min 内将上述糊化后的米粉糊样品转移至流变仪的载物台中心，以防止温度降低、水分蒸发造成实验误差。盖上直径为 50.0mm 的平板，设置间隙为 0.5mm，将平板周围溢出的米糊刮去。设定温度为 25.0℃，设置扫描应变范围为 0.1%～10%，在 5%时，储能模量（G'）和损耗模量（G''）开始趋于变化，因此 5%为米糊样品的线性黏弹区。设定扫描应变为 0.5%，对米糊样品进行角频率扫描，频率从 0.1～10rad/s 递增，测定储能模量（G'）、损耗模量（G''）和损耗角正切值 tanδ 随角频率的变化。

5.2.1.5　米粉热力学特性测定

精确称取 3.0～4.0mg 米粉样品于铝制耐高压坩埚中，按 1∶2 的比例加入蒸馏水，密封压盖后置于 4.0℃冰箱中放置过夜以平衡。采用差示扫描量热仪测定米粉的糊化热特性，测试程序为：设置氮气流速为 20.0mL/min，首先在 25.0℃下保持 1.0min，然后以 10.0℃/min 的速率从 25.0℃加热到 95.0℃。另外，将一个空的铝制耐高压坩埚作为基线，将最终数据减去基线背景即得到米粉样品 DSC 热特性曲线，分析得到糊化热焓（ΔH）、起始温度（T_0）、峰值温度（T_p）、最终温度（T_c）。

5.2.2　红外辐射干燥对储藏稻米直链淀粉含量的影响

直链淀粉含量是稻米蒸煮品质的重要影响因素，偏高直链淀粉含量的稻米蒸煮性较差、消耗能量较多，且蒸煮时间长，中、低直链淀粉含量的稻米蒸煮品质相对较好，此外，淀粉的糊化、凝胶化等性质也与直链淀粉含量有着密切关系。红外辐射和自然通风干燥后储藏稻米直链淀粉含量变化如图 5-6 所示，从图中可以看出，随着储藏时间延长，稻米直链淀粉含量整体呈现上升的趋势，其中在 4℃条件下储藏 8 个月后，红外辐射和自然通风干燥的稻米直链淀粉含量分别上升 1.1%、1.2%；在 35℃条件下储藏 8 个月后，红外辐射和自然通风干燥的稻米直链淀粉含量分别上升 1.5%、1.6%，这可能是由于稻米在储藏过程中，α-淀粉酶作用于支链淀粉，使其水解成直链淀粉，35℃加速陈化条件下，α-淀粉酶活性更强所以导致该条件下直链淀粉含量更高，直链淀粉含量升高会提升淀粉的刚性（rigidity）程度即致密性，抑制淀粉糊化过程中吸水膨胀，从而提高米饭硬度。自然通风相比红外辐射干燥，储藏稻米直链淀粉含量增幅较大，可能是因为红外辐射及缓苏干燥过程中的高温对稻米中 α-淀粉酶有抑制作用，导致酶活性的下降，从而降低支链淀粉的分解及直链淀粉的生成，较好地保持米饭蒸煮及质构品质。

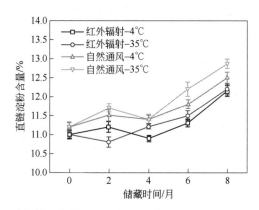

图 5-6　红外辐射和自然通风干燥后储藏稻米直链淀粉含量变化情况

5.2.3 红外辐射干燥对储藏稻米总蛋白质和分级蛋白质含量的影响

稻米中蛋白质与淀粉结合后会抑制淀粉膨胀，导致米饭蒸煮品质较差，因此蛋白质含量高低与米饭蒸煮及质构特性有很大相关性。图 5-7 是红外及自然通风干燥后储藏稻米总蛋白质含量和四种分级蛋白质含量变化情况，从图中可以看出稻米总蛋白质含量在储藏 8 个月后没有显著变化，但红外辐射干燥后稻米总蛋白质含量略低于自然通风干燥的稻米，可能是因为红外及缓苏干燥过程中的高温使部分蛋白质失活。在四种分级蛋白质中，球蛋白与清蛋白由于主要存在于稻米的米糠层中，在加工过程中损失较多，从而测得的含量较低；谷蛋白是稻米中最主要的蛋白质，从图中可以看出，红外辐射干燥并在 4℃ 条件下储藏 8 个月后，稻米谷蛋白含量几乎保持不变，在 35℃ 储藏条件下，其含量有所升高但上升幅度较自然通风干燥的稻谷更小，这可能是由于红外辐射干燥会作用于蛋白质中的硫基，加速二硫键的形成，从而增加了蛋白质的结构稳定性，抑制了蛋白质种类间的转化，降低了蛋白质含量的变化幅度。红外辐射相比自然通风干燥后，储藏稻米中总蛋白质和各级分蛋白质

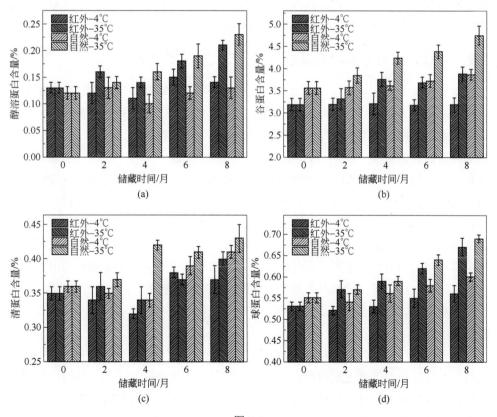

图 5-7

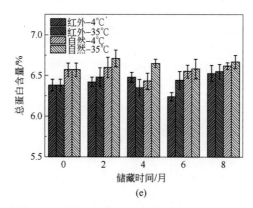

图 5-7　红外辐射和自然通风干燥后储藏稻米总蛋白质含量和分级蛋白质含量变化情况
（a）稻米醇溶蛋白变化情况；（b）稻米谷蛋白变化情况；（c）稻米清蛋白变化情况；
（d）稻米球蛋白变化情况；（e）稻米总蛋白质变化情况

含量下降 0.4%～1.0%，而蛋白质与淀粉结合后会在米粉糊化过程中形成蛋白质大分子并抑制淀粉吸水膨胀，且蛋白质氧化后生成的氧化产物也会对米粉糊化造成影响，从而降低米粉糊化黏度并提高米饭硬度，由此可见，稻米总蛋白质和各级分蛋白质含量的下降可能也是红外辐射较好地保持米饭蒸煮及质构品质的原因之一。

5.2.4　红外辐射干燥对储藏稻米米粉糊化特性的影响

淀粉颗粒的糊化与米饭的蒸煮品质关系密切，通过研究糊化特性可以更好地解释储藏稻米蒸煮品质变化的原因。图 5-8 和表 5-2 显示了红外辐射和自然通风干燥后从储藏稻米中碾磨得到米粉的糊化特性参数变化。从图中可以看出，红外辐射干燥后米粉的谷值黏度（TV）、最终黏度（FV）和峰值黏度（PV）相比自然通风干燥的稻米显著增加（$p<0.05$），这可能是由于红外辐射和缓苏过程中的高温对淀粉颗粒有退火改性的作用，破坏淀粉颗粒并增加受损的淀粉含量，从而提高淀粉分子的水合能力，较高的水合能力导致淀粉颗粒与水分子充分结合，并导致较高的糊化黏度，Lee 等研究了改性处理对稻米淀粉理化性质的影响，并观察到淀粉颗粒的破坏或疏松会引起更大的溶胀，从而导致更高的 PV。红外辐射干燥后较高的 PV 也可能是由红外辐射与淀粉分子间的相互作用所致，该相互作用使淀粉分子内共价键产生振动，引起淀粉分子的拉伸和重排，并导致聚合物缩合以及更高的键能分布，从而改变淀粉功能特性。

与自然通风相比，红外辐射干燥略微增加了米粉的崩解值（BD）和回生值（SB），这可能是红外辐射干燥过程中的高温导致氢键的破坏从而降低了米粉糊的抗剪切力并提高其回生能力。红外辐射干燥并在 4℃条件储藏 8 个月后米粉的 BD 增加程度（197cP）显著高于自然通风（2cP）（$p<0.05$），但是在 35℃加速陈化条件储藏 8 个

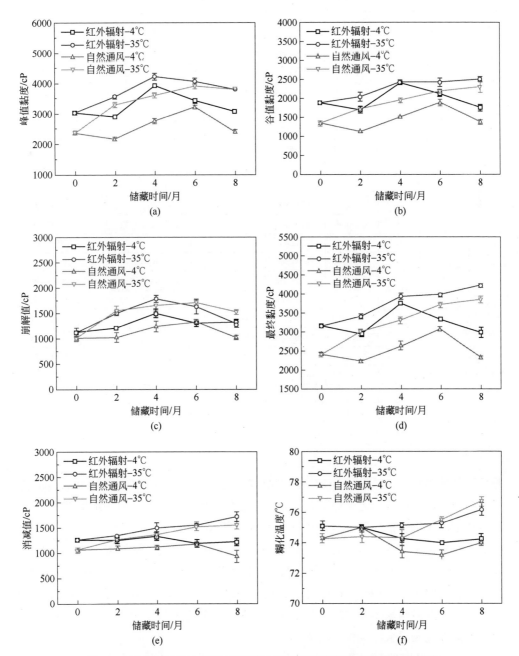

图 5-8　红外辐射和自然通风干燥后储藏稻米米粉糊化特性变化情况

（a）米粉峰值黏度变化情况；（b）米粉谷值黏度变化情况；（c）米粉崩解值变化情况；
（d）米粉最终黏度变化情况；（e）米粉消减值变化情况；（f）米粉糊化温度变化情况

表 5-2　红外辐射和自然通风干燥后储藏稻米糊化特性的变化

干燥方式	储藏温度/℃	储藏时间/月	糊化温度/℃	峰值黏度/cP	谷值黏度/cP	崩解值/cP	最终黏度/cP	回生值/cP
红外辐射	4	0	75.1±0.3a	3035±52c	1905±26c	1130±78c	3167±48bc	1262±34a
		2	75.0±0.2a	2909±38c	1700±63d	1209±34bc	2954±65d	1254±64a
		4	74.3±0.3a	3922±22a	2422±45a	1500±88a	3758±47a	1336±82a
		6	74.0±0.1a	3436±79b	2137±37b	1298±67bc	3329±48b	1191±66a
		8	74.2±0.4a	3094±69c	1767±86cd	1327±56ab	2988±134cd	1221±68a
	35	0	75.1±0.3b	3035±52d	1905±26b	1130±78c	3167±48d	1262±34d
		2	75.0±0.2b	3564±56c	2064±115b	1500±46b	3410±68c	1346±18cd
		4	75.1±0.1b	4222±103a	2446±50a	1776±67a	3940±84b	1494±105bc
		6	75.3±0.3b	4075±89a	2442±108a	1632±142ab	3993±20b	1551±28ab
		8	76.2±0.4a	3810±23b	2512±48a	1298±68c	4231±37a	1719±94a
自然通风	4	0	74.3±0.3ab	2371±48c	1358±63b	1013±48b	2417±48c	1059±46ab
		2	75.0±0.2a	2173±36d	1148±33c	1025±98b	2239±38c	1091±38ab
		4	73.4±0.4b	2762±77b	1523±29b	1239±105a	2638±109b	1115±37ab
		6	73.2±0.3b	3232±48a	1905±81a	1327±15a	3083±28a	1178±19a
		8	74.0±0.2ab	2408±64c	1392±55b	1015±45b	2327±37c	934±116b
	35	0	74.3±0.3c	2371±48d	1358±63d	1013±48b	2417±48d	1059±46d
		2	74.4±0.4c	3299±41c	1750±67c	1549±85a	3016±68c	1266±39c
		4	74.3±0.5c	3615±73b	1960±54b	1655±94a	3319±85b	1359±44bc
		6	75.5±0.2b	3909±50a	2198±35a	1712±45a	3719±68a	1521±82ab
		8	76.7±0.3a	3834±24a	2310±142a	1524±35a	3857±91a	1548±75a

注：所有数字均为平均值±标准差，重复三次。在表格同一列中相同干燥方式和储藏温度下，具有不同字母的值在 $p<0.05$ 时有显著性差异。

月后，红外辐射干燥的米粉 BD 增量（168cP）远小于自然通风干燥的样品的 BD 增量（511cP），可以看出无论储藏条件如何，红外辐射干燥后稻米的 BD 值都保持大致相同的增长程度，而经过自然通风干燥的稻米 BD 值在 4℃下储藏 8 个月后保持稳定，而在 35℃下保存 8 个月后显著升高，这表明红外辐射干燥可以改善稻米的储藏稳定性。从图表中同样可以看出，红外辐射干燥相比自然通风干燥的稻米在 35℃加速陈化储藏 8 个月后，米粉糊化的 PV、TV、FV 增长幅度都降低了，这也与前述红外辐射干燥后稻米蒸煮过程中吸水率和膨胀率上升程度较小相符合，说明红外辐射干燥可以提高稻米储藏稳定性。

在 4℃条件下储藏 8 个月的稻米中碾磨得到的米粉糊化特性参数与新鲜稻米相比没有显著变化（$p>0.05$）。然而，不管经过何种干燥方式，在 35℃下储藏稻米粉的 PV 均会增加，并达到峰值，然后随着储藏时间的延长而持续降低，值得注意的是，红外辐射干燥后米粉的 PV 在储藏 4 个月时达到峰值，而自然通风干燥米粉的

PV 在 6 个月时达到峰值，两种干燥方式 PV 峰值的到来出现差异，其原因可能是红外辐射和缓苏干燥过程中的高温介于稻米的玻璃化转变温度和糊化温度之间，从而导致稻米淀粉预糊化，并在储藏过程中提前达到峰值。储藏 8 个月后，所有稻米样品的 PV 均比初始稻米样品的 PV 显著提高（$p<0.05$），Zhou 等也报道了类似的趋势，他们研究发现在 4℃和 37℃下存放 16 个月的三个水稻品种的 PV 值先升高后降低，PV 的增加是由于淀粉颗粒在崩解之前吸水能力增强，这可能是淀粉相对结晶度改变的结果。储藏稻米糊化特性的变化与稻米蒸煮品质的变化相一致，糊化黏度上升从而增加米饭的黏聚性，但是米粉糊化特性中 BD 值上升，从而降低米粉糊的抗剪切力，这可能是米饭硬度上升、弹性下降的原因。

5.2.5　红外辐射干燥对储藏稻米米粉流变学特性的影响

流变特性是米粉经糊化成凝胶后所测定的黏弹性。图 5-9 是红外辐射和自然通风干燥并在不同条件下储藏 8 个月后米粉凝胶样品的流变特性，其中储能模量（G'）指的是米粉糊的弹性部分，损耗模量（G''）指的是黏性部分，从图中可以看出，所有米粉凝胶的 G' 和 G'' 均随振动频率增加而增加，表明所有米粉凝胶的流变行为与弱凝胶相似，且 G' 远大于 G''，说明米粉糊发生了弹性形变。经红外辐射干燥后米粉凝胶的 G' 和 G'' 值在整个频率范围（0.1～10Hz）较高，表明红外辐射干燥增加了凝胶中的黏性成分和弹性成分，这可能是因为红外辐射干燥有助于形成更多的交联凝胶网络，使凝胶更坚硬并导致 G' 和 G'' 值增加。从糊化特性参数中可以看出，红外辐射干燥后的米粉显示出比自然通风干燥的米粉更高的回生值，这与红外辐射干燥后米粉糊较高的 G' 和 G'' 值相一致，说明红外辐射干燥可以提高米粉糊的黏弹性。

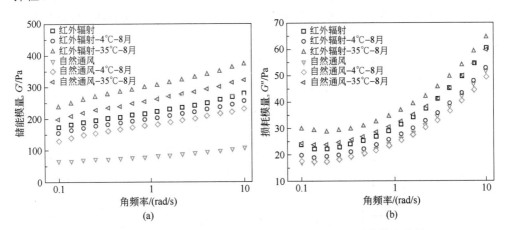

图 5-9　红外辐射和自然通风干燥后储藏稻米米粉流变学特性变化情况

（a）米粉储能模量变化情况；（b）米粉损耗模量变化情况

　　储藏 8 个月后，米粉凝胶的 G' 和 G'' 值增加，这与储藏米粉糊化黏度上升的结果一致，且在 35℃下储藏时增幅比 4℃储藏时更大，这说明低温储藏可以更好保持米粉糊化特性和流变特性，从而更好保持米饭蒸煮及质构品质。从图中可以看出，红外辐射相比自然通风干燥后米粉凝胶的 G' 和 G'' 增幅较小，尤其是自然通风干燥后米粉凝胶的 G' 变化幅度较大，说明其米饭蒸煮及质构品质的变化较大，而红外辐射可以通过降低米粉凝胶的 G' 和 G'' 变化幅度，从而更好地保持米饭蒸煮及质构品质。

5.2.6　红外辐射干燥对储藏稻米米粉热力学特性的影响

　　差示扫描量热法（DSC）通过测定米粉的热力学特性，可以为米饭蒸煮及质构品质变化提供更有效的补充和解释。图 5-10 为红外辐射和自然通风干燥后储藏稻米米粉热力学特性变化情况。表 5-3 是经红外辐射和自然通风干燥并在 4℃和 35℃分别储藏 8 个月后稻米米粉的热力学特性参数，从表 5-3 中可以看出，与自然通风干燥相比，红外辐射干燥后稻米米粉的凝胶化初始温度（T_0）、峰值温度（T_p）和终止温度（T_c）略有下降。这可能是由红外辐射和缓苏过程中的高温导致稻米淀粉颗粒内部结构变化。Thirumdas 等研究了低温等离子体处理对稻米淀粉功能和流变特性的影响，并观察到凝胶化温度有类似的下降，这可能是由低温等离子体处理后淀粉解聚以及直链淀粉和支链淀粉比例变化造成的。Cruz 等研究了不同干燥温度和储存时间对高粱籽粒品质的影响，并发现高温干燥降低了凝胶化温度。此外，红外辐射干燥后稻米米粉的凝胶化焓变高于自然通风干燥米粉（$p<0.05$）。但是，Malumba 等报道发现在高温下干燥玉米可以提高玉米淀粉的凝胶化温度，并降低凝胶化焓变，这种差异可能是由干燥方法和淀粉来源的差异所致。红外辐射干燥后米粉凝胶化焓变上升的原因可能是红外辐射会引起稻米淀粉结构更加致密，从而提升了淀粉凝胶化困难程度，使得淀粉需要更多的能量来完成凝胶化。

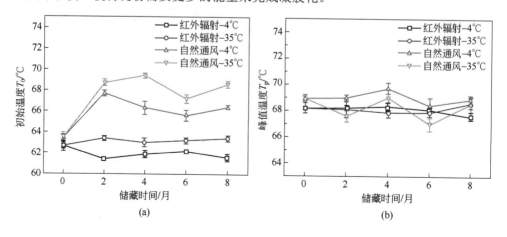

(a)　　　　　　　　　　　　　　　(b)

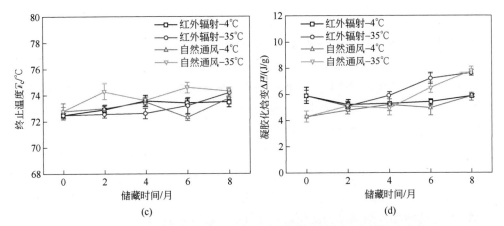

图 5-10　红外辐射和自然通风干燥后储藏稻米米粉热力学特性变化情况

（a）米粉凝胶化初始温度变化情况；（b）米粉凝胶化峰值温度变化情况；

（c）米粉凝胶化终止温度变化情况；（d）米粉凝胶化焓变变化情况

表 5-3　红外辐射和自然通风干燥后储藏稻米热力学特性的变化

干燥方式	储藏温度/℃	储藏时间/月	凝胶化温度			峰宽 ΔT/℃	凝胶化焓变 ΔH/(J/g)
			起始温度 T_0/℃	峰值温度 T_p/℃	终止温度 T_c/℃		
红外辐射	4	0	62.7±0.3a	68.2±0.4a	72.5±0.2a	9.8±0.2b	5.9±0.6a
		2	61.4±0.2b	68.2±0.2a	72.9±0.3a	11.5±0.5a	5.2±0.4a
		4	61.9±0.4ab	68.3±0.3a	73.6±0.4a	11.7±0.5a	5.3±0.1a
		6	62.2±0.1ab	68.1±0.5a	73.4±0.3a	11.2±0.4a	5.4±0.2a
		8	61.6±0.3ab	67.6±0.3a	73.5±0.4a	11.9±0.4a	5.8±0.3a
	35	0	62.7±0.5a	68.2±0.4a	72.5±0.2b	9.8±0.3ab	5.9±0.4b
		2	63.4±0.2a	68.1±0.6a	72.6±0.3b	9.2±0.3b	5.1±0.2b
		4	63.0±0.4a	67.9±0.4a	72.6±0.4b	9.6±0.4b	5.9±0.3b
		6	63.2±0.3a	67.9±0.3a	73.2±0.6ab	10.0±0.2ab	7.2±0.4a
		8	63.4±0.2a	68.6±0.4a	74.2±0.4a	10.8±0.4a	7.6±0.2a
自然通风	4	0	63.5±0.2c	68.9±0.3ab	72.8±0.6ab	9.3±0.4a	4.3±0.4b
		2	67.7±0.3a	69.0±0.2ab	73.0±0.3ab	5.3±0.2c	4.8±0.3ab
		4	66.3±0.6b	69.7±0.4a	73.5±0.4a	7.2±0.5b	5.2±0.4ab
		6	65.6±0.5b	68.4±0.6b	72.3±0.2b	6.7±0.2b	5.0±0.6ab
		8	66.4±0.2b	68.9±0.3ab	73.8±0.1a	7.4±0.1b	5.8±0.3a
	35	0	63.5±0.4c	68.9±0.2a	72.8±0.3b	9.3±0.3a	4.3±0.4c
		2	68.7±0.3a	67.6±0.4bc	74.3±0.6a	5.6±0.4c	5.1±0.3c
		4	69.4±0.2a	69.0±0.3a	73.6±0.2ab	4.2±0.5d	4.9±0.5c
		6	67.2±0.4b	67.0±0.5c	74.6±0.4a	7.4±0.3b	6.5±0.4b
		8	68.6±0.3a	68.5±0.6ab	74.3±0.3a	5.7±0.2c	7.8±0.3a

注：所有数字均为平均值±标准差，重复三次。在表格同一列中相同干燥方式和储藏温度下，具有不同字母的值在 $p<0.05$ 时有显著性差异。

在 4℃条件下储藏 8 个月后，经红外辐射干燥的米粉 T_0、T_p 和 T_c 值保持稳定，而经自然通风干燥的米粉 T_0 显著增加（$p<0.05$）；在 35℃下储藏 8 个月后，红外辐射干燥的米粉的 T_c、自然通风干燥的米粉的 T_0 和 T_c 显著增加（$p<0.05$），这说明红外辐射干燥可以降低稻米在储藏过程中热力学性质的变化程度，从而改善储藏稻米热力学性质稳定性。在 35℃加速陈化储藏期间，所有米粉的凝胶化焓变均高于储藏初期米粉样品，特别是经自然通风干燥的米粉样品，这可能是因为稻米储藏过程中淀粉结构发生变化，或是蛋白质与淀粉结合更加紧密所致，Zhou 等研究了在 4℃和 37℃下储存 12 个月的米粉热力学特性，并观察到热力学特性的变化与储藏过程中细胞壁残留物和蛋白质的变化有关。凝胶化焓变在储藏过程中的增加可能是由于直链淀粉含量的增加和结晶度的变化，从而抑制了淀粉颗粒的糊化，使淀粉凝胶化变得困难。而且红外辐射干燥和较低的储藏温度可以抑制淀粉酶的活性，有效减少支链淀粉降解为直链淀粉，并提高米粉凝胶化的稳定性。以往研究表明，凝胶化焓变较低的稻米感官品质较好，红外辐射干燥通过稳定米饭凝胶化焓变等热力学性质，可较好地保持储藏稻米的蒸煮及质构品质。

5.2.7　小结

根据实验结果可以看出，红外辐射相比自然通风干燥后稻米直链淀粉含量上升程度下降 1.0%，使米粉在糊化过程中可以充分吸水膨胀，从而较好地保持米粉功能性质和米饭蒸煮及质构品质；红外辐射干燥后，稻米蛋白质含量下降 0.4%～1.0%，这可能是由于红外辐射和缓苏过程中的高温抑制蛋白质活性甚至使其失活，减少蛋白质与淀粉的结合，降低米粉糊化过程中所形成的蛋白质大分子，使米粉充分吸水膨胀，从而较好地保持米粉功能性质和米饭蒸煮及质构品质；红外辐射相比自然通风干燥后，储藏稻米糊化特性中峰值黏度、谷值黏度、最终黏度和崩解值更高，且其流变特性中储能模量和损耗模量也更高，这说明红外辐射后稻米黏弹性组分增多，米粉凝胶的抗剪切能力下降、回生能力上升；红外辐射干燥后稻米凝胶化焓变升高且在储藏过程中变化程度较小，这可能是由红外辐射和缓苏过程中的高温对稻米淀粉和蛋白质结构产生影响所致。

稻米在 8 个月储藏过程中，直链淀粉含量呈上升趋势，较高直链淀粉含量会增加淀粉的刚性程度，抑制淀粉糊化从而降低米饭蒸煮及质构品质，因此稻米储藏过程中米饭蒸煮及质构品质劣变可能是由于直链淀粉含量上升所致；稻米蛋白质含量在储藏过程中无显著变化，说明其与米饭蒸煮及质构品质劣变关联性不强；稻米经 8 个月储藏后，糊化特性、热力学特性和流变特性有较大变化，其中峰值黏度、谷值黏度、最终黏度和崩解值都呈现先上升至峰值，然后随着储藏时间延长而下降的趋势，红外辐射干燥的稻米在储藏 4 个月后出现峰值，而自然通风的稻米在储藏 6 个月后出现峰值，红外辐射干燥使峰值提前的原因可能是干燥过程中的高温接近稻米的玻璃化转变温度和糊化温度，对淀粉产生退火作用；储藏稻米凝胶化温度和焓变上升，可能是因为稻米直链淀粉含量上升，抑制淀粉糊化作用，并造成陈米蒸煮及质构品质劣变。

5.3　红外辐射干燥对储藏稻米淀粉多级结构的鉴定与分析

5.3.1　试验方法

5.3.1.1　稻米淀粉的提取

参考 Zhu 等的方法并做适当修改后进行稻米淀粉提取。将米粉过 100 目筛，加入质量浓度为 0.25%（10.0g 溶于 1.0L）的 NaOH 溶液，料液比为 1∶5（g/mL），浸泡 48.0h，在此期间隔 24.0h 更换一次 NaOH，使米粉中的蛋白质与碱液充分反应。然后以 8000.0r/min 的速度离心 15.0min，保留上清液用于蛋白质提取，将沉淀表面的黄色物质刮去，以达到去除蛋白质的目的。用蒸馏水清洗沉淀物后离心，弃掉上层清液，重复离心洗涤 3 次后用少量 5.0%的 HCl 溶液（13.5mL 浓盐酸定容至 100.0mL）将沉淀调节至中性（6.5 左右）并离心，将湿淀粉置于 50.0℃烘箱中干燥 24.0h，粉碎后过 100 目筛，得到纯净的稻米淀粉。

5.3.1.2　储藏稻米淀粉微观形态的测定

将提取的稻米淀粉样品粘在导电双面胶上，放入离子溅射仪的喷金室，溅射电流为 1.5A，加速电压为 15kV，溅射时间为 90s。使用日本日立 TM-3000 台式扫描电镜观察稻米淀粉微观结构。

5.3.1.3　储藏稻米淀粉粒径大小的测定

将适量提取后的稻米淀粉悬浮于蒸馏水中，分散后自动进样，使用粒度仪测定淀粉粒度，由仪器导出稻米淀粉粒径分布图和平均粒径等数据。

5.3.1.4　储藏稻米淀粉短程有序结构的测定

取适量提取后的稻米淀粉于玛瑙研钵中，以 1∶100 的比例加入溴化钾，研磨均匀后进行压片。在 4000～400cm^{-1} 处扫描淀粉样品红外吸收峰的变化。仪器在基线校正后自动分析样品并输出红外吸收光谱。

5.3.1.5　储藏稻米淀粉结晶结构的测定

取适量提取后的稻米淀粉在 200mA、40 kV 下进行分析，在 0.02°的扫描速度和 0.6 s 的扫描速度下，衍射角（2θ）在 3°至 40°的范围内。相对结晶度大小（RC）使用以下计算：RC(%)=[Ac/(Ac+Aa)]·100；其中，Ac 是结晶区域，Aa 是非晶区域。

5.3.1.6　储藏稻米淀粉片层结构的测定

SAXS 实验在 0.6mA 和 50kV 下进行，X 射线源是波长（λ）为 0.154nm 的 Cu-Kα 辐射。在淀粉样品浓度为 600g/kg 的情况下，在 0.2°至 3.2°之间测量稻米淀粉样品 15min，用小角 X 射线散射系统研究稻米淀粉样品的片层结构。

5.3.2　红外辐射干燥对储藏稻米淀粉微观形态的影响

图 5-11 显示了经红外辐射和自然通风干燥后稻米在 4℃和 35℃条件下储藏 8 个月前后淀粉颗粒形态变化。从稻米中分离出的所有淀粉颗粒都呈现出不规则的有角多边形，Zhang 等也研究发现，从稻米中分离出的淀粉呈多面体形状。我们观察到经红外辐射干燥后稻米淀粉颗粒上存在破裂的情况，这可能是因为红外辐射和缓苏干燥过程中的高温加快了稻米的脱水速率，使其在短时间内迅速脱水，从而导致淀粉颗粒部分开裂。淀粉糊化过程中水分子通过这些裂缝进入淀粉分子并与之充分结合，从而使淀粉易于糊化并提高糊化黏度。红外辐射和缓苏干燥过程中的高温可能对淀粉有退火作用，从而在淀粉颗粒上产生孔洞和裂缝，前人有研究显示，经过退火处理后，玉米、葛根淀粉上会出现气孔和裂缝。而且，还观察到红外辐射可能会引起稻米淀粉颗粒的聚集，这可能是因为黏度的增加引起淀粉的聚集。

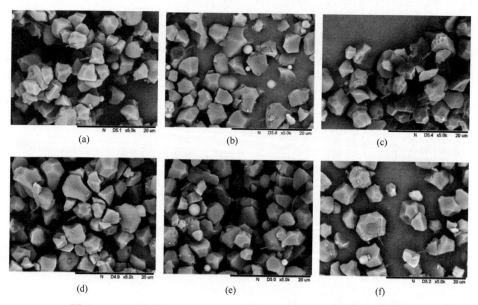

图 5-11　红外辐射和自然通风干燥后储藏稻米淀粉颗粒表面形态

（a）红外辐射干燥后的稻米淀粉样品；（b）红外辐射干燥并在 4℃条件下储藏 8 个月后的稻米淀粉样品；
（c）红外辐射干燥并在 35℃条件下储藏 8 个月后的稻米淀粉样品；（d）自然通风干燥后的稻米淀粉样品；
（e）自然通风干燥并在 4℃条件下储藏 8 个月后的稻米淀粉样品；（f）自然通风干燥并
在 35℃条件下储藏 8 个月后的稻米淀粉样品

稻米在35℃加速陈化储藏8个月后，其淀粉颗粒上出现了微弱的变形，淀粉表面产生多孔的现象，这些变形在储藏初期并没有观察到，这可能是因为在储藏过程中淀粉酶的水解作用，使淀粉结晶区域转变为无定形区域，这些孔状结构的存在可能会使米粉糊化过程中水分子更容易进入淀粉颗粒，并与之充分结合，从而提高米粉糊化黏度。

5.3.3　红外辐射干燥对储藏稻米淀粉粒径大小的影响

稻米淀粉颗粒的形态变化可能会改变淀粉的粒径分布。图 5-12 显示了经红外辐射和自然通风干燥并在 4℃ 和 35℃ 条件下储藏 8 个月的淀粉颗粒粒径大小分布。将淀粉颗粒的粒径大小分为三个级别："a"级（>15μm），"b"级（5μm×15μm）和"c"级（<5μm）。储藏 8 个月后，淀粉颗粒的粒径保持稳定，与干燥方式和储藏温度无关（$p>0.05$），这表明储藏可能不会导致淀粉聚集和淀粉粒径的变化。然而，观察到红外辐射干燥后淀粉颗粒的粒径大于自然通风干燥的稻米淀粉，经过红外辐射干燥后，"a"级淀粉颗粒的数量增加，而"b"级和"c"级淀粉颗粒的数量减少，这表明红外可能引起了稻米淀粉颗粒的聚集并增加了淀粉颗粒粒径大小。稻米淀粉颗粒的聚集可能是由于红外辐射和缓苏干燥过程中的高温对淀粉有退火作用，从而增加了稻米淀粉颗粒的黏性所致。Wang 等报道了相似的结果，他们观察到三种不同的退火豌豆淀粉中少量颗粒的聚集。有研究表明淀粉粒径与糊化黏度呈正相关，由红外辐射引起的稻米淀粉颗粒的较大粒径可能是导致稻米糊化黏度增加的因素之一。

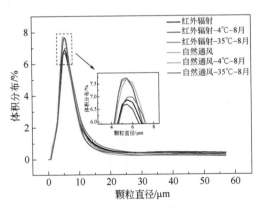

图 5-12　红外辐射和自然通风干燥后储藏稻米淀粉粒径大小分布

5.3.4　红外辐射干燥对储藏稻米淀粉短程有序结构的影响

米粉糊化特性、热力学特性的变化可能与淀粉分子的短程有序结构有关，FT-IR

技术通常可以被用来测定淀粉颗粒的短程结构有序度。图 5-13 显示了经红外辐射和自然通风干燥并在 4℃和 35℃条件下储藏 8 个月的稻米淀粉 FT-IR 谱图，从图中可以看到，在 3100～3700cm^{-1}、2931cm^{-1}、1645cm^{-1}、1441～927cm^{-1} 处存在吸收峰，这是由于—OH、—CH、—C≡O、氢键和 D-吡喃葡萄糖的不对称拉伸振动所致。我们观察到，红外辐射干燥后的淀粉样品在 3100～3700cm^{-1}、2931cm^{-1}、1645cm^{-1}、1441～927cm^{-1} 处的吸收峰强度高于自然通风干燥后的稻米淀粉，尤其高于自然通风干燥后并在 35℃条件下加速陈化储藏 8 个月的稻米淀粉，红外吸收峰强度的变化可归因于特定淀粉构象的改变，例如短程有序性和结晶度。因此，红外辐射干燥后淀粉的吸收峰强度增加表明该干燥方式可以改变淀粉的短程结构有序性和结晶度大小。图中显示，不论经何种干燥方式和储藏条件，所有稻米淀粉的 FT-IR 谱图中均未出现新的特征峰，这表明红外辐射干燥和储藏不会诱导稻米淀粉产生新基团，而只是改变淀粉结构和构象从而影响米粉的理化特性。

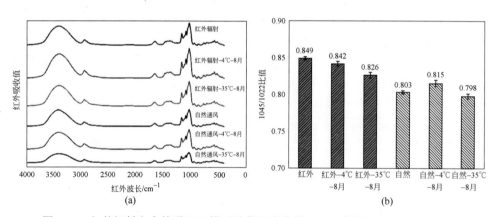

图 5-13　红外辐射和自然通风干燥后储藏稻米淀粉 FT-IR 谱图及 1045/1022 比值

（a）稻米淀粉 FT-IR 谱图；（b）稻米淀粉 1045/1022 峰高比值

在 1045cm^{-1} 和 1022cm^{-1} 处的两个典型吸收峰分别与淀粉结晶区和无定形区有关，通常可以用来表示淀粉的结晶特性，1045cm^{-1} 和 1022cm^{-1} 处吸收峰强度之比反映了淀粉的短程结构有序度。红外辐射干燥后稻米淀粉的 1045cm^{-1}/1022cm^{-1} 比值高于自然通风干燥的稻米淀粉（$p<0.05$），这表明红外辐射干燥可以提高稻米淀粉的短程结构有序度。据研究，短程结构有序度与糊化黏度成正比，因此红外辐射干燥可以通过提高淀粉短程结构有序度提高其糊化黏度。且红外辐射干燥后淀粉短程结构有序度的提高会使米粉需要更多能量完成凝胶化，从而提高了米粉凝胶化焓变。稻米经过 35℃加速陈化储藏 8 个月后，其淀粉短程结构有序度都出现一定程度的下降，这可能是淀粉酶及稻米生理作用使得淀粉短程有序结构趋向松弛所致，并且这也可能导致稻米储藏后米饭弹性下降等情况；红外辐射和自然通风干燥的淀粉短程

结构有序度分别下降 2.7%和 0.6%，这可能是因为红外辐射干燥对淀粉短程结构有序度提升较大，所以使其在储藏过程中下降程度比自然通风干燥后的淀粉大，但是可以看到，红外辐射干燥后淀粉短程结构有序度虽然下降程度较大，但整体依然是比自然通风干燥的淀粉短程结构有序度大，这可能是红外提高稻米储藏稳定性并较好地保持米饭蒸煮及质构品质的原因。

5.3.5　红外辐射干燥对储藏稻米淀粉结晶结构的影响

图 5-14 显示的是经红外辐射和自然通风干燥并在 4℃和 35℃条件下储藏 8 个月后稻米淀粉的 XRD 谱图及相对结晶度大小。与小麦淀粉相似，稻米淀粉在 $2\theta=15°$、17°、18°和 23°处显示衍射峰，表明其是 A 型晶体结构。此外，在 $2\theta=20°$ 处也观察到弱峰，这可以归因于少量的 V 型结晶（直链淀粉-脂质复合物）。Ziegler 等的研究结果也指出稻米淀粉是 A 型晶体结构。从 XRD 谱图中还可以看出，红外辐射及自然通风干燥和储藏过程并没有明显改变淀粉晶体类型。

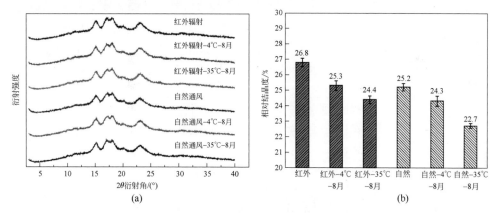

图 5-14　红外辐射和自然通风干燥后储藏稻米淀粉 XRD 谱图及相对结晶度大小
（a）淀粉 XRD 谱图；（b）淀粉相对结晶度大小

但是，由 XRD 谱图计算出的不同干燥方式和储藏时间的稻米淀粉相对结晶度大小存在差异。计算出的相对结晶度大小如图 5-14 所示，经红外辐射和自然通风干燥的稻米淀粉相对结晶度在储藏初期时分别为 26.8%和 25.2%，说明红外辐射相比自然通风可以显著增加淀粉的相对结晶度（$p<0.05$），这可能是因为红外辐射干燥期间的高温增加了某些非晶态部分向结晶区域的迁移率并改善了晶体结构的完整性，从而导致相对结晶度的增加。淀粉的相对结晶度越高，表明淀粉晶体结构越稳定，这也可能是红外辐射干燥后米粉凝胶化焓变较高的原因之一。淀粉短程结构有序度与淀粉颗粒的结晶度成正比。红外辐射和自然通风干燥后的稻米淀粉在 35℃条件下加速陈化储藏 8 个月后相对结晶度分别降低了 2.4%和 2.5%，稻米储藏过程中相对

结晶度的降低可能是因为 α-淀粉酶的作用，导致结晶区的支链淀粉降解为非结晶区的直链淀粉，较高的直链淀粉含量会使淀粉难以凝胶化，这与上文中热力学特性的结果一致。Ding 等也研究论证了红外辐射对稻米中淀粉及蛋白质微观结构和热力学特性的高度稳定作用。

5.3.6　红外辐射干燥对储藏稻米淀粉片层结构的影响

淀粉分子呈现出由交替的无定形和结晶区域组成的层状结构，可以用小角散射（SAXS）技术进行检测。不同淀粉样品的 SAXS 谱图如图 5-15 所示。吸收强度（I 值）与淀粉颗粒结晶区域中双螺旋排列的紧密程度呈正相关，红外辐射干燥后的淀粉样品的 I 值高于自然通风干燥过的淀粉样品的 I 值，这表明红外辐射干燥提高了淀粉颗粒结晶区域支链淀粉双螺旋结构紧密程度。这与前面红外辐射干燥后淀粉分子较高的短程结构有序度和相对结晶度相符合，且淀粉颗粒结晶区域更紧的双螺旋结构可能是红外辐射干燥提高糊化黏度和凝胶化焓变的原因。红外辐射和自然通风干燥后稻米结晶区域支链淀粉双螺旋结构均趋向松散，这可能与陈米蒸煮后弹性较低有关，但 Gu 等研究发现稻米在 12 个月储藏期内淀粉的层状结构均保持稳定，这可能是由稻米种类及储藏条件不同所致，本节是在 35℃加速陈化条件下储藏，因此稻米劣变程度更深，导致稻米层状结构趋向松散。

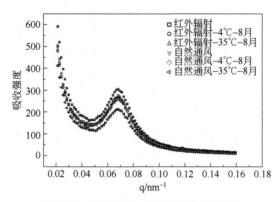

图 5-15　红外辐射和自然通风干燥后储藏稻米淀粉 SAXS 谱图

5.3.7　基于淀粉多级结构的红外辐射干燥提高稻米储藏稳定性的机理

稻米经红外辐射干燥后，淀粉短程结构有序度和相对结晶度有所上升，且结晶区域支链淀粉的双螺旋结构更加紧密，从而使淀粉多级结构更加致密，米粉在糊化过程中需要更多的能量进行吸水裂解，提高了米粉凝胶化所需焓变；红外辐射干燥使淀粉表面出现裂痕，增加了破损淀粉的含量，且淀粉颗粒出现聚集现象，淀粉粒径分布增大，从而提高了淀粉分子的持水力，使米粉在糊化过程中可以与水分子充分结合，提高其糊化黏度和黏弹性组分，改善米饭蒸煮及质构品质。

稻米在加速陈化储藏过程中，淀粉短程结构有序度和相对结晶度下降，且结晶区域支链淀粉双螺旋结构趋向松散，从而使淀粉多级结构趋向松散，且结晶区域的支链淀粉在 α-淀粉酶的作用下会降解为无定形区的直链淀粉，提高稻米中直链淀粉含量，从而抑制米粉糊化，提高米粉糊化温度和所需能量，影响稻米蒸煮及质构品质。红外辐射干燥后的稻米在加速陈化储藏过程中，短程结构有序度和相对结晶度下降范围较小，且结晶区域支链淀粉双螺旋结构松散程度减小，说明红外辐射相比自然通风干燥的稻米在储藏过程中淀粉多级结构的变化程度较小，且红外辐射和缓苏过程中的高温会抑制 α-淀粉酶的活性，降低结晶区域支链淀粉向无定形区直链淀粉的转化度，从而降低米粉糊化黏度、凝胶化温度和焓变的变化程度，提高米粉储藏稳定性，并较好地保持稻米蒸煮及质构品质。

5.3.8　小结

实验结果表明，红外辐射干燥后稻米淀粉表面出现裂痕，这可能是因为红外辐射和缓苏过程中的高温使稻米快速降水的同时，淀粉颗粒产生破裂的现象，这些裂痕也可能导致淀粉在糊化过程中能更加充分地与水分子结合，从而提升淀粉糊化黏度；红外辐射干燥通过促进稻米中淀粉分子的共振并增加键能的分布，同时可以使稻米淀粉的短程结构有序度提高 5.7%、相对结晶度提高 1.6%，并导致结晶区域支链淀粉双螺旋结构排列更加紧密；红外辐射和缓苏过程中的高温可能导致淀粉退火并使淀粉晶体结构紧密，从而抑制淀粉糊化，增加抗剪切能力和凝胶化焓变，此外，红外辐射干燥引起稻米淀粉颗粒的聚集，这可能会导致糊化黏度、储能模量和损耗模量的提高，从而提高米粉黏弹性组分并更好地保持其蒸煮及质构特性。

在稻米储藏过程中，稻米淀粉颗粒表面出现多孔状结构，这可能是由于 α-淀粉酶作用所导致的淀粉老化现象，并影响淀粉的糊化及米饭蒸煮品质；且稻米淀粉的短程结构有序度下降 0.6%～2.7%，相对结晶度下降 2.4%～2.5%，并且结晶区域双螺旋的排列变得较松散，可能是因为结晶区的支链淀粉在 α-淀粉酶作用下降解为无定形区的直链淀粉，使得直链淀粉含量增加从而抑制淀粉的糊化并提高凝胶化焓变，同时降低了稻米蒸煮及质构特性，而红外辐射和缓苏过程中的高温会抑制 α-淀粉酶活性从而降低支链淀粉的降解和相对结晶度的下降。因此，红外辐射干燥对稻米淀粉多尺度结构具有稳定化作用，降低稻米在储藏过程中功能性质的变化程度，较好地保持储藏稻米的蒸煮及质构特性。

5.4 红外辐射干燥对储藏稻米蛋白质结构及其氧化程度分析

5.4.1 试验方法

5.4.1.1 稻米蛋白质的提取

参考权萌萌的方法并做适当修改后进行稻米蛋白质提取。将稻米碾白磨粉过80目筛，按料液比1∶7加入蒸馏水中，将溶液pH值调至9.0，使用磁力搅拌器将溶液搅拌4.0h，然后在4.0℃条件下以8000.0r/min的速度冷冻离心20.0min，取上清液并将pH值调节至4.0，然后在4.0℃条件下以8000.0r/min的速度冷冻离心15.0min得到粗蛋白，将粗蛋白用去离子水洗涤表面3次后悬浮于4倍体积的去离子水中，并调节悬浮液pH值为7.0，然后冷冻干燥得到稻米蛋白质。

5.4.1.2 羰基化合物含量的测定

参考吴晓娟等的方法并做适当修改后进行稻米蛋白质羰基化合物含量测定。将蛋白质样品悬浮于去离子水中，使每0.35mL悬浮液含有1.0～1.5mg稻米蛋白质，然后使用磁力搅拌器作用30.0min。取0.35mL蛋白质悬浮液与1.0mL浓度为10.0mmol/L的2,4-二硝基苯肼溶液充分混匀，置于20.0℃条件下孵育2.0h。将相同浓度的试样与1.0mL浓度为2.0mol/L的HCl充分混匀作为空白对照组。滴加0.45mL的40%三氯乙酸于每个试样管中，涡旋3.0min并静置20.0min后离心。弃置上清液，用1.5mL乙酸乙酯溶液（1∶1，体积比）洗涤沉淀3次。将未加入反应试剂的蛋白质悬浮液与1.0mL浓度为6mol/L的盐酸胍溶液混合，在37℃条件下孵育20.0min，并定时5min涡旋30s。测定样品和空白组在367nm处的吸光度，并使用22000L/(mol·cm)的消光系数计算每毫克蛋白质的羰基衍生物物质的量。

5.4.1.3 游离巯基及二硫键含量的测定

参考吴晓娟等的方法并做适当修改后进行稻米蛋白质游离巯基和二硫键含量测定。准确称量120.0mg稻米蛋白质置于烧杯中，加入20.0mL浓度为8.0mol/L pH为8.0的尿素Tris-Gly溶液，使用磁力搅拌器搅拌2.0h后以8000.0r/min的转速在4.0℃条件下冷冻离心30.0min，取上清液并用考马斯亮蓝比色法测定其中蛋白质浓度。另取4.0mL上清液与160.0μL的Ellman's试剂（溶解4.0mg DNTB于1.0mL且pH值为8.0的Tris-Gly缓冲液），将不加DNTB的溶液作为对照组，于412nm波长处测定样品吸光度，用 13600.0 L/(mol・cm)的消光系数计算样品中游离巯基含量。
另取 4.0mL 上清液与 0.2%的 β-巯基乙醇混合均匀并孵育 2.0h，然后加入 8.0mL 浓
度为 12%的三氯乙酸溶液将蛋白质沉淀反应 1.0h，以 10000.0r/min 的转速离心
10.0min，将沉淀用三氯乙酸溶液洗涤 3 次后溶解于 6.0mL 的 Tris-Gly 缓冲液中，
以不加 DNTB 试剂的溶液为对照组，测定样品在 412nm 波长下的吸光度，用
13600L/(mol·cm)的消光系数计算样品中总巯基含量，根据测定的游离巯基含量和总
巯基含量计算样品二硫键含量（总巯基与游离巯基差值的一半即为二硫键含量）。

5.4.1.4　傅里叶变换红外光谱的测定

参考吴伟等的方法并做适当修改后进行稻米蛋白质傅里叶红外光谱测定。称取
1.0～2.0mg 稻米蛋白质和 200.0mg 溴化钾混合，研磨均匀并压片后使用傅里叶变换
红外光谱仪扫描，扫描条件：分辨率 4cm^{-1}，扫描范围为 400～4000cm^{-1}，每个样品
扫描 32 次。使用 Peak fit 4.12 软件对图谱进行处理并计算各二级结构含量。

5.4.1.5　圆二色谱的测定

将稻米蛋白质溶于 0.01mol/L 的磷酸盐缓冲液（pH 8.0），配制成浓度为 0.5mg/mL
的悬浮液，在 4.0℃条件下以 8000.0r/min 的转速离心 15.0min，取上清液进行测定。
扫描条件为：环境温度 25.0℃，扫描波长范围 190～250nm，比色皿宽度 0.1cm，灵
敏度 20 毫度，响应时间 0.25s，扫描速率 100nm/min。重复扫描 8 次得到 CD 谱图。

5.4.1.6　粒径分布

参考吴伟等的方法并做适当修改后进行稻米蛋白质粒径分布测定。将稻米蛋白
质均匀分散于浓度为 0.05mol/L 且 pH 8.0 的 Tris-HCl 缓冲液中，涡旋 3.0min 后制成
浓度为 1.0mg/mL 的稻米蛋白质悬浮液，使用纳米粒度分析仪对稻米样品中蛋白质
粒径分布进行测定。

5.4.2　红外辐射干燥对储藏稻米蛋白质羰基化合物含量的影响

稻米蛋白质羰基化合物含量是目前评价蛋白质氧化程度的重要指标。图 5-16 是
红外辐射和自然通风干燥后在 4℃和 35℃条件下储藏 8 个月的稻米蛋白质羰基化合
物含量变化情况，从图中可以看出，所有稻米样品在储藏过程中羰基化合物含量都
呈上升趋势，其中在 35℃加速陈化储藏 8 个月后红外辐射和自然通风干燥的稻米羰
基化合物含量分别上升 80.7%和 98.3%，说明红外辐射干燥后，稻米羰基化合物含
量上升幅度较小，据前人研究表明，稻米中的亚油酸等物质在脂肪氧化酶及其同工
酶的作用下会产生活性氧化产物如自由基和羰基化合物，红外辐射和缓苏过程中的
高温可能使脂肪氧化酶及其同工酶活性有所下降，从而导致红外辐射干燥后储藏稻

米羰基化合物含量上升幅度较小，因此红外辐射干燥可以通过降低羰基化合物生成量从而降低蛋白质氧化程度并改善蛋白质储藏稳定性。稻米蛋白质羰基化合物含量与前文中米饭硬度成正比，与米饭弹性成反比，可能是由于稻米中蛋白质氨基和亚氨基氧化所生成的羰基化合物与淀粉紧密交联，抑制米粉糊化过程中的吸水膨胀，从而降低米饭弹性等质构品质，影响其口感，红外辐射干燥可以减小蛋白质氨基和亚氨基氧化程度，降低羰基化合物的生成从而使米粉充分吸水膨胀，较好地保持储藏稻米米饭质构品质。

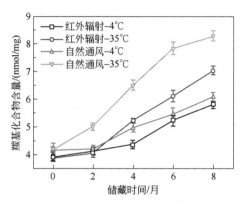

图 5-16　红外辐射和自然通风干燥后储藏稻米蛋白质羰基化合物含量变化

稻米在 35℃储藏过程中，羰基化合物含量上升程度较大，可能是因为该储藏温度接近于脂肪氧化酶及其同工酶的最适温度，有利于酶活性的提高，从而提高了羰基化合物的生成量；而 4℃储藏条件可以抑制酶活并降低羰基化合物的生成量。在 0~2 月储藏过程中，羰基化合物含量上升较慢，并在 2~8 月储藏过程中逐渐加快，这与油脂氧化自催化反应相似，遵循初期缓慢并逐渐加快的规律。

5.4.3　红外辐射干燥对储藏稻米蛋白游离巯基及二硫键含量的影响

巯基是氨基酸残基侧链基团中最容易被自由基攻击的部分，根据氧化环境等变化，可以通过可逆氧化生成二硫键和次磺酸等物质，也可以经不可逆氧化生成亚磺酸和磺酸等物质。图 5-17 是红外辐射和自然通风干燥后储藏稻米游离巯基和二硫键含量变化情况，从图中可以发现，红外辐射和自然通风干燥后稻米储藏过程中游离巯基含量都呈下降趋势，二硫键含量都呈微小的上升趋势，其中在 35℃加速陈化储藏 8 个月后红外辐射和自然通风干燥的蛋白质游离巯基分别下降 36.1%和 39.8%，二硫键含量分别上升 1.5%和 1.6%，两种干燥方式后蛋白质游离巯基含量下降显著，而二硫键含量没有显著上升，说明稻米蛋白质中游离巯基主要发生不可逆氧化生成亚磺酸和磺酸等非二硫键物质。根据前面储藏稻米米饭质构特性的结果可以看出，米饭硬度与游离巯基含量成反比，米饭弹性与游离巯基含量成正比，这表明蛋白质巯基氧化和游离巯基含量的下降会对米饭硬度、弹性等质构品质造成负面影响，而红外辐射干燥相比自然通风干燥，蛋白质游离巯基含量下降程度较小，说明红外辐射干燥可以抑制蛋白质巯基不可逆氧化并减小游离巯基下降程度，降低磺酸和亚磺酸等氧化产物的生成，从而提高稻米蛋白质的储藏稳定性并较好地保持其米饭质构品质。

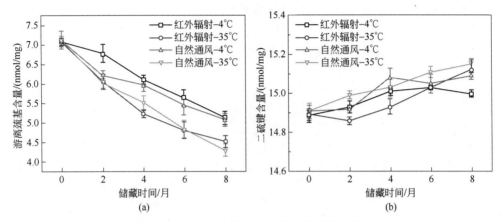

图 5-17　红外辐射和自然通风干燥后储藏稻米游离巯基及二硫键含量变化
（a）游离巯基含量变化情况；（b）二硫键含量变化情况

　　4℃条件下储藏 8 个月后，红外辐射和自然通风干燥的蛋白质游离巯基分别下降27.6%和28.6%，二硫键含量分别上升 0.7%和1.2%，相比 35℃加速陈化储藏条件下，巯基氧化程度更小，说明低温可以较好地抑制游离巯基的不可逆氧化。此外，稻米储藏后二硫键含量上升，会导致稻米加热蒸煮过程中，蛋白质分子更容易聚合形成大分子，从而使米饭硬度和弹性等质构品质产生劣变，这也可能是陈米食用品质下降的原因。

5.4.4　红外辐射干燥对储藏稻米蛋白质二级结构的影响

　　图 5-18 是红外辐射和自然通风干燥后储藏稻米蛋白质的圆二色谱图和傅里叶红外谱图，以及由此计算出的 α-螺旋、β-折叠、β-转角和无规卷曲等结构的含量。根据稻米蛋白质的二级结构组成可以发现，红外辐射干燥相比自然通风干燥后，稻米蛋白质有序结构如 α-螺旋和 β-折叠含量分别上升 3.3%和 6.6%，无序结构如无规卷曲下降 21.4%，可能是因为红外可以引起蛋白质中的氢键共振，增强了羰基和酰胺基团间氢键作用力，使蛋白质中无序结构向有序结构转化，从而提高蛋白质二级结构稳定性。且在稻米储藏过程中，红外辐射和自然通风干燥后稻米二级结构组成均有不同程度变化，其中在 35℃加速陈化储藏 8 个月后，红外辐射干燥的稻米蛋白质

α-螺旋、β-折叠、β-转角含量分别下降 4.3%、5.2%、1.0%，无规卷曲含量上升 23.1%；自然通风干燥的稻米蛋白质 α-螺旋和 β-折叠含量分别下降 5.0% 和 3.4%，β-转角和无规卷曲含量分别上升 1.9% 和 15.6%；可以看出红外辐射干燥后稻米在储藏过程中，蛋白质有序结构如 α-螺旋含量下降程度较小，无序结构如 β-转角含量上升较小，说明红外辐射干燥可以降低储藏稻米中蛋白质二级结构的变化程度，提高稻米蛋白质二级结构稳定性。红外辐射干燥通过提高稻米蛋白质二级结构的稳定性，可能会降低蛋白质中氨基、亚氨基和巯基等基团的氧化程度，从而减少羰基化合物等氧化产物的生成，并较好地保持米饭硬度、弹性和黏着性等质构品质。

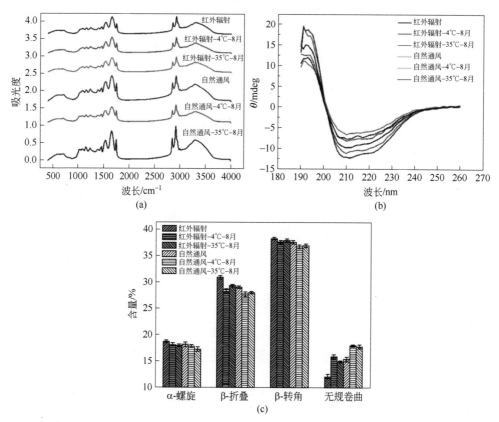

图 5-18　红外辐射和自然通风干燥后储藏稻米蛋白质 FT-IR、圆二色谱图及二级结构含量变化

（a）稻米蛋白质 FT-IR 谱图；（b）稻米蛋白质圆二色谱图；（c）稻米蛋白质二级结构含量

　　在储藏过程中，所有稻米样品的有序结构 α-螺旋和 β-折叠均有所下降，无序结构如 β-转角和无规卷曲均有所上升，说明稻米储藏过程中蛋白质二级结构稳定性都呈下降趋势，且在 35℃储藏条件下，蛋白质二级结构变化程度更大，这可能是因为该温度更适合于蛋白质的生理活动，降低氢键的连接作用，导致更多的有序结构向

无序结构转化，从而降低蛋白质二级结构稳定性。稻米储藏过程中因蛋白质二级结构趋向松弛，可能导致其中的氨基、亚氨基和巯基等基团氧化程度加深，羰基化合物等氧化产物积累，抑制米粉糊化过程中的吸水膨胀，从而造成米饭硬度、弹性和黏着性等质构品质的劣变。

5.4.5　红外辐射干燥对储藏稻米蛋白质粒径分布的影响

图 5-19 是红外辐射和自然通风干燥后储藏稻米中蛋白质粒径分布变化情况，从图中可以看出，红外辐射干燥后稻米蛋白质粒径分布更加均匀，且粒径大小集中在 80～90 nm 范围内，而自然通风干燥的稻米蛋白质粒径分布不均匀，在 20～150 nm 范围内均有分布，这可能是因为红外辐射干燥引起稻米蛋白质氢键共振，提高蛋白质二级结构稳定性，使蛋白质更紧密地结合在一起从而导致其粒径分布更均匀。红外辐射干燥通过提高稻米蛋白质粒径分布均匀性，可能会减少蛋白质大分子的形成及其与淀粉的结合，从而减小蛋白质对淀粉糊化过程中吸水膨润的抑制作用，改善米饭硬度、弹性及黏着性等质构品质。

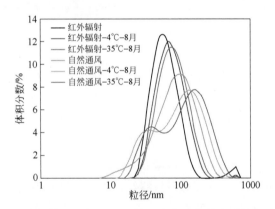

图 5-19　红外辐射和自然通风干燥后储藏稻米蛋白质粒径分布变化

在储藏 8 个月后，红外辐射和自然通风干燥的稻米蛋白质粒径均有所上升，这可能是因为在储藏过程中有更多的水溶性蛋白质聚集体形成，吴伟等通过研究米糠贮藏对米糠球蛋白结构的影响，发现随着贮藏时间的延长，蛋白质会发生氧化并导致米糠球蛋白形成氧化聚集体，因此蛋白质粒径在稻米储藏过程中会有所上升。较大的蛋白质粒径会造成米饭蒸煮过程中，蛋白质分子聚合形成大分子，导致陈米蒸煮后硬度较大、弹性较低等品质劣变。

5.4.6　基于蛋白质氧化程度的红外辐射干燥提高稻米储藏稳定性的机理

稻米经红外辐射干燥后，总蛋白质和各级分蛋白质含量有所下降，可能是由于红外辐射和缓苏过程中的高温降低了蛋白质活性，从而减小了蛋白质对米粉糊化的抑制作用，提高了米粉糊化黏度和黏弹性组分；红外辐射干燥使稻米蛋白质二级无序结构 β-转角和无规卷曲向有序结构 α-螺旋和 β-折叠转化，提高了蛋白质二级结构的致密程度，且使蛋白质粒径分布更加均匀，从而降低蛋白质与淀粉结合的紧密程度，减小了蛋白质对米粉糊化的抑制作用，提高了米粉糊化黏度和黏弹性组分，改善了稻米蒸煮及质构品质。

稻米加速陈化储藏过程中，蛋白质二级有序结构 α-螺旋和 β-折叠会向无序结构 β-转角和无规卷曲转化，降低蛋白质结构致密程度，从而使蛋白质氨基和亚氨基发生氧化反应并产生羰基化合物，游离巯基发生不可逆氧化产生亚磺酸和磺酸等非二硫键物质，与淀粉颗粒紧密交联，影响米粉糊化过程中的吸水膨胀，从而导致米粉凝胶化焓变上升以及米饭硬度增加等质构品质劣变。红外辐射相比自然通风干燥后的稻米在储藏过程中蛋白质二级有序结构向无序结构的转化程度下降，降低稻米蛋白质氧化程度，减小氧化产物如羰基化合物、亚磺酸和磺酸等非二硫键物质的生成，从而使稻米淀粉在糊化过程中可以充分吸水膨润，降低了米粉功能性质变化程度，较好地保持了米饭蒸煮及质构品质，提高了稻米储藏稳定性。

5.4.7　小结

实验结果表明，红外辐射干燥可以促进 β-转角和无规卷曲等无序结构向 α-螺旋和 β-折叠等有序结构的转化，其中 α-螺旋和 β-折叠含量分别上升 3.3% 和 6.6%，从而提高稻米蛋白质二级结构稳定性，同时使稻米蛋白质粒径分布更加均匀；红外辐射干燥通过对稻米蛋白质结构的稳定化作用，从而降低了氨基、亚氨基和游离巯基的氧化程度，减小了羰基化合物、磺酸和亚磺酸等氧化产物的生成，使米粉在糊化过程中能充分吸水膨胀，因此红外可以减缓稻米储藏过程中蛋白质氧化程度，同时更好地保持了稻米蒸煮及质构特性。

在 8 个月的储藏过程中，稻米蛋白质二级结构趋向松散，α-螺旋和 β-折叠等有序结构向 β-转角和无规卷曲等无序结构的转化，从而导致蛋白质氧化程度加深，氨基和亚氨基氧化使羰基化合物含量上升 80.7%～98.3%，游离巯基更多地发生不可逆转化生成亚磺酸和磺酸等物质，氧化产物的积累抑制米粉糊化过程中的吸水膨胀，因此使储藏稻米的蒸煮及质构特性产生劣变。

第6章 红外辐射干燥技术在储藏稻谷脂质代谢与挥发性物质稳定化中的应用

6.1 稻谷中的脂质在储藏过程中的变化规律

6.1.1 稻谷中脂质的种类及存在形式

稻谷中的脂类主要分布于稻谷的种皮和胚中，且与脂溶性维生素共存，其含量约为 2%。脂质代谢途径研究计划（Lipid MApS）数据库将脂质大体分成八大类：甘油酯、糖脂、脂肪酸类、磷脂、鞘脂类、多聚异戊二烯醇、聚酮类化合物、胆固醇类。其中，稻谷中的脂质主要有甘油酯、磷脂、糖脂和脂肪酸。

6.1.1.1 甘油酯

甘油酯是由甘油和长链脂肪酸结合而成的脂肪分子，甘油三酯是稻谷中最主要的极性脂，有储存能量和调节代谢途径的功能。在稻谷储藏过程中，甘油三酯降解为甘油二酯、单酰甘油、甘油和脂肪酸。在脂肪氧化酶的作用下，游离脂肪酸被氧化为脂氢过氧化物，进一步分解为醛、酮等小分子物质。

6.1.1.2 磷脂和糖脂

磷脂是构成细胞膜的主要成分，广泛存在于细菌、植物以及人体内。磷脂在植物油料种子中的含量较高，并与糖类、蛋白质、脂肪酸等物质结合，以结合态的形式存在。磷脂分子是由亲水的极性头部和疏水的非极性尾部组成的，按分子结构的组成，磷脂可以分为甘油磷脂和鞘磷脂两大类。

糖脂是脂类中的一种含糖的脂溶性化合物，是一种极性脂，其亲水头部基团通过糖苷键与糖分子相连。糖脂按其结构可以分为两大类：糖基甘油酯和鞘糖脂。糖基甘油酯的结构与磷脂的结构相似，其主链都是甘油，含有脂肪酸，区别是不含磷和胆碱类化合物。鞘糖脂是动植物细胞膜的组成部分，主要存在于神经组织和脑中。

6.1.1.3　脂肪酸

脂肪酸是组成稻谷脂肪的主要成分，包括亚油酸、油酸、棕榈酸，及少量的肉蔻酸、硬脂酸，还有微量的月桂酸、棕榈酸等。稻谷储藏过程中，脂肪酸是最主要的脂质代谢物，根据碳原子饱和程度，脂肪酸可分为饱和脂肪酸和不饱和脂肪酸。稻谷中的脂肪酸主要有油酸（32%～46%）、亚油酸（21%～36%）、棕榈酸（23%～28%），还有少量硬脂酸（1.4%～2.4%）、亚麻酸（0.4%～1.3%）等。稻谷中不饱和脂肪酸占总脂肪酸的比例较大，在氧气和酶的作用下，不饱和脂肪酸极易被氧化，造成稻谷品质劣变。

6.1.2　储藏稻谷脂质变化规律

稻米中的脂肪可以和淀粉结合成淀粉脂肪体，还可以和蛋白质结合成蛋白脂肪体。稻谷脂肪主要影响稻谷的食用品质，脂肪含量高，蒸煮的米饭光泽度好，香气浓郁，口感滑润。在储藏过程中脂肪极易受氧气和温度影响加速米质劣变，主要有两种变化途径：一是氧化作用，稻谷脂类中的脂肪酸组成多为不饱和脂肪酸，在脂肪氧化酶作用下，易被氧化成碳基化合物，主要为醛、酮类物质；二是水解作用，油脂在脂肪水解酶的作用下水解产生甘油、脂肪酸。稻谷品质劣变的机理复杂，脂质劣变被认为是导致稻谷贮藏期间品质劣变的主要原因，影响稻谷最终风味的形成以及口感，因此粮食行业均以脂肪酸值作为稻谷是否适宜存储的关键性指标。研究表明，游离脂肪酸含量对稻谷储藏品质影响很大。一般脂肪酸值越高，陈化越严重，粮食品质越差。

6.1.3　脂质代谢对稻谷储藏品质的影响

稻谷脂质主要分布在种胚和糊粉层，以甘油三酯为主（triglyceride，TG），稻谷TG虽可以通过自动氧化分解，但以酶促反应分解代谢为主。储藏期间脂质与脂肪酶接触，水解为游离脂肪酸。中性脂质中的油酸和亚油酸比例降低，但游离脂肪酸中不饱和脂肪酸含量提高，造成米饭酸度增加。相对而言，催化产生的游离脂肪酸比原有结合脂质更容易被氧化，其中不饱和脂肪酸在脂肪氧合酶作用下易氧化生成氢过氧化物，造成稻谷过氧化值出现不同程度的上升。作为代谢中间产物，脂氢过氧化物并不稳定，在脂氢过氧化物裂解酶和脂氢过氧化物异构酶或自动氧化的作用下，进一步降解为具有挥发性的丙醛、己醛和戊醛等羰基低分子化合物，产生令人不愉快的"陈米臭"味，导致食味变差，严重影响稻米的食用品质。另外，由于脂氢过氧化物、活性氧和自由基等具有高度氧化活性，可能直接参与稻谷贮藏蛋白等大分子的分子内和分子间二硫键氧化交联形成复合物，也可能与氨基酸和维生素相结合，影响它们的结构和功能。有试验证明用正己烷处理大米，去掉部分脂质后，无论在 15℃或 50℃储藏，均无明显陈化发生，刘宜柏等发现稻谷中脂肪含量越高，米饭色泽越好，食味品质也越好。

6.2 脂质组学研究方法及其在植物脂质分析中的应用

6.2.1 脂质组学

脂质是自然界中存在的一大类极易溶解于有机溶剂、在化学成分及结构上非均一的化合物，主要包括脂肪酸及其天然产生的衍生物（如酯或胺），以及与其生物合成和功能相关的化合物。脂质结构的多样性赋予了多种重要的生物功能，脂质组学以所有脂类为研究对象，是代谢组学中一个重要的分支。随着 20 世纪基因组学、蛋白质组学、代谢组学等规模性、整体性、系统性"组学"概念的兴起，2003 年国际上正式提出了脂质组学这一新的前沿研究领域。脂质组学是对组织、生物体或细胞中的所有脂质分子以及与脂质有相互作用的分子进行系统性分析的一门学科，通过分析脂质分子在生物代谢过程中的变化，从而揭示脂质在生命活动中的作用机制。目前，脂质及其代谢物的系统研究主要是利用脂质组学研究技术，结合特定的生命体、组织、体液、细胞等样品，进行不同层面的脂质组（lipidome）研究。

6.2.2 脂质组学分析方法

6.2.2.1 薄层色谱法

薄层色谱法（TLC）是最早应用于脂质分析的方法，是分离中性脂（包括游离脂肪酸、甘油三酯、甘油二酯、甘油单酯等）最常用的方法。其原理是用硅胶板上行法将脂类展开并喷上脂质显色剂，再采用薄层色谱扫描仪计算积分值或将脂质的斑点刮下来进行脂质的定量。TLC 法在刮斑点的操作过程中，不饱和脂类易发生氧化，导致其结构发生变化。TLC 法分为单向和双向 2 种。单向 TLC 能够同时分析几个样品，但很难将组分完全分开；双向 TLC 可将脂类各组分完全分开，但是它 1 次只能分析 1 个样品。TLC 法具有直观、快捷的优点，能快速分离脂质，而且价格比较便宜。但是，TLC 法需要的样品量大，测定的灵敏度和分辨率都很低。而且，TLC 板上的斑点在切除过程中极易发生不饱和脂类氧化，因而破坏了部分脂类结构。另外，显色反应也容易受到样品杂质的干扰。

6.2.2.2 气相色谱质谱联用

气相色谱质谱联用（GC-MS）是脂质分析中的一种重要工具，其优点是成本低、灵敏度高、分离效率高、操作简单。气相色谱质谱联用法的原理是利用物质具有不同的极性、沸点、吸附性，从而使混合物进行分离。因此，气相色谱质谱联用法只能用于分析易挥发性的有机化合物，而大多数脂类都是不挥发性物质，比如磷脂，则在分析前需要用磷脂酶将磷脂水解，水解后的产物再进行衍生化，然后再做GC-MS 分析。这些操作可能会使脂肪酸链位点信息丢失，因此，该方法主要应用于简单的脂肪酸分析。Erasto 等用 GC-MS 法分析生长在南非的斑鸠菊叶片中的脂质，鉴定出了 12 种脂肪酸，占其总脂的 74.1%，并发现亚油酸和 α-亚油酸这 2 种必需脂肪酸的含量非常丰富。

6.2.2.3　液相色谱质谱联用

　　液相色谱质谱联用（LC-MS）是一种常用的脂质分析方法，其优点是方便快捷、灵敏度高、应用范围广等。液相色谱质谱联用的原理是采用液相色谱技术对样品进行有效分离，获取与定性分析有关的保留时间等信息，然后用质谱仪对化合物的分子量和化学结构进行分析。吴琳应用液相色谱质谱联用技术分离鉴定了微生物油、植物油、鱼油、藻油和海洋性哺乳动物油中游离脂肪酸组成及含量，发现植物油中脂肪酸种类较少，其他 4 种油脂中脂肪酸种类较多，且多为长链多不饱和脂肪酸。Guan 利用液相色谱-串联质谱联用技术对小鼠脑组织的脂质进行分析，发现了 N-酰基磷脂酰丝氨酸和 dolichoicacid 两种新的脂质成分。

6.2.2.4　电喷雾电离质谱法

　　电喷雾电离质谱法（ESI-MS）是目前脂质组学分析中应用最多的软电离法。该方法是将含有分析物的洗脱液通过高电压的针尖喷射出来，带电的雾滴再被加热使溶剂蒸发，最后分析物分子形成气相的离子。Fenn 等最早将 ESI 技术应用于大量混合物的分析。根据分析方法不同，可将 ESI-MS 定量分析脂质的方法分为 3 类：ESI-MS 直接定量法、ESI-MS/MS 定量法及 HPLC-ESI-MS 定量法。Devalahsp 等应用电喷雾电离质谱技术对拟南芥的不同器官中各类极性脂质分子种类进行了分析，发现不同器官之间脂质分子种类差异显著。

6.2.2.5　脂质组学在植物脂质分析中的应用

　　脂质组学被广泛应用于分子生理学、营养学以及环境与健康等重要领域，但其在植物脂质分析中的应用较少。在植物中，已经发现脂质参与光合作用、气孔运动、信号转导、细胞分泌、小泡运输和细胞骨架重组等过程。有学者发现在新月藻生长期间参与能量储存、膜稳定和光合作用的脂质发生了显著性的变化。杨忠仁等研究了沙葱种子萌发及萌发过程中脂质代谢的变化规律，结果表明沙葱种子在萌发 4d 前，脂氧合酶（LOX）活性较高，萌发 4d 后，LOX 活性随着亚油酸和亚麻酸含量的下降而下降。也有学者研究了蜂胶提取物对稻谷脂质水解和氧化作用的影响，发现蜂胶提取物的添加使稻谷储藏过程中游离脂肪酸含量下降，表明蜂胶提取物能够抑制脂质的水解和氧化作用，降低了稻谷品质劣变速度，延长稻谷储藏时间。宋永令等对小麦储藏过程中脂质代谢进行了研究，发现小麦在储藏过程中，其脂肪酶活力和游离脂肪酸含量都呈现上升的趋势。这些结果的发现，使得有关膜脂组成、脂质代谢和脂代谢酶的研究引起了科学家们的兴趣，脂质组学得到越来越多的关注。

6.3　红外辐射干燥对储藏稻谷品质的影响

稻谷是有生命活力的种子，稻谷中的脂类在储藏过程中受温度和空气的影响，随着储藏时间的延长发生陈化，而 35℃高温储藏条件会促进脂质的分解，加速储藏稻谷的品质劣变。加速陈化是一种研究稻谷耐储性的主要方法，是通过人工创造高温高湿的储藏环境，加速稻谷劣变的过程。加速陈化缩短稻谷在自然条件下储藏的时间，从而可以在短时间内揭示稻谷品质劣变的内在机制。目前，国内外对稻谷储藏品质的研究较多，主要集中在不同温度、不同储藏条件下稻谷部分品质指标的变化，而对稻谷在高温加速陈化过程中脂肪、脂质代谢产物等与脂类变化相关的系统性的研究比较少。本节通过比较分析稻谷在低温储藏和高温加速陈化过程中油脂氧化特性、稻谷的加工特性以及颜色特性，对比红外辐射和自然通风技术处理稻谷品质区别，分析储藏稻谷脂质变化与稻谷品质劣变的相关性。

6.3.1　实验方法

6.3.1.1　稻谷干燥与储藏

为避免外源微生物污染造成稻谷脂质氧化，新收获稻谷进行脉冲强光杀菌处理后分为两份，一份通过已优化的红外辐射工艺（红外辐射强度 2780W/m^2，辐射距离 20cm）加热稻谷至 60℃，经缓苏和自然冷却处理后，再通过自然通风将稻谷水分降至国家规定的安全储藏水分(14.5±0.5)%，另一份通过自然通风直接将稻谷降低水分至(14.5±0.5)%，作为对照处理样品（空白对照，对照）。干燥后的每份样品分为两份，其中一份在加速陈化的条件下（35℃，RH=75%）进行储藏，另一份放置于 4℃条件下储藏，作为储藏对照样品。对储藏稻谷定期取样 0d、60d、120d、180d、240d 进行各项指标的测定，每个样品做 3 个平行。

6.3.1.2　出糙率及整精米率的测定

按照 GB/T 5495—2008 测定。

6.3.1.3 颜色特性的测定

称取 10g 样品平铺于直径为 10cm 培养皿中。利用色度仪随机在米层表面进行检测，重复 5 次，记录对应的 L^*、a^*、b^* 值数据。L^* 值描述亮度，范围区间为 [0，100]，数值为 0 表示样品亮度为 0，为纯黑色；而数值为 100 时表示样品亮度达到最大，为纯白色；a^* 值代表红色程度和绿色程度，范围区间为 [$-\infty$，$+\infty$]，若数值为正数且数值越大表示检测样品颜色越红，负值越大样品颜色越绿；b^* 代表黄色程度和蓝色程度，范围区间为 [$-\infty$，$+\infty$]，若数值为正数且数值越大表示检测样品颜色越黄，负值越大样品颜色越蓝。

6.3.1.4 丙二醛（MDA）含量的测定

稻谷去壳后粉碎，过 80 目筛，称取 1g 糙米粉，置于研钵中，加入 9mL MDA 试剂盒中应用液研磨成匀浆，倒入离心管中，4000r/min 离心 10min，取上清液待测，丙二醛含量采用南京建成生物工程研究所的 MDA 试剂盒进行测定。

6.3.1.5 脂肪酸值（FAV）的测定

按照 GB/T 29405—2012 测定。

6.3.1.6 过氧化值（POV）的测定

称取 10～100mg 的稻米油，加入 5mL 的氯仿-甲醇溶液（7：3）溶解，转移到 10mL 容量瓶中，定容。加入 200μL 的 3.5g/L 的氯化亚铁溶液和 300g/L 的硫氰酸钾溶液，室下放置温 5min，使用紫外分光光度计在 500nm 下读取吸光度。

6.3.1.7 脂肪酸组分的测定

（1）脂质萃取

参考 Mi-Ra 等的方法并做了适当的修改，称取 10g 样品在常温下用氯仿/甲醇混合物（2：1，体积分数）振荡提取，20℃离心（20min，10000r/min），上清液加入 5mL 的氯仿和 NaCl（7.6g/L，质量浓度）萃取相，接着有机相在氮气流下干燥。加入 1mL 正己烷溶解残渣，然后储存在-20℃环境下直到进一步分析。

（2）GC-MS 分析

向样品中加入 1mL KOH（0.4mol/L，甲醇为溶剂），将样品总脂肪酸转化为其相应的脂肪酸甲酯。气相色谱质谱型号为 7890 GC-5975 MS（安捷伦），色谱柱为 DB-5 熔融石英毛细管柱（30m×0.25mm×0.25μm），载气为氦气（1.0mL/min），进样体积为 1μL，分流比是 50：1。色谱 GC 条件如下：注射器温度为 250℃；初始温度 40℃，维持 1min，35℃/min 增加到 195℃，维持 2min，然后 2℃/min 增加到 205℃，维持 2min，然后 8℃/min 增加到 230℃，维持 1min。质谱 MS 条件如下：离子源温度为 230℃；电子能量为 70eV；倍增电压为 1235V，GC-MS 界面区温度为 250℃；

扫描范围（m/z）为 12～550。使用 NIST/Wiley MS Search 2.0 质谱库识别脂肪酸。

6.3.2 红外辐射干燥对储藏稻谷出糙率及整精米率的影响

稻谷在 4℃低温储藏条件卜的加工品质变化见表 6-1。红外辐射干燥和自然通风干燥后的稻谷出糙率分别为(80.29±0.79)%和(80.12±0.49)%，干燥方式对储藏稻谷的出糙率的影响不显著（$p>0.05$）。储藏 120d 后，出糙率分别上升至(81.17±0.12)%和(80.97±1.36)%。经过 240d 的储藏，相对应的出糙率为(80.71±0.79)%和(80.47±1.40)%，分析结果表明，稻谷储藏期间的出糙率亦无显著性差异（$p>0.05$）。红外辐射干燥和自然通风干燥的稻谷整精米率分别为(60.49±0.56)%和(60.66±0.81)%，储藏 240d 后，整精米率分别为(60.99±0.86)%和(61.05±1.37)%，无显著性差异（$p>0.05$）。表明低温储藏条件下，干燥方式对储藏稻谷的出糙率和整精米率几乎无影响。

表 6-1 4℃储藏条件下稻谷出糙率及整精米率的变化

干燥方法	储藏时间/天	出糙率/%	整精米率/%
红外辐射干燥	0	80.29±0.79	60.49±0.56
	60	80.01±1.13	60.15±2.54
	120	81.17±0.12	60.56±1.87
	180	80.36±0.36	60.30±0.99
	240	80.71±0.79	60.99±0.86
自然通风干燥	0	80.12±0.49	60.66±0.81
	60	80.34±0.93	60.12±1.36
	120	80.97±1.36	60.94±1.55
	180	80.99±0.61	60.71±1.16
	240	80.47±1.40	61.05±1.37

稻谷在 35℃加速陈化储藏条件下的加工品质变化见表 6-2。红外和自然通风干燥后的稻谷出糙率分别为(80.29±0.79)%和(80.12±0.49)%，干燥方式对储藏稻谷出糙率的影响不显著（$p>0.05$）。储藏 120d 后，出糙率略微下降，分别为(79.62±1.15)%和(79.33±0.61)%。在储藏180d 后，出糙率分别上升至(80.74±1.28)%和(80.96±0.35)%。经过 240d 的储藏，相对应的出糙率为(80.64±1.38)%和(80.80±0.58)%，整个稻谷储藏期间的出糙率无显著性差异（$p>0.05$）。而相比较自然通风干燥，红外干燥的稻谷样品具有较高的整精米率，在储藏 240d 后依然保持，但在统计学上无显著性差异（$p>0.05$）。储藏 240d 后红外干燥和自然通风的整精米率分别为(61.05±1.37)%和(60.24±0.15)%。对于红外干燥的稻谷，在储藏期间，这些样品的整精米率差异较小，而自然通风稻谷的整精米率在后期有显著性差异（$p<0.05$）。总的来说，红外和热风干燥的样品储藏期间整精米率有所上升但不显著。

表 6-2　35℃储藏条件下稻谷出糙率及整精米率的变化

干燥方法	储藏时间/月	出糙率/%	整精米率/%
红外辐射干燥	0	80.29±0.79	60.49±0.56A
	60	80.13±2.05	61.01±0.88A
	120	79.62±1.15	60.51±0.47A
	180	80.74±1.28	60.44±0.81A
	240	80.64±1.38	61.05±1.37A
自然通风干燥	0	80.12±0.49	60.66±0.81A
	60	79.14±0.98	59.55±0.43B
	120	79.33±0.61	59.29±0.61B
	180	80.96±0.35	59.83±0.38AB
	240	80.80±0.58	60.24±0.15AB

注：表中数值均表示为平均值±标准差，带有相同字母的数值代表无显著性差异（$p>0.05$）。

对比高温加速陈化储藏与低温储藏，低温储藏下样品的出糙率与整精米率相对比较稳定，无显著性差异（$p>0.05$），而高温储藏条件对自然通风稻谷的整精米率影响较大，在储藏 60d 至 120d 时有显著性差异（$p<0.05$）。自然通风干燥的稻谷出糙率和整精米率在储藏期内的变化与 Pearce 等发现的结果是一致的。经过长期储藏，米糠层和胚乳结合作用更加紧密，稻谷颗粒内部蛋白质形成网状结构，会降低同等工艺下碾米精度，并一定程度上减少碾米挤压对胚乳结构造成的破坏，从而导致整精米率上升。

6.3.3　红外辐射干燥对储藏稻谷表面颜色特性的影响

（1）对表面颜色 a^* 值的影响

稻谷在储藏时，色泽会发生一定的变化，色泽作为一个重要的指标直接决定了消费者的购买欲。稻谷粒的颜色会随着储藏时间的变化由正常色变灰、变暗或其他不能让人接受的非正常色。

储藏稻谷的 a^* 值如图 6-1 所示：IR 和对照干燥后的稻谷表面颜色 a^* 值分别为 7.09±0.20 和 6.79±0.37，无显著性差异（$p>0.05$）。随着储藏时间的增长，IR 干燥处理稻谷的表面颜色的 a^* 值基本高于对照处理的稻谷。在 35℃储藏条件下，IR 的稻谷表面颜色 a^* 值呈缓慢增长趋势，240d 后 a^* 值为 7.83±0.23，对照稻谷表面颜色 a^* 值在前 120 天内保持增长，在 180d 时略微下降，为 7.13±0.20，240d 时上升至 7.33±0.23，两种干燥方式下稻谷表面颜色的 a^* 值在 240d 时有显著性差异（$p<0.05$）。而在 4℃储藏条件下，稻谷表面颜色的 a^* 值在储藏期间的变化并不稳定，具有波动性，但整体保持在一个水平。

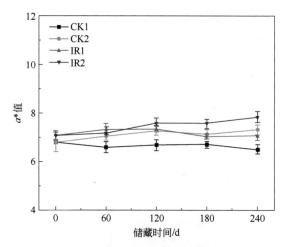

图 6-1　红外辐射对储藏稻谷 a^* 值的影响

CK1 表示自然通风 4℃，CK2 表示自然通风 35℃，IR1 表示红外辐射 4℃，
IR2 表示红外辐射 35℃，下同

（2）对表面颜色 b^* 值的影响

IR 对储藏稻谷表面颜色的 b^* 值随时间的变化如图 6-2 所示。稻谷表面色泽的变化在 LAB 表色系统中，$+b^*$ 表示黄色，$-b^*$ 表示蓝色。由图 6-2 可知，随着储藏时间的增长，红外干燥处理稻谷的表面颜色的 b^* 值普遍高于自然通风处理的稻谷。IR 和对照干燥处理后，稻谷表面颜色的 b^* 值分别为 28.56±0.14 和 28.29±0.19，无显著性变化（$p>0.05$）。随着储藏时间的延长，b^* 值先增加再减少，然后又增加再减少。在 35℃高温加速陈化储藏条件下，储藏时间为 240d 时 IR 干燥样品的 b^* 值为 28.60±0.09，高于初期 b^* 值，但无显著性差异（$p>0.05$），而相同条件下，对照样品

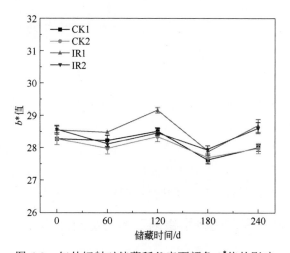

图 6-2　红外辐射对储藏稻谷表面颜色 b^* 值的影响

在第 240 天时的 b^* 值为 27.99±0.04，相比初期有显著性变化（$p<0.05$），且加速陈化储藏样品的 b^* 值整体低于低温储藏样品。高温储藏下稻谷表面颜色与低温储藏相比有显著性差异（$p<0.05$）。

（3）对表面颜色 L^* 值的影响

IR 对储藏稻谷表面颜色的 L^* 值随时间的变化如图 6-3 所示。稻谷表面色泽的变化在 LAB 表色系统中 L^*+表示偏白，L^*−表示偏暗。图 6-3 可知，随着储藏时间的增长，红外辐射处理的 L^* 值基本都低于自然通风。IR 和对照干燥处理后，L^* 值分别为 56.73±0.52 和 56.64±0.44，无显著性变化（$p>0.05$）。在前 60 天储藏期内，所有 IR 处理稻谷样品的 L^* 值呈下降趋势，而 35℃高温加速储藏条件下对照样品的 L^* 值略微上升，为 56.79±0.30，可能与对照样品在储藏期的氧化程度要高于 IR 干燥样品有关。在后续储藏期，35℃储藏条件下 IR 干燥和对照通风稻谷表面颜色的 L^* 值分别为 56.61±0.51 和 56.88±0.51，4℃储藏条件下 L^* 值分别为 56.43±1.09 和 56.99±0.33，IR 干燥样品的 b^* 值变化幅度均小于对照样品。

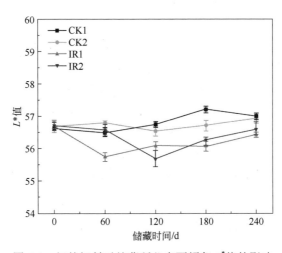

图 6-3　红外辐射对储藏稻谷表面颜色 L^* 值的影响

对于表面颜色 a^* 值和 b^* 值，稻谷在储藏的 240d 中，IR 和对照样品颜色变化均不明显，尤其在低温储藏条件下，而对照样品的 L^* 值显著高于 IR 通风样品，说明低温储藏具有提高稻米在储藏期间颜色稳定性的效果。而在储藏 240d 后，不同储藏形式下样品颜色逐渐接近，主要是由于脂质的自然氧化并未因 IR 干燥而削弱，在经历长时间储藏后，所有样品的脂质氧化程度的差距逐渐缩小并最终趋于一致。

6.3.4　红外辐射干燥对储藏稻谷丙二醛含量的影响

丙二醛（MDA）是脂质过氧化的主要产物，其含量的高低可以代表脂质过氧化的程度。稻谷储藏过程中丙二醛含量的变化如图6-4所示，其中，在35℃加速陈化储藏条件下，随着储藏时间的延长，丙二醛含量均呈现先增大后下降的趋势。高温促进了脂质过氧化作用，加速了丙二醛的产生，使丙二醛含量迅速上升；随着储藏时间的增加，在陈化后期稻谷活力逐渐丧失，酶活性下降，脂质过氧化程度下降，使脂质过氧化生成丙二醛的含量小于其在高温下丙二醛挥发的含量，最终导致丙二醛含量的下降。由图6-4可知，在35℃高温加速陈化储藏条件下，初期IR干燥和对照稻谷样品的丙二醛含量分别为(105.63±0.54)nmol/g和(154.38±2.17)nmol/g，对照样品在120d时达到最大值为(200.63±6.53)nmol/g，IR样品在180d时达到最大值为(126.88±5.49)nmol/g，与初期相比，两种干燥方式下达最大值时丙二醛含量分别增加46.25nmol/g、21.25nmol/g。低温储藏下IR干燥样品丙二醛含量相对比较稳定，保持缓慢增加，在储藏期为240d时，丙二醛含量为(122.81±3.38)nmol/g，与高温加速陈化储藏条件下IR干燥样品最大值无显著性差异（$p>0.05$），说明即使在高温加速陈化储藏条件下，IR干燥方式一定程度上减缓了稻谷脂质过氧化速度，而对照干燥方式下的脂质在高温下更易被氧化，且氧化程度高于IR干燥方式。

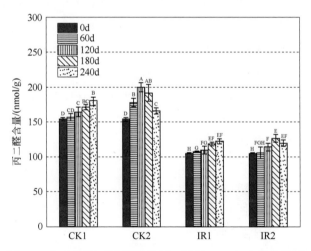

图 6-4　红外辐射对储藏稻谷丙二醛（MDA）含量的影响

6.3.5　红外辐射干燥对储藏稻谷脂肪酸值（FAV）的影响

稻谷储藏过程中，脂肪在脂肪酶作用下水解生成脂肪酸，游离脂肪酸增加。脂肪酸值是国家安全储粮标准的重要指标，国家安全储粮标准规定稻米脂肪酸值超过30mg/100g（以KOH计）为不宜存。IR辐射对储藏稻谷脂肪酸值的变化如图6-5所示，由图6-5可知，无论采用何种处理方法，储藏稻谷中脂肪酸值在贮藏结束前均呈上升趋势。贮藏初期，IR干燥和对照稻谷中脂肪酸值分别为(12.1±0.92)mg/100g

和(13.15±0.16)mg/100g（以 KOH 计），有显著性差异（$p<0.05$）。其中在 35℃加速陈化储藏条件下，储藏 60d 后，对照样品脂肪酸值显著增大（$p<0.05$），相比初期增加了 25.25%，而 IR 干燥样品储藏 60d 时脂肪酸值为(14.52±0.76)mg/100g(以 KOH 计)，相比初期增加了 20%。在储藏 120d 之后，经不同干燥方式干燥的样品脂肪酸值差距逐渐增大，IR 干燥和对照样品对应的脂肪酸值分别为(16.66±0.17)mg/100g 和(24.55±0.5)mg/100g(以 KOH 计)，IR 样品脂肪酸值显著低于对照干燥方式($p<0.05$)。样品在储藏180d后，对照样品脂肪酸值急剧上升至(30.8±0.35)mg/100g(以 KOH 计)，超过国家安全储粮标准，在储藏 240d 后，脂肪酸值为(42.41±1.14)mg/100g（以 KOH 计），而 IR 处理稻谷样品脂肪酸值为(25.86±0.52)mg/100g（以 KOH 计），未超过国家安全储粮标准。低温对照储藏下，IR 干燥样品在 240d 达到最大值为(17.3±0.36)mg/100g（以 KOH 计），对照样品在 240d 时达到最大值为(19.8±0.4)mg/100g（以 KOH 计），具有显著性差异（$p<0.05$），35℃储藏条件下两种干燥方式下稻谷的脂肪酸值对照低温储藏分别增加 8.56mg/100g（以 KOH 计）、22.61mg/100g（以 KOH 计），结果表明，IR 干燥对稻谷中的脂质具有非常好的稳定化效果。由于稻谷中的脂质在脂肪酶催化作用下发生水解反应，产生游离脂肪酸。IR 加热稻谷至 60℃并在缓苏过程保持高温，大量脂肪酶的活性降低甚至失活。因此，在储藏过程中，IR 干燥样品的脂肪酸值上升速度要显著低于对照干燥样品。作为脂肪氧化酶的底物，脂肪酸值低意味着游离脂肪酸含量的降低，可减少后续脂质氧化以及醛酮类物质的产生，延缓稻谷陈化作用，提升稻谷储藏品质。综上，IR 干燥工艺可提高稻米脂质稳定性，相对延长了稻谷安全储藏期限。

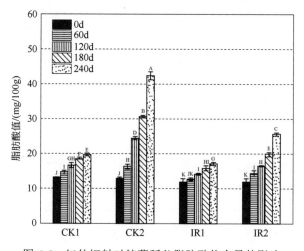

图 6-5　红外辐射对储藏稻谷脂肪酸值含量的影响

6.3.6 稻谷加速陈化过程中过氧化值的变化

稻谷中的脂质在储藏过程中发生氧化酸败生成过氧化物,过氧化值能够在一定程度上反映脂质酸败的程度。IR 干燥对储藏稻谷过氧化值的变化如图 6-6 所示,随着储藏时间的增加,稻谷过氧化值呈现波动增大的趋势,说明在储藏过程中,脂质过氧化的程度逐渐增大。开始时,IR 干燥和对照处理的过氧化值(POV)分别为 (2.07±0.31)g/100g 和(2.53±0.5)g/100g。其中,在 35℃加速陈化储藏条件下,储藏 240d 后,IR 干燥样品 POV 为(15.53±0.41)g/100g,对照样品为(18.2±1.96)g/100g。对照处理的 POV 在前 180d 达到最大水平(18.66±1.15)g/100g,储藏到 240d 时下降到 (18.2±1.96)g/100g。IR 干燥样品储藏 240d 后,POV 缓慢升高至(15.53±0.41)g/100g,处理效果显著($p<0.05$)。对照低温储藏下的第 240 天的过氧化值,IR 和对照干燥方式下稻谷的过氧化值分别增加了 9.39g/100g 和 9.54g/100g,IR 干燥样品 POV 的增加低于对照样品,说明对照样品脂质氧化产生的过氧化物含量要显著高于 IR 干燥的样品。

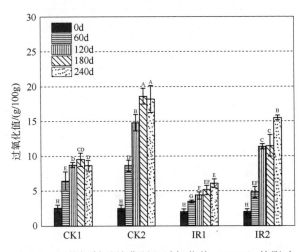

图 6-6 红外辐射对储藏稻谷过氧化值(POV)的影响

6.3.7 红外辐射干燥对储藏稻谷脂肪酸组分的影响

根据表 6-3 和表 6-4 的数据,对储藏稻谷中脂肪酸(FFAs)组分的含量进行了鉴定和定量,包括饱和脂肪酸(SFA)、单不饱和脂肪酸(MUFA)和多不饱和脂肪酸(PUFA)。由表可知稻谷中所含的脂肪酸主要有 4 种,棕榈酸($C_{16:0}$)、硬脂酸($C_{18:0}$)、油酸($C_{18:1}$)和亚油酸($C_{18:2}$),稻谷中 MUFA 的含量高于 PUFA 和 SFA,其中棕榈酸($C_{16:0}$)、油酸($C_{18:1}$)和亚油酸($C_{18:2}$)分别是 SFA、MUFA 和 PUFA 的主要酸。

表 6-3　4℃储藏条件下红外辐射对储藏稻谷脂肪酸组分的影响　　单位：mg/g

脂肪酸名称	AAD					IRD				
	0d	60d	120d	180d	240d	0d	60d	120d	180d	240d
饱和脂肪酸（SFA）	2.88±0.19ab	2.68±0.33b	2.53±0.13b	2.22±0.17bc	2.01±0.1c	2.52±0.23bc	2.31±0.45bc	3.16±0.14a	2.51±0.24bc	2.17±0.17c
棕榈酸（$C_{16:0}$）	2.67±0.13b	2.48±0.28bc	2.4±0.12c	2.21±0.15d	1.92±0.08d	2.38±0.21bcd	2.14±0.43bcd	2.98±0.14a	2.34±0.23bcd	2.06±0.15d
硬脂酸（$C_{18:0}$）	0.2±0.04a	0.2±0.01a	0.13±0.01a	0.01±0.02c	0.09±0.02b	0.14±0.02ab	0.17±0.02a	0.17±0.0a	0.17±0.01a	0.11±0.02b
单不饱和脂肪酸（MUFA）										
油酸（$C_{18:1}$）	9.72±0.11b	9.2±0.17cd	8.9±0.36d	8.52±0.23de	8.13±0.16e	8.65±0.15d	9.6±0.26c	10.87±0.56a	10.25±0.35ab	9.98±0.19b
多不饱和脂肪酸（PUFA）										
亚油酸（$C_{18:2}$）	2.9±0.24b	3.08±0.34b	2.94±0.15b	2.68±0.13cd	2.52±0.09d	2.86±0.22c	2.86±0.16c	3.78±0.21a	3.58±0.11a	3.23±0.14b

表 6-4　35℃储藏条件下红外辐射对储藏稻谷脂肪酸组分的影响　　单位：mg/g

脂肪酸名称	AAD					IRD				
	0d	60d	120d	180d	240d	0d	60d	120d	180d	240d
饱和脂肪酸（SFA）	2.88±0.19ab	2.81±0.27a	3.08±0.42ab	2.06±0.2c	1.89±0.16c	2.52±0.23b	3.39±0.38a	2.86±0.21ab	2.74±0.12b	3.05±0.33a
棕榈酸（$C_{16:0}$）	2.67±0.13b	2.63±0.25b	2.93±0.41ab	1.98±0.2c	1.84±0.15c	2.38±0.21bc	3.21±0.35a	2.7±0.22ab	2.58±0.11b	2.92±0.31ab
硬脂酸（$C_{18:0}$）	0.2±0.04A	0.19±0.03A	0.15±0.01AB	0.08±0.0C	0.05±0.01D	0.14±0.02AB	0.18±0.03AB	0.15±0.02AB	0.16±0.01AB	0.13±0.02B
单不饱和脂肪酸（MUFA）										
油酸（$C_{18:1}$）	9.72±0.21bc	9.87±0.1bc	11.0±0.59a	10.57±0.31ab	9.34±0.18c	8.65±0.15d	9.95±0.38b	10.79±0.51ab	10.16±0.47ab	9.72±0.29bc
多不饱和脂肪酸（PUFA）										
亚油酸（$C_{18:2}$）	2.9±0.24d	3.11±0.05c	3.68±0.55ab	3.42±0.19b	2.91±0.22d	2.86±0.22d	4.26±0.37a	3.16±0.1cd	3.22±0.21bcd	3.01±0.15dc

注：相同行内数字后同字母在 $p=0.05$ 水平上差异不显著。

在低温储藏条件下，总 SFA 含量在储藏 240d 内波动减少，其中对照处理样品从 2.88mg/g 降至 2.01mg/g（$p<0.05$），IR 处理样品从 2.52mg/g 降至 2.17mg/g（$p>0.05$），对照处理中总 MUFA 和 PUFA 含量也有相似的结果，分别从 9.72mg/g 显著下降至 8.13mg/g（$p<0.05$）和 2.9mg/g 显著下降至 2.52mg/g（$p<0.05$），而 IR 处理下总 MUFA 和 PUFA 含量在 240d 时显著上升，分别从 8.65mg/g 上升至 9.98mg/g（$p<0.05$）和 2.86mg/g 上升至 3.23mg/g（$p<0.05$）。储藏 240d 后，总 MUFA 含量多于 PUFA 和 SFA 含量的两

倍。不同于低温储藏的结果，在 35℃储藏条件下，随着储藏时间的延长，稻谷中
SFA、MUFA 和 PUFA 都呈现上下波动态势，经过 IR 处理的稻谷在 240d 时的 SFA
不存在显著性差异，MUFA 总含量显著增加了 0.38mg/g，而对照处理下 SFA 总含量
显著下降了 0.87mg/g。相比较于低温储藏，35℃加速陈化储藏条件下对照处理样品
的稳定性显然低于 IR 处理样品。

6.3.8　小结

　　稻谷中的脂类在储藏过程中易分解成游离脂肪酸，游离脂肪酸可通过自动氧化
和酶促氧化降解成小分子物质。本试验中，基于上述结果，考虑了储藏稳定性（包
括脂肪酸值和过氧化值）。处理后 IR 和对照样品的初始 FFAs 含量非常接近，随着
储藏时间的延长，区别越来越大。已知外部环境（如光、温度、氧）和内部环境(如
含水量和酶活性)的多重作用影响脂质氧化速率，反应过程中产生了大量的过氧化
氢，导致稻谷品质下降。FFAs 含量和 POV 越低，稻谷质量越好。一般来说，FFAs
是脂质氧化酶的底物，降低了 FFAs 的浓度可以减少后续的脂质氧化和醛酮的生成，
从而提高稻谷的脂质稳定性。稻谷在高温高湿条件胁迫下，会加速自由基的形成，
使自由基大量积累，而过量的自由基会引发种子脂质过氧化反应，产生过氧化物，
最终裂解产生丙二醛和挥发性醛等物质。MDA 是膜脂过氧化的主要产物之一，可
以用来衡量植物脂质过氧化程度。稻谷在陈化过程中，随着脂质过氧化程度的增大，
丙二醛含量逐渐增大，在陈化后期，丙二醛含量下降，膜质过氧化程度降低。

　　红外辐射的加热作用使稻谷的温度迅速升高，导致稻谷中关键酶的活性和化学
成分发生变化。IR 储藏稻谷中 SFAs 总量处理为(2.52±0.23)mg/g，对照组为
(2.88±0.19)mg/g，无显著性差异（$p>0.05$）。经过 240d 的储藏，在 4℃储藏条件下，
IR 样品的总 SFAs、MUFAs、PUFAs 含量比对照样品分别增加了 0.16mg/g、1.85mg/g
和 0.71mg/g；在 35℃储藏条件下，IR 样品的总 SFAs、MUFAs 和 PUFAs 含量分别
比对照样品增加了 1.16mg/g、0.38mg/g 和 0.1mg/g，可以看出，红外辐射延缓了脂
肪酸氧化的速度。且在 35℃加速陈化条件下，相比低温储藏，红外辐射的总 SFAs、
MUFAs 和 PUFAs 差异较自然通风处理样品较小。Curti 等研究发现，MUFAs 和 PUFAs
含量的增加有利于降低慢性疾病的风险，还可以通过降低血脂来降低患心血管疾病
的风险。实验结果表明，稻谷红外预处理比自然通风预处理更有效。

　　综上所述，得到结论如下：

　　对比高温加速陈化储藏与低温储藏，低温储藏下样品的出糙率与整精米率相对
比较稳定，无显著性差异（$p>0.05$），而高温储藏条件对自然通风稻谷的整精米率影
响较大，在储藏 60d 至 120d 时有显著性差异（$p<0.05$）。

　　对于表面颜色 a^* 值和 b^* 值，稻谷在储藏的 240d 中，红外和自然通风干燥样品

颜色变化均不明显，尤其在低温储藏条件下，而自然通风样品的 L^* 值显著高于红外通风样品，而在储藏 240d 后，不同储藏形式下样品颜色逐渐接近。

稻谷储藏过程中，丙二醛含量呈现先增大后减小的趋势，脂肪酸值和过氧化值随着储藏时间的延长而逐渐升高，且红外干燥稻谷指标显著低于自然通风稻谷，稳定性较好。

红外辐射储藏稻谷中 SFAs 总量处理为 (2.52 ± 0.23)mg/g，对照组为 (2.88 ± 0.19)mg/g，无显著性差异（$p>0.05$）。经过 240d 的储藏，在 4℃储藏条件下，IR 样品的总 SFAs、MUFAs、PUFAs 含量比对照样品分别增加了 0.16mg/g、1.85mg/g 和 0.71mg/g；在 35℃储藏条件下，IR 样品的总 SFAs、MUFAs 和 PUFAs 含量分别比对照样品增加了 1.16mg/g、0.38mg/g 和 0.1mg/g。红外预处理对稻谷的稳定效果较好。

6.4　红外干燥对储藏稻谷挥发性代谢产物的影响

稻谷挥发性代谢产物的变化是判断其品质优劣的一个重要指标，稻谷在储藏过程中，受到水分、温度、虫害等的影响，稻谷中蛋白质、淀粉、脂质等易遭到破坏，挥发性代谢产物增多，使稻谷在储藏过程中产生霉味、臭味、酸败味等不良气味，导致稻谷的食味品质下降，稻谷陈化变质。挥发性代谢产物是由脂质代谢形成的，不饱和脂肪酸的氧化是挥发性代谢产物的主要来源。烃类挥发性代谢产物主要来自于脂肪酸烷氧自由基裂解。大米在储藏过程中，主要以脂肪氧化的醛、酮类挥发性代谢产物的增加为主，不饱和脂肪酸如亚油酸、油酸、亚麻酸易被氧化成过氧化物，进一步降解为小分子的酯、醇、醛等挥发性代谢产物。

本节采用 SPME-GC-MS 测定稻谷中的挥发物代谢产物，研究了稻谷在加速陈化过程中挥发性代谢产物及含量的变化，揭示了稻谷在加速陈化期间与其品质劣变相关的挥发性代谢产物，为寻找稻谷陈化过程中的特征性挥发性代谢产物提供理论数据，为稻谷储藏新鲜度的检测提供参考依据。

6.4.1　实验方法

6.4.1.1　稻谷干燥和储藏

方法同 6.3.1.1 稻谷干燥与储藏方法。

6.4.1.2　GC-MS 检测方法

（1）样品萃取

参考 Liu 等的方法，取 5g 稻谷样品于萃取瓶中，加入 200μL 内标物（3-辛醇：50 ng/mL）和 5g 硫酸钠，放入 60℃水浴锅平衡 20min，接着用固相微萃取（SPME）

萃取头（50μm DVB/CAR/PDMS）在瓶内液面上方 1cm 处提取和吸收挥发性化合物（60℃，30min），然后快速将其放到 GC 入口，使用自动进样器解吸样品（250℃，5min）并进行检测。

（2）GC-MS 检测条件

气相色谱（GC）条件：进样口温度 250℃，不分流进样方式，载气体为纯化氦气，柱前压为 64kPa，流量为 2mL/min；升温程序：起始温度 40℃，保持 6min，3℃/min 增加到 100℃，然后 5℃/min 增加到 230℃，230℃维持 10min。质谱（MS）条件：接口温度 280℃，电离电压 70eV（MS-EI），离子源温度 230℃，溶剂延长时间 2min，质核比扫描范围为 30～450 amu，采用全扫描采集模式。

（3）数据处理

统计结果去除聚甲基硅氧烷化合物，取相似度大于 80%的挥发性物质。采用内标法对各挥发性成分的含量进行计算。

6.4.2　4℃条件下红外辐射对储藏稻谷挥发性代谢物组分的影响

4℃储藏条件下稻谷挥发性代谢物组分的 GC-MS 总离子峰图如图 6-7 所示，由图可知，稻谷中挥发性代谢产物主要集中在 20～40min 之间，稻谷储藏 240d 后，峰的相对强度也有波动性变化，峰图明显密集，说明挥发性代谢产物随储藏时间的延长而发生变化。红外处理稻谷在 0d 时代谢产物相对较少，稻谷中挥发性代谢产物主要集中在 20～35min 之间，稻谷储藏 240d 后，在 25～40min 之间峰密集，但整体相较于自然通风变化较小。

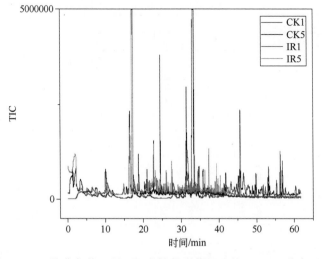

图 6-7　4℃储藏条件下稻谷挥发性代谢物组分的 GC-MS 总离子峰

二维码

4℃储藏条件下红外辐射对储藏稻谷挥发性代谢物组分的影响如图 6-8 所示。通过 GC-MS 分析后，共检测到 47 种挥发性代谢产物，其中烃类共 24 种，酯类 4 种，醇类 6 种，醛类 3 种，酚类 2 种，酸类 2 种，酮类 1 种，其他类 5 种。由图可知，在储藏过程中，烃类、醛类、醇类和酮类为主要的挥发性代谢产物，因此后面主要对烃类、醛类、醇类、酮类和其他类挥发性代谢产物进行阐述。

二维码

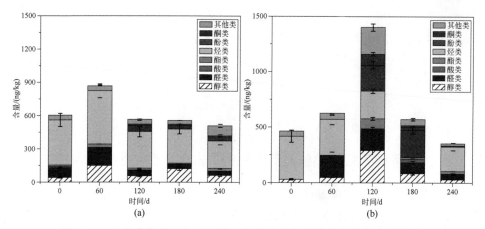

(a)

(b)

图 6-8 4℃储藏条件下红外辐射对储藏稻谷挥发性代谢物组分的影响
（a）表示自然通风样品；（b）表示红外辐射样品

表 6-5 为 4℃储藏条件下红外辐射对储藏稻谷挥发性代谢产物及其含量变化的影响，由表 6-5 对烃类、醛类、醇类、酮类的挥发性代谢产物的变化规律分析如下。

表 6-5 4℃储藏条件下稻谷挥发性组分列表 单位：ng/kg

种类	挥发物名称	AAD					IRD				
		0d	60d	120d	180d	240d	0d	60d	120d	180d	240d
烃类	十一烷	56.35±7.61	35.29±4.78	12.51±1.77	/	/	94.19±12.62	/	70.31±9.47	/	/
	正十二烷	74.08±9.96	130.30±17.43	22.50±3.11	15.39±2.14	27.38±3.71	152.29±20.42	94.56±12.67	174.31±23.33	17.14±2.30	20.42±2.79
	十三烷	48.59±6.58	81.30±10.89	12.69±1.81	/	/	80.66±10.76	57.57±7.74	/	/	/
	十四烷	58.75±7.88	90.75±12.16	21.36±2.94	14.38±1.98	37.35±5.08	/	66.17±8.87	70.94±9.48	16.74±2.32	14.03±1.89
	环十四烷	13.39±1.83	9.03±1.25	13.52±1.87	10.10±1.45	3.18±0.50	3.74±0.57	4.91±0.74	8.82±1.24	9.62±1.36	11.29±1.53
	正十五烷	/	/	12.81±1.74	8.54±1.19	11.37±1.54			/	6.47±0.89	6.13±0.90
	正十六烷	/	/	5.56±0.82	5.05±0.72	9.60±1.32			38.40±5.18	5.89±0.85	8.97±1.23
	正十七烷	/	/	5.96±0.90	1.98±0.27	4.22±0.63			8.06±1.10	4.51±0.72	5.90±0.83

续表

种类	挥发物名称	AAD					IRD				
		0d	60d	120d	180d	240d	0d	60d	120d	180d	240d
烃类	正二十一烷	37.33±5.05	46.49±6.27	/	/	/	10.96±1.32	/	/	9.62±1.38	/
	二十八烷	/	/	10.47±1.46	/	/	17.92±2.45	/	/	1.10±0.20	3.43±0.52
	正三十一烷	/	12.61±1.78	2.94±0.46	/	7.58±1.09	/	/	/	/	7.28±1.02
	正三十四烷	17.39±2.39	24.76±3.38	/	/	10.84±1.551	13.51±1.85	/	33.77±4.51	/	/
	四十四烷	13.91±1.93	16.16±2.24	/	/	/	19.64±2.65	21.72±3.01	/	/	/
	姥鲛烷	/	/	10.31±1.40	/	4.98±0.77	/	26.92±3.70	/	7.70±1.09	11.00±1.53
	3,7-二甲基葵烷	48.18±6.46	78.29±10.53	6.14±0.87	/	16.41±2.23	72.86±9.77	6.41±0.94	52.17±7.04	5.08±0.79	23.99±3.27
	2,6-二甲基葵烷	/	40.63±5.47	22.32±3.04	16.53±2.26	/	/	/	16.18±2.16	20.05±2.69	19.20±2.59
	壬基-环丙烷	46.77±6.30	51.06±6.85	/	/	/	/	47.38±6.41	18.71±2.50	/	/
	8-乙基十五碳烷	/	/	8.09±1.13	8.70±1.27	/	/	/	7.83±1.05	/	1.55±0.27
	2,6,10,14-四甲基十六烷	/	/	/	/	6.20±0.85	/	35.88±4.84	/	5.24±0.77	5.52±0.81
	长叶烯	/	/	22.43±3.02	20.60±2.79	11.96±1.66	/	/	13.24±1.77	16.75±2.32	9.21±1.30
	1-十九碳烯	/	/	3.10±0.48	/	/	/	/	/	2.01±0.34	1.83±0.29
	十五烯	/	/	15.90±2.17	13.80±1.86	/	/	/	21.06±2.90	3.01±0.45	6.85±0.98
	1-十四烯	12.98±1.80	/	4.58±0.67	/	/	12.93±1.75	13.66±1.85	2.91±0.48	2.19±0.35	/
	反-3-二十碳烯	19.37±2.60	/	5.58±0.80	/	/	13.43±1.83	15.29±2.16	/	/	/
	苯乙烯	55.63±7.48	30.77±4.17	20.02±2.76	38.05±2.66		45.91±6.20	29.46±4.00	27.89±4.20	33.14±4.54	15.29±2.08
	反-7-十四(碳)烯	8.34±1.12	/	/	/		10.10±1.35	11.07±1.52	28.35±3.81	/	/
	(+)-柠檬烯	20.43±2.77	142.74±19.13	/	/	/	/	/	/	2.33±0.40	/
	间二甲苯	/	7.31±1.00	/	4.27±0.60	/	8.06±1.11	7.70±1.07	/	/	/
	丁羟甲苯	/	/	8.93±1.21	8.69±1.25	10.54±1.46	/	/	/	/	4.38±0.65
	萘	/	/	5.63±0.84	17.33±2.40	16.29±2.22	21.92±2.98	/	12.84±1.62	20.06±2.78	12.46±1.75

续表

种类	挥发物名称	AAD					IRD				
		0d	60d	120d	180d	240d	0d	60d	120d	180d	240d
烃类	萘,1.2.3.4-四氢化-1.6-二甲基-4-(1-甲基乙基)-, (1S-cis)-	/	/	9.46±1.33	/	8.98±1.26	/	/	47.62±6.46	/	/
	6-甲基四氢化萘	17.16±2.32	17.21±2.36	6.33±0.92	/	9.08±1.29	/	10.12±1.43	/	/	/
	其他烃	265.37±36.19	370.69±50.45	98.42±14.04	68.11±8.54	91.79±12.90	123.60±17.00	143.82±19.56	248.96±19.66	42.19±6.19	95.85±13.75
酯类	二氢猕猴桃内酯	/	/	/	6.12±0.91	6.60±0.90	14.61±2.02	15.87±2.19	/	/	/
	邻苯二甲酸二丁酯	/	/	1.55±0.33	/	/	/	/	/	2.53±0.42	3.07±0.43
	乙二醇月桂酸酯	/	/	2.24±0.35	2.94±0.49	6.26±0.91	/	/	/	/	/
	其他	102.54±14.02	90.99±12.45	63.43±8.94	32.45±4.92	110.72±15.58	126.45±17.39	36.88±5.11	364.22±49.33	90.64±12.63	56.03±8.04
醇类	2-己基-1-癸醇	8.79±1.29	3.83±0.58	4.77±0.69	3.88±0.57	3.03±0.44	7.11±1.02	9.61±1.39	8.74±1.19	2.98±0.47	1.46±0.29
	2-乙基己醇	/	/	/	/	62.53±8.40	/	/	/	43.33±5.83	18.21±2.51
	苯甲醇	32.56±4.42	63.73±8.56	23.98±3.31	31.67±4.32	10.18±1.41	26.05±3.52	94.23±12.62	239.70±31.98	23.44±3.17	7.03±0.96
	L-薄荷醇	/	/	/	3.88±0.61	5.32±0.72	/	/	/	/	/
	2-(十八氧基)乙醇	/	/	2.95±0.46	2.99±0.48	/	/	/	/	/	/
	2-(十四氧基)乙醇	/	/	4.93±0.74	1.20±0.20	3.55±0.56	/	/	29.57±4.00	/	/
	二十七醇	/	/	/	/	/	/	/	/	2.79±0.46	1.43±0.29
	其他	16.76±2.34	51.28±6.98	31.06±4.35	31.65±4.38	/	252.82±33.96	53.17±7.30	195.58±26.32	21.21±2.98	2.50±0.37
醛类	β-环柠檬醛	/	/	2.28±0.36	2.41±0.41	3.07±0.49	/	/	19.09±2.60	/	/
	葵醛	76.87±10.31	90.43±12.09	/	/	/	/	/	/	/	/
	庚醛	/	16.92±2.32	11.84±1.67	/	/	16.48±2.27	/	35.34±4.75	10.31±1.49	2.95±0.52
	正己醛	/	/	8.25±1.20	2.76±0.39	8.81±1.24	/	/	/	30.90±4.18	5.87±0.88

续表

种类	挥发物名称	AAD					IRD				
		0d	60d	120d	180d	240d	0d	60d	120d	180d	240d
醛类	苯甲醛	91.11±12.25	146.19±19.57	31.97±4.31	38.36±5.18	30.34±4.06	63.41+8.47	202.16+26.97	759.29+101.21	57.08+7.72	26.08±3.57
	其他	/	/	/	20.02±2.89	9.46±1.28	/	/	86.50±11.56	14.90±2.07	0.85±0.22
酮类	植酮	/	/	10.92±1.53	9.39±1.26	9.17±1.26	/	/	99.10±13.29	13.95±1.88	6.17±0.90
	β-紫罗兰酮	/	/	/	2.62±0.40	3.64±0.54	/	/	/	/	/
	3-辛酮	/	/	/	/	222.43±29.69	/	/	/	/	/
	橙化基丙酮	/	/	/	20.49±2.81	22.65±3.09	/	/	/	/	/
	3,5-辛二烯酮	/	/	/	/	/	/	/	/	11.35±1.56	/
	柑橘酮	10.08±1.40	/	/	/	/	/	/	/	/	/
酸类	六十九烷酸	5.17±0.77	2.02±0.39	1.95±0.34	/	2.27±0.33	4.48±0.67	3.44±0.53	2.40±0.43	3.34±0.54	2.10±0.33
	其他	17.55±2.40	46.58±6.32	/	/	1.23±0.19	36.03±4.87	/	/	29.95±4.03	/
酚类	2,4-二叔丁基苯酚	/	/	39.52±5.36	27.28±3.70	37.09±5.02	/	/	235.11±31.41	23.06±3.13	20.75±2.83
杂环类	2,3-二氢-5,6-二甲基-1H-茚	/	/	2.12±0.36	2.75±0.44	4.88±0.72	/	/	/	/	/
	2,3-二氢-4,7-二甲基-1H-茚	19.78±2.71	/	/	/	5.50±0.84	/	/	/	/	/
其他类	1,4-二氯苯	43.30±5.82	46.30±6.24	/	10.72±1.50	6.42±0.90	46.61±6.29	/	104.42±13.96	/	6.86±0.96
	1,54-二溴五十四烷	/	11.16±1.60	3.29±0.51	/	/	/	/	10.08±1.41	/	/
	其他	58.02±7.85	49.95±6.91	9.23±1.31	17.55±2.50	5.44±0.98	6.35±0.91	59.02±7.90	/	14.32±1.99	11.41±1.69

（1）烃类挥发性代谢产物

自然通风处理的稻谷在储藏过程中烃类挥发性代谢产物总含量随储藏时间的增加呈现先增加后下降的趋势。在储藏过程中，3,7-二甲基葵烷、壬基-环丙烷、正十二烷、1-十四烯、1-甲基萘、8-甲基-十七烷、聚二十烯在储藏 60d 时含量均呈现增加的趋势，随后含量又逐渐减少；2-甲基十三烷、十五烯、正十四烷、长叶烯、三十一碳烷、正十五烷、正十六烷、环己二烯、正十七烷、姥鲛烷、二十八烷、植烷在前 120 天时均未检测出来，在 120 天后随着储藏时间的延长含量逐渐减少。红外辐射干燥处理的稻谷在储藏过程中烃类挥发性代谢产物总含量随储藏时间的增加呈现先减少后上升的趋势。在储藏过程中，苯乙烯、萘、聚二十烯含量先增大后减少，2-甲基十三烷、十五烯、正十四烷、长叶烯、三十一碳烷、正十五烷、正十六烷、在前120天时均未检测出来，在120d后随着储藏时间的延长含量逐渐减少。而正十七烷、十八烷、植烷在前180d均未检测出来。其中，对比红外辐射干燥稻谷和自然通风干燥稻谷，3,7-二甲基葵烷、萘、正十二烷、8-甲基十七烷在整个储藏期内一直能被检测到，自然通风样品3,7-二甲基葵烷在储藏期的含量为16.41～48.18ng/kg，红外辐射样品的含量为23.99～72.86ng/kg；自然通风样品萘在储藏期的含量为5.63～17.16ng/kg，红外辐射样品的含量为12.46～21.92ng/kg；自然通风样品3,7-正十二烷在储藏期的含量为15.39～74.08ng/kg，红外辐射样品的含量为17.14～152.29ng/kg，整体来说，自然通风样品烃类含量大于红外辐射样品。

（2）醛类挥发性代谢产物

醛类挥发性代谢产物主要源于脂质的氧化和降解，且其含量的变化与过氧化氢酶、脂肪酶的活性等有很大的关系，是小麦等主粮中挥发性物质的主要构成成分。己醛是稻谷陈味气体的主要成分，己醛是脂肪氧合酶催化脂质氧化产生的主要醛类物质，亚油酸自动氧化生成 C_9 和 C_{13} 的氢过氧化物，C_{13} 的氢过氧化物裂解将生成己醛。自然通风处理的稻谷在储藏过程中醛类挥发性代谢产物总含量随储藏时间的增加呈现先增加后下降的趋势。在储藏过程中，正己醛在前120天并未检测出，随后随着储藏时间的延长，含量先减小后增大，在240d时含量为(8.81±1.24)ng/kg，变化显著。庚醛和苯甲醛是亚油酸主要氧化产物，苯甲醛可以通过苯甲醇氧化得到。庚醛在60d和120d时被检测出，含量下降。而苯甲醛的含量在60d时大量增加随后又骤然下降，并在后180d内变化较小，无显著性差异（$p>0.05$），在240d时苯甲醛的含量为(30.34±4.06)ng/kg。红外辐射处理的稻谷在储藏过程中醛类挥发性代谢产物在初期（0d）时并未检测出。而后随着储藏时间的延长总含量呈现下降的趋势。正己醛、庚醛和苯甲醛含量均逐渐下降，苯甲醛在240d时含量为(26.08±3.57)ng/kg，与同期自然通风稻谷含量相比无显著性差异（$p>0.05$）。

（3）醇类类挥发性代谢产物

醇是另一种极易挥发的风味物质，大多数醇是脂质氧化的最终产物，有学者认为含有3～8个碳原子的烷醇可能是脂肪酸发生脂质过氧化生成的脂肪酸氢过氧化物分解产生的，稻米的芳香和花香多数来源于醇类。自然通风处理的稻谷在储藏过程中醇类挥发性代谢产物总含量随储藏时间的增加具有波动性。作为苯甲醛的上游产物，苯甲醇在整个储藏期内一直能被检测到，且含量随着储藏时间的增加先增大后减少，在240d时含量为(10.18±1.41)ng/kg，2-己基-1-癸醇含量先下降后增大，而2-乙基己醇和1-辛醇在前120天未被检测到，二十六醇和雪松醇只在180d时被检测到。红外辐射处理的稻谷在储藏过程中醇类挥发性代谢产物总含量在初期未被检测到，接着随着储藏时间的增加呈现先增加后下降的趋势。其中苯甲醇先增大后减少，在 240d 时含量为(7.03±0.96)ng/kg，与自然通风样品相比具有显著性差异（$p<0.05$）。2-己基-1-癸醇含量先下降后增大，而 2-乙基己醇在前 120d 未被检测到，1-辛醇在前 180d 未被检测到，雪松醇只有在 180d 时被检测到。

（4）酮类挥发性代谢产物

酮类挥发性代谢产物主要来源于脂肪氧化、氨基酸降解和美拉德反应。对于自然通风样品，三甲基十五烷酮在前 120d 未检测出，随着储藏时间的延长含量逐渐下降，在 240d 时含量为(1.25±0.24)ng/kg，而红外辐射样品在 60d 时未检测出，随后含量先上升后下降，在 120d 时含量为(6.17±0.90)ng/kg。

35℃储藏条件下挥发性代谢物组分的 GC-MS 总离子峰图如图 6-9 所示，由图可知，稻谷中挥发性代谢产物主要集中在 20～40min 之间，稻谷储藏 240d 后，峰的相对强度变少，挥发性代谢产物种类可能随储藏时间的延长而逐渐减少。红外处理稻谷在 0d 时代谢产物相对较少，稻谷中挥发性代谢产物主要集中在 20～35min 之间，稻谷储藏 240d 后，在 25～40min 之间峰密集，代谢物变多。

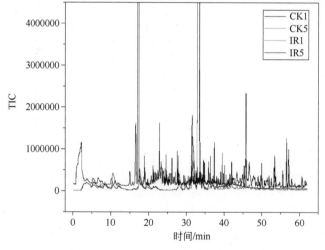

图 6-9　35℃储藏条件下稻谷挥发性代谢物组分的 GC-MS 总离子峰图　 二维码

6.4.3　35℃条件下红外辐射对储藏稻谷挥发性代谢物组分的影响

35℃储藏条件下红外辐射对储藏稻谷挥发性代谢物组分的影响如图 6-10 所示。通过 GC-MS 分析后，共检测到 47 种挥发性代谢产物，其中烃类共 24 种，酯类 4 种，醇类 6 种，醛类 3 种，酚类 2 种，酸类 2 种，酮类 1 种，其他类 5 种。由图可知，在储藏过程中，烃类、醛类、醇类和酯类为主要的挥发性代谢产物，因此后面主要对烃类、醛类、醇类和酯类挥发性代谢产物进行阐述。

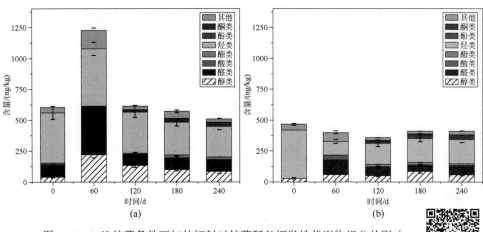

图 6-10　35℃储藏条件下红外辐射对储藏稻谷挥发性代谢物组分的影响

（a）表示自然通风样品；（b）表示红外辐射样品

二维码

表 6-6 为 35℃储藏条件下红外辐射对储藏稻谷挥发性代谢产物及其含量变化的影响，由表 6-6 对烃类、醛类、醇类和酯类等的挥发性代谢产物的变化规律分析如下。

表 6-6　35℃储藏条件下稻谷挥发性组分列表　　　　　单位：ng/kg

种类	中文名称	AAD					IRD				
		0d	60d	120d	180d	240d	0d	60d	120d	180d	240d
烃类	1,7,11-三甲基-4-(1-甲基乙基)-十四烷	/	/	/	/	0.91±0.21	/	/	1.31±0.22	2.34±0.38	/
	2,6,10,14-四甲基十六烷	/	/	5.35±0.62	4.61±0.65	9.30±1.12	/	/	5.63±0.80	/	9.51±1.36
	3,7-二甲基葵烷	48.18±6.46	/	13.89±1.59	/	27.35±3.14	72.86±9.77	58.16±7.80	10.65±1.49	13.54±1.88	/
	3,8-二甲基葵烷	29.49±3.95	/	27.75±3.16	8.97±1.23	35.76±4.05	/	36.13±4.86	10.45±1.42	11.16±1.61	10.32±1.44
	3,5,24-三甲基四十烷	/	/	6.02±0.74	4.22±0.64	/	11.59±1.60	/	/	/	2.84±0.42
	十四烷	58.75±7.88	15.09±1.71	19.11±2.58	14.32±1.62	/	/	45.66±6.16	10.76±1.55	11.44±1.59	40.24±5.39
	3-甲基十五烷	/	/	7.23±0.90	/	/	/	/	9.39±1.31	/	/
	5-甲基十一烷	23.15±3.13	/	8.51±1.04	/	14.96±1.68	32.99±4.45	32.66±4.35	5.92±0.82	5.52±0.75	/
	8-甲基十七烷	/	/	/	6.27±0.87	10.19±1.13	/	/	/	6.86±0.99	8.34±1.20
	8-乙基十五碳烷	/	/	/	10.55±1.43	/	/	/	/	9.90±1.38	/
	9-甲基十九烷	/	26.72±2.98	/	/	13.94±1.60	/	28.51±3.82	/	/	14.13±1.96

续表

种类	中文名称	AAD					IRD				
		0d	60d	120d	180d	240d	0d	60d	120d	180d	240d
烃类	二十八烷	/	15.05±1.70	1.47±0.22	2.75±0.42	3.71±0.49	17.92±2.45	16.45±2.31	3.34±0.50	4.06±0.64	0.59±0.11
	正十二烷	74.08±9.96	68.04±7.58	39.01±4.37	15.89±2.18	30.05±3.36	152.29±20.42	51.18±6.90	18.95±2.59	16.69±2.26	17.20±2.41
	环十四烷	13.39±1.83	/	12.66±1.45	10.13±1.37	3.61±0.48	3.74±0.57	/	10.30±1.42	12.40±1.70	14.68±2.02
	四十三烷	/	13.98±1.59	/	/	/	6.72±0.95	/	/	/	/
	四十四烷	13.91±1.93	18.53±2.11	/	/	/	19.64±2.65	/	/	6.89±0.96	/
	十三烷	48.59±6.58	116.53±12.97	/	/	/	80.66±10.76	/	/	/	/
	正三十四烷	17.39±2.39	27.72±3.11	/	/	10.20±1.22	13.51±1.85	/	/	/	7.19±1.06
	正三十一烷	/	10.98±1.28	/	6.13±0.87	/	/	11.99±1.63	/	/	3.62±0.59
	正十八烷,3-乙基-5（2-乙丁基）	/	/	4.52±0.57	/	6.74±0.81	/	/	/	/	/
	正十六烷	/	/	6.30±0.73	8.98±1.24	8.66±1.02	/	/	8.32±1.14	11.20±1.58	8.20±1.13
	正十七烷	/	/	4.80±0.56	5.24±0.71	6.56±0.73	/	10.14±1.47	6.86±0.96	7.86±1.09	4.50±0.69
	正十五烷	/	/	7.41±0.85	7.11±0.99	8.16±0.94	/	/	/	/	8.02±1.16
	甲基十九烷	/	/	4.38±0.55	3.87±0.58	/	/	/	/	/	/
	姥鲛烷	/	111.09±12.38	8.75±1.03	10.08±1.37	13.37±1.58	/	/	6.85±0.96	12.96±1.76	/
	十五烯	/	/	2.62±0.36	3.48±0.50	/	/	/	/	7.25±1.03	15.85±2.18
	1-十九碳烯	/	/	/	1.45±0.24	4.45±0.57	/	/	/	5.76±0.87	2.14±0.39
	1-十六碳烯	/	/	2.01±0.31	3.66±0.56	/	/	/	/	3.93±0.59	/
	苯乙烯	56.63±7.48	/	29.21±3.32	/	24.51±2.81	45.91±6.0	/	12.89±1.83	9.70±1.34	/
	反-3-二十碳烯	19.37±2.60	/	/	/	/	13.43±1.83	11.98±1.63	/	/	6.35±0.92
	十八烯	/	/	1.28±0.21	/	5.39±0.66	/	/	1.61±0.32	/	/
	葵烯	/	/	1.53±0.18	/	1.58±0.23	/	4.72±0.72	/	/	/
	长叶烯	/	/	11.97±1.40	15.51±2.10	15.72±1.81	/	/	12.38±1.69	13.68±1.90	23.32±3.21
	萘	/	/	8.94±1.02	9.76±1.38	/	21.92±2.98	/	11.92±1.62	10.44±1.44	5.97±0.88
	其他	412.09±56.09	665.69±74.86	88.28±10.28	35.90±5.03	53.96±6.31	208.54±28.36	61.58±8.57	69.19±9.91	75.17±10.93	67.14±9.41

续表

种类	中文名称	AAD					IRD				
		0d	60d	120d	180d	240d	0d	60d	120d	180d	240d
醛类	苯甲醛	91.11±12.25	360.85±40.13	53.91±6.02	34.58±4.68	45.20±5.09	63.41±8.47	77.87±10.43	38.19±5.13	22.10±3.00	38.56±5.25
	庚醛	/	31.20±3.54	17.89±2.06	/	3.99±0.46	16.48±2.27	20.28±2.81	10.61±1.49	3.25±0.50	3.18±0.53
	正己醛	/	/	22.29±2.55	16.59±2.25	49.55±5.59	/	/	/	25.22±3.45	30.75±4.15
	(Z)-7-十六碳烯醛	/	/	3.35±0.48	2.27±0.32	/	/	/	/	/	/
	其他	76.87±10.31	159.09±17.75	1.31±0.20	1.16±0.23	19.35±2.21	/	/	/	/	64.66±8.76
酸类	1-二十一基甲酸	/	/	/	9.92±1.36	/	/	/	3.54±0.54	3.92±0.56	/
	Nonahexacontanoic acid	5.17±0.77	9.74±1.15	1.40±0.24	3.89±0.57	3.15±0.38	4.48±0.67	4.24±0.66	3.81±0.56	2.69±0.38	2.65±0.46
	其他	26.98±3.73	/	/	2.07±0.33	/	36.03±4.87	73.92±9.97	/	13.51±1.90	/
醇类	2-(十四氧基)乙醇	/	/	3.05±0.43	3.73±0.57	3.85±0.49	/	/	/	0.70±0.16	1.78±0.34
	2-己基-1-癸醇	8.79±1.29	3.60±0.43	3.94±0.54	2.66±0.41	2.56±0.39	7.11±1.02	2.34±0.38	3.70±0.59	2.78±0.45	3.78±0.55
	苯甲醇	32.56±4.42	218.95±24.35	38.31±4.34	20.99±2.86	31.01±3.51	26.05±3.52	58.54±7.87	21.39±2.93	11.24±1.59	21.72±2.98
	叔十六硫醇	16.76±2.34	/	2.82±0.34	3.20±0.51	8.44±0.94	4.95±0.68	/	0.83±0.13	/	2.48±0.38
	其他	/	118.32±13.34	99.53±11.25	2.53±0.42	9.19±1.10	247.87±33.28	60.63±8.12	25.95±3.69	29.61±4.50	42.49±5.96
酯类	乙二醇月桂酸酯	/	/	/	4.45±0.68	6.52±0.83	/	/	6.25±0.91	/	/
	邻苯二甲酸二丁酯	/	/	/	2.28±0.34	/	/	/	3.87±0.62	2.86±0.46	0.95±0.23
	其他	93.11±12.70	137.69±15.53	24.71±3.20	33.23±4.76	44.92±5.21	141.06±19.41	78.86±10.94	41.49±5.99	38.32±5.57	67.80±9.47
酮类	3,5-辛二烯酮	/	/	/	/	/	/	/	/	/	/
	植酮	/	/	3.38±0.46	/	4.99±0.57	/	/	7.26±1.00	8.02±1.12	4.62±0.69
	其他	10.08±1.40	63.33±7.06	13.50±1.60	15.55±2.21	/	/	15.24±2.08	10.68±1.48	/	/
酚类	2,4-二叔丁基苯酚	/	/	13.56±1.58	26.96±3.67	30.17±3.43	/	/	20.74±2.86	25.28±3.41	32.12±4.34
	其他	/	/	4.69±0.53	/	/	/	/	9.73±1.36	/	3.80±0.65
杂环类	2,3-二氢-4,7-二甲基-1H-茚	19.78±2.71	/	/	/	/	/	/	/	/	/
	2,6-二叔丁基苯醌	/	/	8.74±1.05	8.31±1.14	11.54±1.29	/	/	7.37±1.10	8.56±1.21	/

续表

种类	中文名称	AAD					IRD				
		0d	60d	120d	180d	240d	0d	60d	120d	180d	240d
其他类	1,4-二甲胺[4.5]葵烷-6-羧酸甲酯	/	/	2.26±0.29	3.60±0.56	5.30±0.66	/	/	1.70±0.33	2.50±0.40	1.98±0.34
	1,4-二氯苯	43.30±5.82	153.47±17.07	/	4.42±0.60	/	46.61±6.29	6.59±0.93	5.95±0.83	4.21±0.64	
	1,54-二溴五十四烷	/	/	/	/	4.60±0.53	/	1.16±0.20	2.10±0.36	3.74±0.55	
	其他	58.02±7.85	3.89±3.79	17.94±2.05	/	30.67±3.77	6.35±0.91	104.48±14.14	6.11±1.17	/	12.97±1.75

（1）烃类挥发性代谢产物

自然通风处理的稻谷在储藏过程中烃类挥发性代谢产物总含量随储藏时间的增加呈现先增加后下降的趋势。在储藏过程中，柠檬烯、正十二烷、8-甲基十七烷以及聚二十烯在储藏 60d 时含量均呈现增大的趋势，随后含量又逐渐减少；2-甲基十三烷、十五烯、正十四烷、长叶烯、三十一碳烷、正十五烷、正十六烷、环己二烯、十八烷、植烷在前 120d 时均未检测出来，在 120d 后随着储藏时间的延长含量先增大后减少。红外辐射干燥处理的稻谷在储藏过程中烃类挥发性代谢产物总含量随储藏时间的增加呈现先减少后上升的趋势。在储藏过程中，3,7-二甲基葵烷、正十二烷、8-甲基十七烷和聚二十烯随着储藏时间的延长先减少后增大，柠檬烯、1-十四烯、1-甲基萘、2-甲基十三烷、正十四烷、长叶烯、十四烷、三十一碳烷、正十六烷在前 120d 时均未检测出来，在 120d 后随着储藏时间的延长含量逐渐增加。而十五烯和正十五烷在前 180d 均未检测出来。其中，对比红外辐射干燥稻谷和自然通风干燥稻谷，正十二烷、8-甲基-十七烷和聚二十烯在整个储藏期内一直能被检测到，自然通风样品正十二烷在储藏期的含量为 30.05～74.08ng/kg，红外辐射样品的含量为 16.69～152.29ng/kg；自然通风样品 8-甲基十七烷在储藏期的含量为(6.27～10.19)ng/kg，红外辐射样品的含量为(6.86～8.34)ng/kg；自然通风样品聚二十烯在储藏期的含量为(2.6～9.19)ng/kg，红外辐射样品的含量为(6.35～13.91)ng/kg，整体来说，自然通风样品烃类含量大于红外辐射样品。

（2）醛类挥发性代谢产物

自然通风处理的稻谷在储藏过程中醛类挥发性代谢产物总含量随储藏时间的增加呈现先增加后几乎保持不变的趋势。在储藏过程中，正己醛在前 120d 并未检测出，随后随着储藏时间的延长逐渐增加，在 240d 时含量为(49.55±5.59)ng/kg，变化显著。庚醛在前 60d 未被检测出，随后含量下降，在 240d 时含量为(3.99±0.46)ng/kg。而苯甲醛的含量在 60d 时大量增加随后又骤然下降，并在后 120d 内变化较小，无显著性差异（$p>0.05$），在240d时苯甲醛的含量为(45.20±5.09)ng/kg。红外辐射处理的稻谷在储藏过程中醛类挥发性代谢产物在初期（0d）时并未检测出。而后随着储藏时间的延长，总含量先减少后上升。正己醛含量逐渐增加，庚醛含量逐渐下降，苯甲醛含量先减少后增加。正己醛在240d时含量为(30.75±4.15)ng/kg，与同期自然通风稻谷含量相比有显著性差异（$p<0.05$）。

（3）醇类挥发性代谢产物

自然通风处理的稻谷在储藏过程中醇类挥发性代谢产物总含量随储藏时间的增加先增大后减少。苯甲醇含量具有波动性，在240d时含量为(31.01±3.51)ng/kg，雪松醇只有在240d时被检测到。红外辐射处理的稻谷在储藏过程中醇类挥发性代谢产物总含量具有波动性。其中苯甲醇先增大后减少再增加，在240d时含量为(21.72±2.98)ng/kg，与自然通风样品相比具有显著性差异（$p<0.05$）。

（4）酯类挥发性代谢产物

对于自然通风样品，丁基十三烷基酯和邻苯二甲酸异丁基壬基酯在60d时均未被检测到，随着储藏时间的延长含量逐渐增加，在240d时含量分别为(6.74±0.81)ng/kg 和(8.94±1.04)ng/kg，而红外辐射样品邻苯二甲酸异丁基壬基酯和邻苯二甲酸二丁酯在前60d时未检测出，含量逐渐下降，在240d时含量分别为(4.28±0.61)ng/kg 和(0.95±0.23)ng/kg。

6.4.4　小结

挥发性代谢产物是评价稻谷品质的重要指标，有学者研究了湖南省籼稻品种挥发性物质的种类，发现影响稻谷挥发性成分的主要因子是烃类、醛类和杂环类。本章试验结果表明烃类、醛类和醇类是最主要的挥发性代谢产物，在挥发性代谢产物总含量中占的比例较大。在稻谷储藏过程中，稻谷中的脂质迅速分解，释放出游离脂肪酸，并分解为小分子挥发物。不饱和脂肪酸的氧化降解产生酮和醛，亚油酸的氧化降解产生己醛、庚醛，然后在酶的作用下生成己基和己酸酯类、庚基和庚酸酯类。通过对稻谷中挥发性成分的分析，发现烃类挥发性代谢产物在储藏过程中的含量总体上呈现减少的趋势，可能是储藏过程中稻谷中的脂肪酸烷氧自由基的裂解导致的。虽然烃类挥发性代谢产物的相对含量比例最大，但在储藏过程中的变化幅度不大，且红外辐射处理稻谷烃类代谢产物含量比自然通风样品少，说明在储藏过程中自然通风样品参与生化反应的物质比红外辐射要多。

在储藏过程中，醛类挥发性代谢产物的变化幅度较大。多数醛类挥发性代谢产物的含量在储藏过程中呈现增大的趋势。适量的醛类物质具有淡水果香气，但含量过高时，会产生令人不愉悦的腐败味。醛类挥发性代谢产物以 $C_6 \sim C_{10}$ 的挥发性醛类为主，$C_6 \sim C_{10}$ 被认为是脂质氧化生成的阈值较低的醛类挥发性代谢产物。与未储藏样品相比，在 35℃加速陈化储藏条件下，醛类含量在储藏末期的都比初期的样品高。己醛、庚醛等醛类是油酸和亚油酸氧化降解的产物，其含量的增加，说明稻谷在加速陈化过程中脂质发生了氧化反应被降解，而在 4℃储藏下的醛类物质大多呈现减少的趋势，说明高温储藏条件下更易使脂质发生氧化降解。而在 35℃条件下红外辐射样品在储藏 240d 的醛类挥发性代谢产物含量比自然通风样品低，表明红外辐射样品脂质发生氧化降解的程度低于自然通风样品，红外辐射技术一定程度上延缓了脂质的降解，减缓了稻谷的陈化速度。

而相对于酯类和醇类样品，储藏稻谷的酯类和醇类挥发性代谢产物在储藏 240d 后的含量基本低于未储藏样品，且含量呈先增大后减少的趋势。稻谷中水果香、芳香和花香主要来源于酯类和醇类，酯类和醇类含量的下降，表明储藏过程对稻谷的风味产生了影响，使稻谷风味下降，品质降低。然而，酯类和醇类含量在后期出现增大的趋势，可能是因为不饱和脂肪酸氧化降解的程度增大，导致生成的醛类物质在乙醇脱氢酶和醇酰基转移酶的作用下转化成相应的酯类和醇类。在 35℃储藏条件下，整个储藏期间自然通风稻谷的总含量为(41.35～80.06)ng/kg，红外辐射处理稻谷的总含量为(29.34～57.14)ng/kg，可以看出红外辐射处理样品不饱和脂肪酸氧化降解程度较小。酮类挥发性代谢产物主要由不饱和脂肪酸氧化和蛋白质降解产生，其含量随加速陈化时间总体呈现增大的趋势，说明不饱和脂肪酸氧化的程度增加。

采用顶空固相微萃取结合气质联用技术检测稻谷加速陈化过程中挥发性代谢产物的变化。稻谷在加速陈化过程中的挥发性代谢产物有烃类、酯类、醇类、酮类、醛类等化合物，其中烃类占总的挥发性代谢产物含量最高，其次是酯类和醛类。

在 4℃储藏条件下，对照稻谷在储藏过程中烃类挥发性代谢产物总含量随储藏时间的增加呈现先增加后下降的趋势。IR 干燥处理的稻谷在储藏过程中烃类挥发性代谢产物总含量随储藏时间的增加呈现先减少后上升的趋势。整体来说，对照样品烃类含量大于红外辐射样品。对照稻谷在储藏过程中醛类挥发性代谢产物总含量随储藏时间的增加呈现先增加后下降的趋势。在储藏过程中，正己醛在前 120d 并未检测出，之后随着储藏时间的延长，含量先减小后增大，在 240d 时含量为(8.81±1.24)ng/kg，变化显著。IR 处理的稻谷在储藏过程中醛类挥发性代谢产物在初期（0d）时并未检测出，而后随着储藏时间的延长总含量呈现下降的趋势。

在 35℃储藏条件下，对照稻谷在储藏过程中烃类挥发性代谢产物总含量随储藏时间的增加呈现先增加后下降的趋势。对照样品烃类含量大于红外辐射样品。自然通风处理的稻谷在储藏过程中醛类挥发性代谢产物总含量随储藏时间的增加呈现先增加后几乎保持不变的趋势。在储藏过程中，正己醛在前 120d 并未检测出，随后随着储藏时间的延长逐渐增加，在 240d 时含量为(49.55±5.59)ng/kg，变化显著。IR 处理的稻谷在储藏过程中醛类挥发性代谢产物在初期（0d）时并未检测出，而后随着储藏时间的延长，总含量先减少后上升。正己醛在 240d 时含量为(30.75±4.15)ng/kg，与同期对照稻谷含量相比有显著性差异（$p<0.05$）。IR 处理的稻谷在储藏过程中醇类挥发性代谢产物总含量具有波动性。其中苯甲醇先增大后减少再增加，在 240d 时含量为(21.72±2.98)ng/kg，与对照样品相比具有显著性差异（$p<0.05$）。

6.5　红外辐射干燥对储藏稻谷脂质代谢的分析

6.5.1　实验方法

6.5.1.1　稻谷干燥和储藏

方法同 6.3 稻谷干燥与储藏方法。

6.5.1.2　代谢物的提取

每个样本称重 20mg 于离心管中，加入 800μL 冷冻后加入 400μL 的二氯甲烷/甲醇溶液（3∶1，体积分数）和两颗小钢珠于离心管中，将样本放置于组织研磨机中研磨（4℃，30 Hz，3min），研磨后取出钢珠，放于-20℃冰箱中沉淀 2h，然后离心（4℃，15min，10000r/min），取上清液转移到一个干净的玻璃小瓶中利用氮吹仪蒸发干，干燥后的提取物加入复溶液 600μL（异丙醇∶乙醇∶水=2∶1∶1）并离心（4℃，15min，1000r/min），取上层有机相过 0.22μm 膜注射于样品瓶用于 UHPLC-Q-TOF-MS 分析。

6.5.1.3　液相色谱参数

采用 Waters Acquity CSH C18Column（2.1mm×100mm 1.7μm）进行色谱分离，色谱柱柱温为 55℃，流速为 0.4mL/min，其中 A 流动相为 ACN/H_2O（体积比，6∶4），0.1% FA 和 10mmol/L 甲酸铵；B 流动相为 ACN/IPA（体积比，1∶9），0.1% FA 和 10mmol/L 甲酸铵。洗脱程序为：0:00min，400μL/min，85% A，15% B；2:00min，400μL/min，85% A，15% B；0:00min，400μL/min，85% A，15% B；0:00min，400μL/min，70% A，30% B 2:30min，400μL/min，52% A，48% B；11:00min，400μL/min，18% A，82%；B；11:30min，400μL/min，1% A，99% B；12:00min，400μL/min，1% A，99% B；12:10min，400μL/min，85% A，15% B；15:00min，400μL/min，85% A，40%B。每个样本的进样体积为 5μL。

6.5.1.4　质谱参数

对从色谱柱上洗脱下来的小分子，利用高分辨串联质谱 TripeTOFTM 5600 分别进行正负离子模式采集。正离子模式下，毛细管电压和锥孔电压分别为 2kV 和 40V。

负离子模式下，毛细管电压及锥孔电压分别为 1kV 和 40V。采用 MSE 模式进行 centroid 数据采集，正离子一级扫描范围为 10～2000Da，负离子为 50～2000Da，扫描时间为 0.2s，对所有母离子按照 19eV 到 45eV 的能量进行碎裂，采集所有的碎片信息，扫描时间为 0.2s。在数据采集过程中，对 LE 信号每 3 秒进行实时质量校正。同时，每隔 10 个样本进行一次混合后质控样本的采集，用于评估在样本采集过程中仪器状态的稳定性。

6.5.1.5　数据分析

使用 Analysis Base File Converter 将原始数据转换为 abf 格式，并通过 MS-DLAL 进行进一步分析。将 QC 样本中缺失超过 50%或者实际样本中缺失超过 80%的离子去除，并采用 QC-RSC（quality control-based robust LOESS signal correction）方法进行校正。对校正后的数据进行过滤，即将所有 QC 样品中相对标准偏差（RSD）>30% 的离子过滤掉（RSD>30%的离子在实验过程中波动较大，不纳入后续的统计学分析）。代谢产物通过精确质量搜索（<30μL/L）和使用内部标准 MS/MS 文库的 MS/MS 光谱匹配进行鉴定。原始数据的缺失值由最小值的一半来填充。另外，整体归一化方法采用数据分析的方法，得到的三维数据包含峰值数，样本名称和归一化峰面积被导入到 SIMCA14.1 软件包（Umetrics, Umea，瑞典）进行主成分分析（PCA）和正交偏最小二乘判别分析（OPLS-DA），并从软件中获取 R2Y 和 Q2Y 参数以检查数据的稳定性。为了评估模型的稳健性和预测能力，使用带有排列的 7 倍交叉验证方法，R^2 和 Q^2 值经过 200 次假设检验得到。基于 OPLS-DA 模型构建加载图，并显示各变量对组间差异的贡献。

使用热图（heatmap）更直观地分析它们之间的差异组件。使用 Hodges-Lehmann 估计两组间的相对差异（百分比）估计值，X 轴代表相对差异（%）。为了细化分析，采用了变量投影重要性（variable importance projection，VIP）方法测量第一主成分，VIP 值超过 1.0 的优先选择为变化代谢物，其余变量采用 t 检验（$p>0.05$）并删去无显著性差异的变量。此外，使用差异倍数（fold change）作为另一个标准来评估化合物水平的差异（Fold change>1.5 或<0.5，$p<0.05$）。

6.5.2　储藏稻谷脂质代谢物主成分以及火山图分析

正离子和负离子模式下分别检测 108 个样品和 14 个 QC 样品，储藏稻谷在正离子和负离子模式下的代谢物分别有 14156 和 20925 种，通过数据预处理以及零值填充，初步筛选出符合条件的代谢物有 1389 种、1241 种。稻谷脂质代谢物主要由各种磷脂（PLs）和三酰基甘油（TAG）组成。对在 35℃储藏条件下稻谷脂质代谢物进行主成分分析（正离子和负离子模式），如图 6-11 所示。

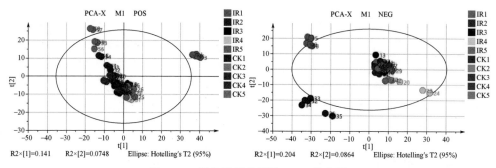

图 6-11　稻谷脂质代谢物 PCA 得分图

正离子（positive）模式用 POS 表示，负离子（negative）模式用 NEG 表示；IR1～IR5 表示红外干燥稻谷
储藏 0d、60d、120d、180d 和 240d；对照 1～对照 5 分别表示自然通风干燥稻谷（对照样）储藏 0d、
60d、120d、180d 和 240d

由图 6-11 可知，不同干燥方式下储藏稻谷以及不同时期储藏稻谷能够较好区分，说明红外干燥和自然通风两种干燥方式下的稻谷脂质代谢物有变化。

为评价干燥方式对稻谷脂质代谢物的影响，在脂质组学分析中，在正离子和负离子模式下分别选择四组对照实验（IR1-对照 1、IR5-对照 5、IR1-IR5、对照 1-对照 5）进行独立的两两比较以消除假阳性和阴性，观察储藏稻谷脂质成分的稳健变化。为了获得更高的组分离和更好地理解负责分类的变量，基于 OPLS-DA 所生成模型特征如图 6-12 所示，发现脂质提取物分离效果良好。

二维码

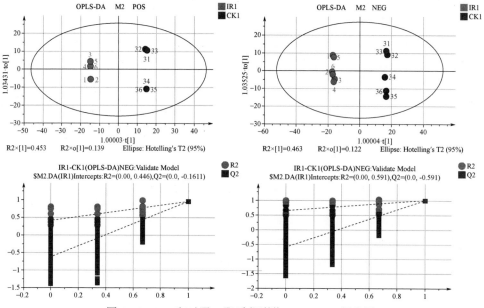

图 6-12　IR1 和对照 1 脂质代谢物 OPLS-DA 得分图

由图 6-12 可知，各组样品能够得到很好的区分。IR1-对照 1 对比中，在正离子模式下，OPLS-DA 模型的参数 R^2Y 和 Q^2Y 分别为 0.591 和 1，在负离子模式下，OPLS-DA 模型的参数 R^2Y 和 Q^2Y 分别为 0.585 和 0.999，在正负离子模式下，OPLS-DA 模型的 R^2Y 和 Q^2Y 较高，通过置换检验得到的 R^2 和 Q^2 都小于模型原始值，表明此模型有良好的预测能力。

由图 6-13 可知，IR5-对照 5 对比中，两组样品代谢物得到很好的分离，存在差别。在正离子模式下，OPLS-DA 模型的参数 R^2Y 和 Q^2Y 分别为 0.697 和 1，在负离子模式下，OPLS-DA 模型的参数 R^2Y 和 Q^2Y 分别为 0.749 和 1，在正负离子模式下，OPLS-DA 模型的 R^2Y 和 Q^2Y 较高，表明此模型有良好的预测能力。

二维码

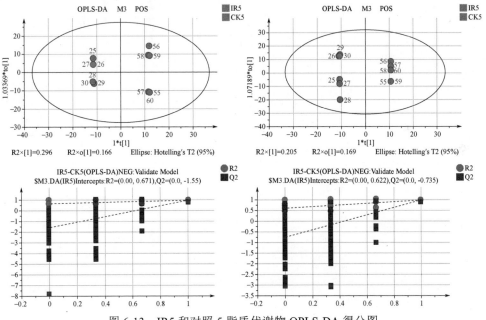

图 6-13　IR5 和对照 5 脂质代谢物 OPLS-DA 得分图

由图 6-14 可知，IR1-IR5 对比中，在正离子模式下，OPLS-DA 模型的参数 R^2Y 和 Q^2Y 分别为 0.458 和 1，在负离子模式下，OPLS-DA 模型的参数 R^2Y 和 Q^2Y 分别为 0.607 和 0.997，在正负离子模式下，OPLS-DA 模型的 R^2Y 和 Q^2Y 较高，表明此模型有良好的预测能力。

由图 6-15 可知，各组样品能够得到很好的区分。IR1-对照 1 对比中，在正离子模式下，OPLS-DA 模型的参数 R^2Y 和 Q^2Y 分别为 0.788 和 0.999，在负离子模式下，OPLS-DA 模型的参数 R^2Y 和 Q^2Y 分别为 0.445 和 0.997，在正负离子模式下，OPLS-DA 模型的 R^2Y 和 Q^2Y 较高，表明此模型有良好的预测能力。

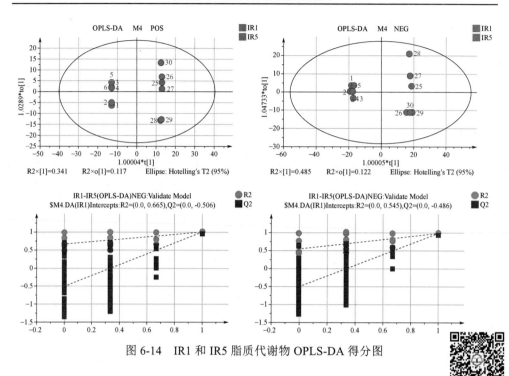

图 6-14　IR1 和 IR5 脂质代谢物 OPLS-DA 得分图

二维码

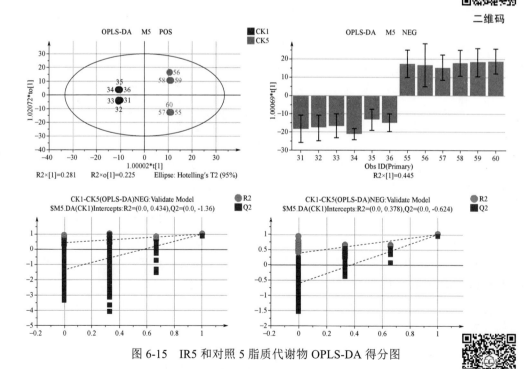

图 6-15　IR5 和对照 5 脂质代谢物 OPLS-DA 得分图

二维码

6.5.3　差异代谢物筛选及鉴定

绘制火山图更直观地表示两组样品差异的代谢物。各组样品代谢物的 log2 变换后变化值及其显著性值如 log10（FDR）所示。X 轴表示−log10 转换后的显著性，Y 轴表示 log2 变换后变化值（Fold change）。红点表示上调，蓝点代表下调，绿色表示没有显著性差异。

由图 6-16 可知，在 IR1-IR5 对比中，鉴定后的差异代谢物共有 1368 种，其中612 种代谢物上调，756 种代谢物下调。它们主要包括甘油二酯、神经酰胺类、磷脂类、固醇类、脂肪酸、三酰甘油和脂肪醇类等，其中甘油二酯最多，其次是神经酰胺类和固醇类。各类别中上调的差异代谢物的数量大于或等于下调的数量，黄酮类和脂肪醇类除外。

二维码

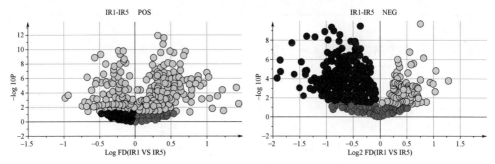

图 6-16　IR1 和 IR5 脂质代谢物火山图

IR 样品在储藏 240d 后，VIP 较大的差异代谢物有：1a,25-二羟基维生素 D$_2$、Cer（d14:1/20:0）、Cer（d14:2/22:1）、DG（15:0/18:3）、三十六碳五烯（36:5）、20:2 豆甾酯。Cer（d14:1/20:0）、Cer（d14:2/22:1）、DG（15:0/18:3）、DG（16:1/17:2/20:2）、三十六碳五烯（36:5）在储藏 240d 后差异变化倍数大于 10。1a,25-二羟基维生素 D$_2$能够诱导细胞分化过程中鞘磷脂水解生成神经酰胺，导致神经酰胺的含量增大。Cer（d14:1/20:0）、Cer（d14:2/22:1）属于神经酰胺类，有研究表明神经酰胺具有引诱细胞凋亡的作用。脂质陈化过程中在脂肪酶的作用下水解生成甘油二酯、脂肪酸、甘油等，使 DG（15:0/18:3）、DG（16:1/17:2/20:2）、三十六碳五烯（36:5）显著增加。表 6-7 为鉴定代谢物分类情况。

表 6-7　鉴定代谢物分类情况

代谢物中文名称	代谢物英文名称	离子模式
中性甘油酯类	Neutral glycerolipids	
三酰基甘油	Triacylglycerols (TAG)	POS
极性甘油磷脂类	Polar glycerophospholipids	

代谢物中文名称	代谢物英文名称	离子模式
磷脂酰胆碱	Phosphatidylcholines (PC)	POS/NEG
磷脂酰乙醇胺	Phosphatidylethanolamines (PE)	POS/NEG
磷脂酰甘油	Phosphatidylglycerols (PG)	NEG
磷脂酰肌醇	Phosphatidylinositols (PI)	NEG
磷脂酰丝氨酸	Phosphatidylserines (PS/GPSer)	POS/NEG
溶血磷脂酰胆碱	Lysophosphatidylcholines (LPC)	POS/NEG
鞘脂类	Sphingolipids	
神经酰胺	Ceramides (Cer)	POS
鞘糖脂类	Glycosphingolipids series (GlcCer)	NEG
鞘磷脂	Sphingomyelins (SM)	POS/NEG

6.5.4 差异代谢物代谢途径分析

为了分析脂质代谢物可能涉及的代谢途径，将具有 KEGG 编号的差异代谢物输入到 MBROLE 2.0 中，并以 KEGG 中（Japanese Rice）的代谢通路为背景进行差异代谢物的通路富集分析。如表 6-8 所示，类固醇的生物合成、亚油酸代谢、不饱和脂肪酸的生物合成、鞘脂类代谢和甘油磷脂代谢等代谢通路得到显著富集（$p<0.05$），其中亚油酸代谢、类固醇和不饱和脂肪酸的生物合成得到极显著的富集，是最主要的代谢通路。储藏稻谷在陈化过程中由于脂质代谢生成了部分挥发性物质，其主要涉及的代谢有亚油酸代谢、油酸代谢，下面主要对差异代谢物所涉及的亚油酸代谢、油酸代谢、类固醇的生物合成和不饱和脂肪酸的生物合成代谢通路进行分析，更深入地了解红外干燥对储藏稻谷脂质代谢调控规律。

表 6-8 储藏过程中与已鉴定代谢物显著相关的代谢通路

代谢通路	总代谢数量	差异代谢物数量	p 值
亚油酸代谢	26	11	2.22E-16
类固醇生物合成	51	9	3.26E-08
不饱和脂肪酸的生物合成	54	7	1.02E-06
鞘脂类代谢	25	3	0.00214
甘油磷脂代谢	46	3	0.0121
代谢通路	1455	16	0.483
次生代谢的生物合成	1038	9	0.815

注：p 值，显著性。

6.5.5　脂质代谢网络调控规律

不饱和脂肪酸的生物合成途径中，亚油酸、γ-亚油酸、花生四烯酸、二十碳四烯酸、二十碳三烯酸和二十碳二烯酸的含量呈现上升趋势，脂酰 CoA 在酰基 CoA 硫酯酶的作用下，水解生成不饱和脂肪酸，使不饱和脂肪酸含量增加，亚油酸代谢途径中，亚油酸含量的增加使其下游产物 9-十八碳-12-炔酸、9(10)-EpOME 和 12(13)-EpOME 增加。另外，亚油酸在脂氧合酶的作用下生成 9-亚油酸脂氢过氧化物 [9(S)-HPODE]、11-亚油酸脂氢过氧化物 [11(S)-HPODE]、13-亚油酸脂氢过氧化物 [13(S)-HPODE]，由于亚油酸脂氢过氧化物会进一步降解，其含量均未累积。9-亚油酸脂氢过氧化物和 13-亚油酸脂氢过氧化物会分解生成 9(S)-HODE、9-OxoODE、13(S)-HODE、13-OxoODE，使 9(S)-HODE、9-OxoODE、13(S)-HODE、13-OxoODE 上调。同时，9-亚油酸脂氢过氧化物、11-亚油酸脂氢过氧化物、13-亚油酸脂氢过氧化物会在裂解酶的作用下，裂解为反式-2-壬烯醛、2-戊基呋喃、反-2-辛烯醛、己醛和庚醛，辛烯醛进一步在醇脱氢酶（ADH）作用下转化为相应的醇，最后在醇酰基转移酶（AAT）和乙酰 CoA 作用下转化为相应的酯，从而使庚醇和甲酸辛酯含量增加。油酸代谢途径中，油酸通过 β 氧化产生丁酸和己酸，经过氧化产生酸，然后还原为相应的醇类，再转化为相应的酯类。油酸在脂氧合酶作用下被氧化为油酸脂氢过氧化物，再经过裂解酶裂解为壬醛、葵醛等。

6.5.6　小结

本节利用 UPLC-Q-TOF-MS 联用技术，对不同干燥方式下稻谷进行脂质代谢组学分析，结合单变量分析（t 检验、差异倍数分析）和多变量分析方法（PCA、OPLS-DA），鉴定和分析稻谷储藏的差异代谢物，并利用代谢通路分析揭示红外辐射调控稻谷陈化速度的机制。

PCA 结果表示储藏稻谷样品能够得到很明显的区分，通过 OPLS-DA 对 IR1 和 IR5 样品的代谢谱进行分析，并结合 t 检验和差异倍数分析结果，再经过 Lipidmaps 进行鉴定，分别筛选出了 612 种和 752 种代谢物，其中包括磷脂类、脂肪酸和共轭脂肪酸、甘油二酯、脂肪酯、黄酮类、十八烷类等。

通路富集分析结果表明，储藏稻谷亚油酸代谢、不饱和脂肪酸的生物合成、类固醇的生物合成代谢受到显著调控。储藏 240d 后，不饱和脂肪酸的生物合成、角质素、软木脂和蜡质的合成代谢受到显著调控。通路富集结合挥发性代谢产物分析表明，储藏 240d 后，亚油酸和油酸代谢的下游产物均呈现增大的趋势，尤其是亚油酸代谢产物。高温储藏加速陈化促进了类固醇的合成和不饱和脂肪酸的合成，加快了玉针香中不饱和脂肪酸的氧化降解，抑制了玉针香中角质素、软木脂的合成。

6.6　红外辐射干燥影响储藏稻谷代谢关键酶的筛查与测定

在稻谷储藏期间,至少 2 个反应过程影响脂肪类代谢,一个是脂肪酶水解产生游离脂肪酸;另一个是脂肪(包括游离脂肪酸)在脂肪氧合酶的作用下氧化产生氢过氧化物。差异代谢物筛选及鉴定结果显示,在各类脂肪成分中,油酸和亚油酸是最重要的脂肪酸,并根据已鉴定代谢物显著相关的代谢通路分析,检测到的己醛、庚醛等挥发性代谢产物是脂质代谢的最终产物,主要涉及了亚油酸代谢和油酸代谢。因此本章通过测定有关亚油酸代谢和油酸代谢通路上的代谢关键酶活,如脂肪酶、脂肪氧合酶、乙醇脱氢酶等,并结合红外干燥对储藏稻谷品质等指标的分析,进一步验证说明红外干燥对储藏稻谷脂质代谢及品质劣变的影响机制。

6.6.1　实验方法

6.6.1.1　稻谷干燥和储藏

方法同 6.3.1 稻谷干燥与储藏方法。

6.6.1.2　脂肪酶活性的测定

(1)粗酶液提取

将新鲜稻谷粉去杂,称取 5g 样品置于蒸馏水(75mL)中,调节 pH 为 7.0,振荡 1h,设置温度为 37℃,对稻谷中脂肪酶进行粗提。离心,4000r/min,离心 10min,取上清液,即得到粗脂肪酶液,4℃贮存备用。

(2)酶活测定

取 2mL p-NPP(0.09mg/mL)底物溶液于 10mL 离心管中,37℃预热 5min 后加入 0.5mL 酶液,反应 10min 后立即加入 2.5mL 的 0.5mol/L 的三氯乙酸混合均匀,放置 5min 终止反应,再加入 2.6mL 的 0.5mol/L 的 NaOH,调节 pH 至与反应前一致,于 405nm 下测吸光度。

(3)酶活力定义及计算

脂肪酶酶活力单位定义为:在一定条件下,每分钟释放出 1μmol 对硝基苯酚的酶量定义为 1 个脂肪酶活力单位(U)。按下式计算酶活:

$$X = \frac{cV}{tV'}$$

式中,X 为脂肪酶活力,U/mL;c 为对硝基苯酚浓度,μmol/mL;V 为酸碱调节后的反应液终体积,mL;V' 为酶液的用量,mL;t 为作用时间,min。

6.6.1.3　脂肪氧合酶活力的测定

（1）酶液提取

取去杂后新鲜稻谷粉 10g，加入 100mL 正己烷，于室温下 170r/min 振荡脱脂 20min，倒出正己烷，脱脂稻谷于室温下自然风十。取部分脱脂的稻谷样品 5g，加入 40mL 冷磷酸盐缓冲液（0.05mol/L，pH7.5），4℃振荡提取 30min，随后用两层纱布过滤，悬浮液 4℃，12000r/min，离心 20min，取上清液即为粗酶液，存于冰箱中备用。

（2）底物溶液配制

取 0.111mL 亚油酸（化学纯）于 10mL 容量瓶中，加无水乙醇定容到 10mL。取此溶液 3.55mL，加 0.040mL 吐温 20，减压蒸发除去乙醇，随即加入 50mL 的 0.05mol/L 的磷酸盐缓冲液溶液，然后向其中滴加 0.5mol/L NaOH 溶液，调节 pH 为 9.0，微波溶解，此时亚油酸的含量为 2.53mmol/L。4℃避光保存在西林瓶中，备用。

（3）酶活力测定

设定检测温度 25℃，检测波长 234nm，检测时间 5min，扫描间隔 15s。参比液：2.0mL 磷酸盐缓冲溶液，200μL 底物溶液，30μL 钝化处理的酶测定液；反应液：2.0mL 磷酸盐缓冲溶液，200μL 底物溶液，30μL 酶测定液。在 234nm 处观察 OD 值的变化，记录 1min 内 OD 值变化数据，重复 3 次试验。脂肪氧化酶活力计算：在 25℃，pH 9.0，反应时间 1min 的条件下，以亚油酸为底物的 3mL 反应体系于 234nm 处的吸光值增加 0.001 计为一个活力单位。

6.6.1.4　过氧化物酶活力的测定

称取 0.20g 稻谷粉，加入 1.8mL 生理盐水，在组织研磨机中研磨匀浆（4℃，30Hz，5min），离心（3500r/min，10min），取上清液进行测定。过氧化物酶力性采用南京建成生物工程研究所的 POD 试剂盒进行测定，匀浆中蛋白质浓度采用南京建成生物工程研究所的考马斯亮蓝法测蛋白浓度的试剂盒测定。

6.6.1.5　脂氢过氧化物裂解酶活力的测定

（1）粗酶液提取

称取 2.00g 稻谷粉于离心管中，加入 0.1mol/L 的 Tris-HCl 缓冲液（pH 8.5）和质量浓度为 0.5%的聚乙烯吡咯烷酮（PVPK-30）各 10mL 匀浆过滤，冷冻离心（4℃，9000r/min，30min），以 pH 6.8 的磷酸盐缓冲液洗涤沉淀，然后用 0.02mol/L pH 6.8 磷酸盐缓冲液 50mL（含质量浓度为 0.5%的 TritonX-100 和 1mmol/L DTT）溶解，冷冻离心，上清液即为粗酶液。

（2）酶活力测定

以 13 位的亚麻酸氢过氧化物（13-HPOT）为反应底物，反应体系为 10μL 粗酶液、10μL 底物，用 0.05mol/L 的磷酸盐缓冲液（pH6.0）稀释至 3mL。使用紫外分光光度计检测 234 nm 处吸光值的降低来测定 HPL 酶活。酶活力单位定义为：25℃，每分钟消耗 1μmol 的 13-HPOT 所需的酶量为 1 个活力单位（U）。

6.6.1.6　乙醇脱氢酶活力的测定

（1）酶液提取

称取 1.0g 稻谷粉于预冷的研钵中，加入 3mL 预冷的 0.2mol/L 的 Tris-HCl pH 7.8（含 1mmol/L PMSF）和质量分数为 10% PVPP，在冰浴上研磨成浆，离心（4℃，12000r/min，20min），取上清液用于酶活力测定。

（2）酶活力测定

取 100μL 酶液和 2.85mL 酶反应液（150mmol/L Tris，pH 值 8.0，0.3mmol/L NADH）混匀，然后加入 30μL95%乙醇启动反应，用紫外分光光度计于 340 nm 处测定吸光度。以每分钟增加 0.01 为 1 个酶活力单位（U），酶活力用 U/min 表示。

6.6.1.7　醇酰基转移酶测定

（1）酶液提取

称取 0.30g 稻谷粉于研钵中，加入 0.1g PVPP 和 1.5mL 0.1mmol/L pH 7.0 的磷酸缓冲液，在冰浴中充分研磨匀浆。离心（4℃，12000r/min，20min），取上清液待测。

（2）酶活力测定

反应体系由 0.5mmol/L Tris-HCl 缓冲液（pH7.0）、11.6mmol/L $MgCl_2$、0.3mmol/L 乙酰-CoA、10mmol/L 丁醇和 0.6mL 酶液组成。在 35℃下反应 15min 后，加入 150μL 20mmol/L 5,5′-二硫代双硝基苯甲酸（DTNB），室温下放置 10min，于 412nm 下测定酶活力。酶活力以鲜质量计，$\Delta OD_{412}/(g \cdot min)$表示。

6.6.2　红外辐射干燥对储藏稻谷脂肪酶活性的影响

脂肪酶能够催化甘油酯水解生成游离脂肪酸，影响储粮品质。稻谷加速陈化过程中脂肪酶活动度的变化如图 6-17 所示，红外辐射干燥和自然通风干燥处理后样品的脂肪酶活性分别为(2.9±0.68)U/mL 和(4.13±0.83)U/mL，具有显著差异性($p<0.05$)。在 35℃储藏条件下，对照 2 的脂肪酶活性保持上升，而 IR2 的脂肪酶活性先增加后降低，对照 2 在 240d 时达到最大值为(17.1±1.39)U/mL，IR2 在 240d 时脂肪酶活性比 180d 略微下降，为(9.63±0.65)U/mL，红外辐射干燥处理对脂肪酶失活效果显著。而在 4℃储藏条件下，红外辐射干燥样品脂肪酶活性相对稳定，前 180 天的脂肪酶活性无显著性差异($p>0.05$)，在 240d 时的脂肪酶活性为(4.91±0.28)U/mL，相较于 IR2 相差 4.72U/mL，对照 1 的脂肪酶活性随着储藏时间的延长增加，在 240d 时达到最大值为(11.99± 0.83)U/mL，相较于对照 2 相差 5.11 U/mL。且低温储藏条件下红外干燥对脂肪酶活性的抑制有同样明显效果，IR1 的脂肪酶活性显著低于对照 1。

作为脂肪水解的关键酶，脂肪酶活力的降低会显著减少稻谷脂质的水解和游离脂肪酸的产生，提高储藏期间稻谷脂质的稳定性。

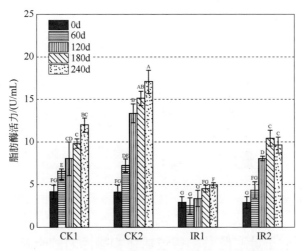

图 6-17　红外辐射干燥对储藏稻谷脂肪酶活力的影响

6.6.3　红外辐射干燥对储藏稻谷脂肪氧合酶活性的影响

脂肪氧合酶（LOX）广泛存在于植物体内，可专一催化具有双顺 1,4-戊二烯结构的多不饱和脂肪酸。稻谷中的 LOX 按照柱色谱顺序可分为 LOX-1、LOX-2 和 LOX-3。稻谷种子萌发过程中以 LOX-2 为主，未萌发的稻谷在储藏期间以 LOX-3 为主，而己醛是其催化脂质氧化的主要产物。另外，对大豆中 LOX 作用机制的研究表明，LOX-1 和 LOX-2 的作用底物不仅包括游离脂肪酸，还包括细胞膜中的磷脂成分，产生膜磷脂亚油酸和亚麻酸。从图 6-18 可看出，3 种干燥样品的 LOX 酶活性表现为：红外辐射干燥样品低于自然通风干燥样品。储藏初期，红外辐射干燥和自然通风干燥样品 LOX 活性差异并不显著（$p>0.05$）。随着储藏时间的延长，所有样品的 LOX 活性均有显著波动，且在每次贮藏期间均有显著变化。在 35℃储藏条件下，样品在 180d 时 LOX 活性下降，IR2 和对照 2 的 LOX 酶活性分别为 (0.64±0.04)U/mL 和(0.71± 0.02)U/mL（$p<0.05$），储藏 240d 后 IR2 的 LOX 酶活性仍显著低于对照 2，LOX 酶活性整体呈上升趋势。在低温储藏条件下，IR1 的 LOX 酶活性缓慢上升，在 240d 时达最大值为(0.48±0.02)U/mL，而自然通风处理对 LOX 酶活性的抑制显著低于红外辐射干燥，对照 1 下 LOX 酶活性在 240d 时达最大值为 (0.67±0.08)U/mL。红外辐射干燥对稻谷中 LOX 的抑制有利于延缓脂质的酶促氧化，降低脂质氧化中产生的过氧化物以及醛酮类物质的量，减少"陈米臭"味气体，同时也有利于稻谷内部细胞结构的稳定性，提高稻谷的储藏品质。

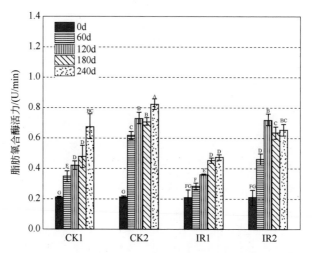

图 6-18　红外辐射干燥对储藏稻谷脂肪氧合酶活力的影响

6.6.4　红外辐射干燥对储藏稻谷过氧化物酶活力的影响

过氧化物酶（peroxidase，POD）是清除过氧化物的主要酶，能够催化过氧化氢形成水，减轻脂膜过氧化伤害。红外辐射干燥对储藏稻谷过氧化物酶活性的变化如图 6-19 所示，由图 6-19 可知，整体过氧化物酶活性随储藏时间的延长先显著下降（$p < 0.05$）后趋于平缓，初期红外辐射干燥和自然通风样品的过氧化物酶活性分别为 (24.46 ± 1.25)U/mg 和 (47.57 ± 1.62)U/mg（以蛋白质计），具有显著性差异（$p < 0.05$），红外辐射干燥的酶活性相比于自然通风失活率高 40%。在 35℃储藏条件下，红外辐射干燥和自然通风处理样品过氧化物酶活性在 240d 时分别下降了 15.73U/mg 和

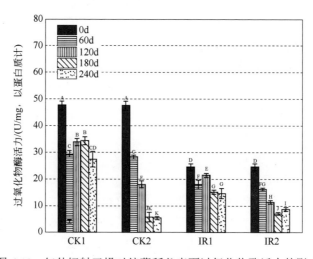

图 6-19　红外辐射干燥对储藏稻谷表面过氧化物酶活力的影响

42.32U/mg（以蛋白质计），自然通风干燥样品过氧化物酶活性下降程度大于红外干燥，说明前者在储藏过程中受脂膜过氧化程度较大，易丧失生命活力。在低温储藏条件下，红外辐射干燥样品的过氧化物酶活性下降较为平缓，在180d时趋于稳定，无显著性差异（$p>0.05$）。而自然通风样品酶活性波动下降，在240d时达到最小值为(27.29±0.29)U/mg（以蛋白质计）。

6.6.5　红外辐射干燥对储藏稻谷脂氢过氧化物裂解酶的影响

脂氢过氧化物裂解酶（hydro peroxide lyase，HPL）是植物脂质氧化途径中脂肪氧合酶（lipoxygenase，LOX）下游的酶，催化 LOX 的反应产物。脂氢过氧化物裂解生成短链挥发性醛（主要为己醛、己烯醛）和含氧酸。红外干燥对储藏稻谷脂氢过氧化物裂解酶活性的变化如图 6-20 所示，在低温储藏条件下红外干燥和自然通风稻谷的 HPL 活性随着储藏时间的延长增加，在 240d 达到最大值，分别为(0.07±0.01)U/mL 和(0.09±0.01)U/mL（$p<0.05$），而高温加速陈化储藏条件下样品的 HPL 活性均显著增加，其中对照 2 下的 HPL 活力在 120d 达到最大值，为(0.33±0.03)U/mL，随后波动下降，在 240d 时的 HPL 活性值为(0.30±0.02)U/mL。红外辐射干燥处理稻谷 HPL 活性在前 180 天迅速增加，接着保持稳定，在 240d 时为(0.29±0.01)U/mL，在储藏期后 120d 无显著性差异（$p<0.05$）。

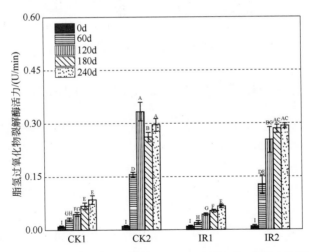

图 6-20　红外辐射对储藏稻谷脂氢过氧化物裂解酶活力的影响

6.6.6　红外辐射干燥对储藏稻谷乙醇脱氢酶的影响

乙醇脱氢酶（alcohol dehydrogenase，ADH）是己醛、庚醛等催化氧化还原反应的主导酶，在植物无氧呼吸过程中起着重要作用。红外辐射对储藏稻谷乙醇脱氢酶活力的影响如图 6-21 所示，ADH 在稻谷储藏期间的活性变化并不稳定，总体来说，随着储藏期的延长逐渐升高。自然通风处理稻谷的 ADH 活性无论在何种储藏温度下都比红外辐射干燥处理要高。在低温储藏条件下，自然通风稻谷的 ADH 活性先显著下降再不断增加，在 240d 时达到最大值为(0.07±0.01)U/min，而红外辐射干燥稻谷的 ADH 活性基本保持不变。在 35℃高温加速陈化储藏条件下，自然通风稻谷在 180d 时达到最高值，为(0.8±0.01)U/min，随后一直保持较高水平，红外辐射干燥稻谷的 ADH 活性先上升后下降，在 240d 时的活性为 0.03U/min。

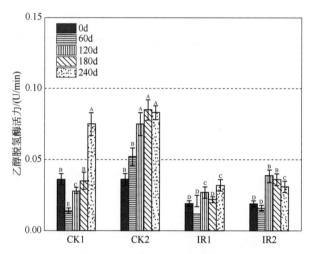

图 6-21　　红外辐射干燥对储藏稻谷乙醇脱氢酶活力的影响

6.6.7　红外辐射干燥对储藏稻谷醇酰基转移酶的影响

由醇和羧酸酯化形成的挥发性酯是储藏稻谷中主要的挥发性化合物之一，丁基、丁酸酯类和戊酸酯类的形成机理涉及醇酰基转移酶（alcohol acyltransferase activity，AAT）的参与，油酸通过 β 氧化生成的丁酸、己酸等在 AAT 作用下催化酯化反应。红外干燥对储藏稻谷醇酰基转移酶活性的变化如图 6-22 所示。低温储藏条件下，AAT 酶活性相对比较稳定，自然通风稻谷的 AAT 活性缓慢增加，在 240d 达到最大值为 0.23U/min，而红外干燥处理稻谷的 AAT 活性在整个储藏期几乎无显著性差异（$p>0.05$）。在 35℃储藏条件下，自然通风稻谷的 AAT 活性在储藏期为 120d 时达到最大值为(0.85±0.06)U/min，之后随着储藏期的延长，AAT 活性在数值上与 120d 时相比无显著性差异（$p>0.05$），在 240d 时活性为(0.78±0.02)U/min；红外干燥稻谷的 AAT 活性随着储藏期的延长逐渐增加，在 240d 时活性为(0.44±0.01)U/min，与对照 2 相比差异显著（$p<0.05$）。

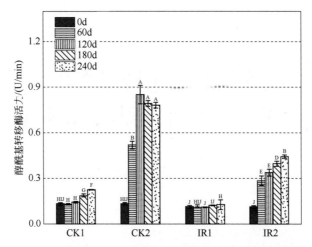

图 6-22　红外辐射干燥对储藏稻谷醇酰基转移酶活力的影响

6.6.8　小结

不饱和脂肪酸可被 LOX 降解，导致膜类脂质过氧化，增加膜离子泄漏，进一步破坏膜。LOX 还能催化脂肪酸生成醛类，这些醛类在 ADH 脱氢后形成醇类；在酯类芳香代谢途径中，AAT 与乙酰辅酶 A 催化醇类形成芳香酯，低含量或低活性的 ADH 会导致香味的减少。根据以上结果，在 35℃储藏条件下，IR 干燥和对照样品的脂肪酶活性分别为(2.9±0.68)U/min 和(4.13±0.83)U/mL，具有显著差异性（$p<0.05$），且到储藏末期依然显著低于对照样品。Li 等也对 IR 在小麦胚芽上的应用进行了类似的研究，结果表明，随着加工温度和加工时间的延长，小麦胚芽脂肪酶活性降低（$p<0.05$）。目前的结果也与我们之前的研究一致，其中 IR 处理可以有效地钝化脂肪酶的活性，同时降低稻谷水分。在红外光谱处理后，米糠中脂肪酶的空间结构或三维构象受到一定程度的破坏或影响，然后其活性部分受损，从而降低稻谷中的脂质水解。同样，LOX 和 POD 活性显著降低（$p<0.01$），这一现象可以从样品的能量吸收和水分含量来解释。当辐射光谱撞击样品表面时，它可以引起分子的振动和旋转状态的变化，从而导致持续的辐射加热。随着处理温度的升高，酶活性明显降低。此外，前期研究表明，酶活性与水分含量和水分活性之间存在显著的正相关关系。大多数细菌样品经 IR 处理后，其脂肪酶和 LOX 活性在贮藏期间均明显下降。有研究发现稻谷含水率是有效的脂肪酶/酯酶失活的重要参数。此外，Wang 等提出，短波和中波红外干燥均可通过控制样品中固定化水的含量显著降低水分活性（$p<0.01$），从而降低酶活性，抑制样品中脂类物质的氧化。因此，IR 可以在较高的水平上迅速提高样品的温度，从而在短时间内直接破坏酶的结构，降低酶活性。为了更好地了解其可能的作用机制，需要对稻谷中脂肪酶、LOX 等活性二级结构进行进一步研究。

第7章 红外辐射干燥技术在粮食杀虫领域中的应用——以主要害虫玉米象为例

7.1 红外辐射干燥杀虫机理与虫害致死动力学研究现状

目前,国内外对高温和辐照杀虫工艺的研究较多,红外杀虫机理研究进展缓慢,关于红外杀虫机理公开报道较少。Kirkpatrick 等对比微波和红外辐射对米象的杀虫效果发现,由于红外辐射的均匀性高,红外辐射比微波对未成年和成年米象具有更好的杀虫效果。一些学者分别研究了热处理和辐照对害虫生存和繁殖的影响,证实在合适的处理条件下,热处理和物理辐照可有效杀灭谷蠹、赤拟谷盗和舞毒蛾等仓储害虫。研究发现,高温容易引起虫体水分过度散失,蛋白质变性凝固,线粒体或酶系统被破坏而导致其死亡,不同的是,辐照杀虫主要是源于其对害虫核酸损伤和降低细胞存活率等生物学效应而实现杀虫的目的。目前的研究证明,生物体各组分中,氨基酸、蛋白质和核酸分别在 $3\sim4\mu m$ 和 $6\sim9\mu m$ 的这两个区间对红外辐射有两个强吸收带,因此红外辐射害虫时,除了引起害虫体内水分子共振产热,同时对害虫体内的主要组分产生生物学效应,红外辐射在快速加热害虫的同时亦会改变核酸和蛋白质等组分的结构特性,从而影响甚至终止其生命活动,但截止到目前的研究尚未提供明确的科学依据,导致红外杀虫理论基础的缺乏。

研究虫害的致死动力学的方法具有十分广阔的前景,该方法主要通过在不同处理条件下建立粮食等农产品中害虫的致死动力学模型,以此来预测害虫的死亡率。该研究方法减少了不同处理技术条件下研究需要的数据收集量。在虫害的致死动力学研究中,害虫死亡率是指每个单次实验中杀灭害虫的数目与本次实验中的害虫总数目比值。可以依据建立的致死动力学模型,有效估测每次处理的害虫死亡率,有利于开发和研究绿色环保有效的虫害治理技术,并进一步保障粮食及农产品储藏安全。国内外研究学者在农产品采后安全储藏研究领域开展对虫害杀灭的广泛研究,研究成果广泛,包括研制高效快速的仪器设备,提出一系列害虫死亡动力学的模型。

研究表明，0.5 阶致死动力学模型已经被广泛应用研究，包括墨西哥果蝇、印度谷螟、苹果蠹蛾、地中海果蝇和赤拟谷盗等。与此同时，0 阶致死动力学模型也被广泛讨论，包括桃蛀螟和米象等。研究学者们也在正常环境条件下证实了害虫的死亡速率受到加热速率的影响。Neven 等研究了加热速率与害虫死亡率之间的关系。结果表明，在获得相同热死亡率的情况下，处理时间与加热速率成反比。Thomas 等研究证实了这一结论，并猜测害虫可能在低加热速率处理时，随着加热时间的延长逐渐适应并刺激产生抵抗外界热胁迫的热激蛋白。也有研究发现，不同加热速率处理时间不同可以达到相同的致死率，且在较低的加热速率下，害虫的死亡率也较低。以上相关实验结果为本部分红外辐射对玉米象致死机理的研究提供了指导和理论依据。

7.2　红外辐射干燥技术对玉米象的致死动力学特性

随我国居民收入的持续增长和城镇化水平的日益提高，未来我国居民食物消费总体保持稳健增长形势，粮食需求总量将继续增加。但从粮食生产来看，有限的资源环境限制了粮食产量增产的剩余空间，要满足粮食日益增长的消费需求，必须严格控制粮食产后损失。但目前来看，我国每年因虫霉污染等因素造成的储粮产后损失高达 200 亿斤（1 斤=500g）以上。为减少由储粮虫害带来的经济损失，仓储企业通常在粮食储藏期内选择适当时机进行磷化氢熏蒸杀虫，但由于化学熏蒸剂的过度使用以及储粮害虫对熏蒸剂生物抗性的日渐增强，粮食产后安全性保管难度日益突出。红外辐射（infrared radiation）作为一种新型绿色物理处理技术，效率高，对环境无二次污染，符合我国资源节约型和环境友好型技术的发展需求。近年来，随着催化式红外辐射设备的开发和应用，红外设备的制造和使用成本明显降低，红外杀虫研究逐渐受到重视。本章拟采用红外辐射处理技术，以不同红外辐射强度和处理时间为控制变量，探讨在红外动态工艺参数调节下玉米象致死效果以及热死亡动力学模型，为开发研制合理的红外辐射处理方案提供理论基础。

7.2.1　实验方法

7.2.1.1　试虫培养

分别挑选 300 头玉米象成虫，置于装有 85g 左右稻谷的 500mL 广口瓶中，尼龙纱布密封，放入温度为(28.0±1.0)℃，相对湿度为(68.0±5.0)%，光周期为 0∶24（L∶D）的人工恒温恒湿气候箱中进行培养。待玉米象成虫产卵 3d 后，挑出全部成虫并转移至另一个广口瓶中继续产卵。每隔 3d 重复一次上述操作，根据实际情况，经过一段时间的培养后，挑选 2 周龄的羽化成虫进行实验。

7.2.1.2 红外辐射处理

每组实验为红外辐射强度与时间的组合，随机选取 50 只玉米象成虫作为实验样本进行红外辐射处理，考虑到玉米象成虫体积较小和快速移动性，实验时将其放置于涂抹聚四氟乙烯溶液的托盘中。红外发生器由设备自带的控制面板调节，可调节目标辐射强度，可便捷有效地进行红外处理。在进行红外辐射处理储粮害虫玉米象之前，调节红外辐射发生器温度，待红外辐射板升温后稳定 20min，以保证红外发生器的稳定性。将托盘放入红外发生器下方垂直距离 20cm 处，在不同红外辐射强度下（2125W/m²、2780W/m² 和 3358W/m²）进行处理，处理时间依据待测样品表面温度进行设定，处理方案如表 7-1 所示，培养在温度(28.0±1.0)℃，相对湿度(68.0±5.0)%的人工恒温恒湿气候箱中的玉米象作为对照组。

表 7-1 玉米象成虫的不同红外辐射强度处理方案

红外辐射强度/(W/m²)	处理时间/s				
2125	45	65	85	105	125
2780	17	21	25	29	33
3358	4	6	8	10	12

当红外处理时间结束时立即将实验组玉米象取出，然后分别装入广口瓶中加入干净无虫的小麦 20g 并用纱布封口，在温度为(28.0±1.0)℃，相对湿度为(68.0±5.0)%，光周期为 0∶24（L∶D）的人工恒温恒湿气候箱中培养 7 天，随后通过观察玉米象的生命特征，并统计各组的玉米象死亡率。每个辐射强度时间组合实验重复 3 次，计算平均值和标准偏差。

7.2.1.3 玉米象致死动力学模型建立

基础动力学模型可以用来描述各类害虫热死亡率，处理前后存活的害虫数的比值和热处理时间的关系。本研究以基础动力学模型对害虫红外辐射致死特性反映规律进行描述，采用式（7-1）进行描述：

$$\frac{d\left(\frac{N}{N_0}\right)}{dt} = -k\left(\frac{N}{N_0}\right)^n \qquad (7-1)$$

将上式两边进行积分得式 7-2 和 7-3：

$$\ln\left(\frac{N}{N_0}\right) = -kt + c \quad (n=1) \qquad (7-2)$$

$$\left(\frac{N}{N_0}\right)^{1-n} = -kt + c \quad (n \neq 1) \qquad (7-3)$$

式中，N 和 N_0 分别表示玉米象红外辐射处理存活数和最初的实验害虫数目，k 表示热致死速率常数（s^{-1}），t 表示红外辐射处理的时间（s），n、c 为常数。n 表示热致死动力学反应阶数，热致死动力学模型常用的阶数主要有 0、0.5、1、1.5 和 2。分析害虫不同红外辐射处理强度、时间下死亡程度，比较害虫死亡时间回归曲线中的决定系数 R^2，进而确定害虫的红外辐射致死动力学模型，R^2 越高表示模型匹配度越好，进而推算式（7-2）中的常数 k 和 c。

7.2.1.4 玉米象死亡率的回归曲线

确定玉米象致死动力学模型后，利用半对数坐标，绘制不同红外强度处理下玉米象达到 100%死亡率所需要的最小处理时间的变化曲线。根据玉米象红外辐射死亡时间曲线（TDT），确定在不同红外强度处理下玉米象完全死亡的最短时间。利用 0.5 阶动力学模型，预测达到 95.00%、99.00%、99.33%和 99.99%的死亡水平时不同处理强度下的处理时间（LT），即 LT_{95}、LT_{99}、$LT_{99.33}$ 和 $LT_{99.99}$。

7.2.1.5 红外辐射处理玉米象的症状学观察

每组实验随机选取 50 只玉米象成虫为实验样本进行红外辐射处理，考虑到玉米象成虫体积较小和快速移动性，实验时将其放置于涂抹聚四氟乙烯溶液的托盘中。将托盘放入红外发生器下方垂直距离 20cm 处，在不同红外辐射强度下（2125W/m²、2780W/m² 和 3358W/m²）进行处理。未经红外辐射处理的玉米象作为对照组，连续观察、记录玉米象的反应过程及症状表现。

7.2.2 玉米象致死动力学模型

通过分析对照实验中的玉米象死亡数据，发现未经红外辐射处理的玉米象在正常环境下饲养 7 天后存活率为(97.0±1.1)%，表明恒温恒湿箱内的饲养环境对实验害虫的影响较小，可以忽略。表 7-2 为不同红外辐射强度处理下各个动力学模型的相关系数（R^2）对比，由表可知，回归模型的相关系数随模型阶数增加后降低，0 和 0.5 阶的回归模型的相关系数较好拟合了实验数据（R^2 范围在 0.9352～0.9994 间）。通过均值比对发现，0.5 阶红外辐射致死动力学模型下的 R^2 最大，被最终确定为最符合的模型阶数。该结果与文献中苹果蠹蛾、赤拟谷盗和果蝇等热致死规律相同，但是与部分文献中米象最符合的 0 阶模型有所差异。对比此次数据表明，0.5 阶与 0 阶模型的相关系数差别不大，最大差值仅为 0.0401，但使用 0.5 阶模型可进行相对更准确描述。同时，结果也反映了不同处理条件和处理对象下，最佳虫害致死动力学模型会有所区别。

表 7-2　不同红外辐射强度处理和模型阶数下玉米象死亡率的相关系数（R^2）对比

红外辐射强度/(W/m²)	N_0	$n=0$	$n=0.5$	$n=1$	$n=1.5$	$n=2$
2125	50	0.9850	0.9994	0.9724	0.9095	0.8329
2780	50	0.9544	0.9983	0.9447	0.8088	0.6977
3358	50	0.9352	0.9753	0.8982	0.7674	0.6754
平均值	50	0.9582	0.9910	0.9384	0.8286	0.7353

注：N_0 为每个实验组的玉米象数量。

　　表 7-3 为不同红外辐射强度处理下玉米象 0.5 阶热致死动力学模型方程的关键参数。热死亡速率 k 表示玉米象成虫热死亡曲线的斜率绝对值，会随着温度升高而增大，说明在达到相同死亡率的情况下，处理时间会随处理功率提高而显著降低。c 值表示未处理时，玉米象的存活率，反映模型的拟合误差，0.5 阶热致死动力学模型下的 c 值在误差范围内接近理想值 1，说明了实际结果与预测结果接近。

表 7-3　三种红外辐射强度下玉米象 0.5 阶热致死动力学模型

红外辐射强度/(W/m²)	模型参数$(N/N_0)^{1-n}=-kt+c$	
	k	c
2125	0.00725	1.03908
2780	0.04564	1.41809
3358	0.08540	1.05964

注：k 是热死亡速率常数，t 是特定红外强度下的处理时间。

7.2.3　玉米象死亡率回归曲线

　　图 7-1 表示玉米象成虫在 0.5 阶下的热死亡曲线，对应拟合 R^2 分别为 0.9994、0.9544 和 0.9352，拟合效果良好。红外辐射强度从 2125W/m² 升至 3358W/m² 时，热死亡曲线斜率急剧增大，说明红外辐射强度越大，曲线斜率越大，所需处理的时间越小。2125W/m²、2780W/m² 和 3358W/m² 处理强度下，各组实验的 50 只玉米象达到 100%热致死的最短处理时间约为 111s、28s 和 10s。理论上处理时间为 0 时玉米象死亡率应为 0，即对照组的存活率 N/N_0 应为 1，但实际操作时不同处理温度的对照组米象存在非正常死亡，平均存活率为(97.0±1.1)%，表明由非可控因素导致了实验误差，但误差较小在可接受范围内，可以予以忽略。

　　表 7-4 表示实验中 50 只玉米象在不同红外强度处理下完全死亡的最短时间以及利用 0.5 阶动力学模型预测下达到 95.00%、99.00%、99.33%和 99.99%的死亡水平时不同处理强度下的热处理时间（LT）。由表 7-4 可知，同一处理条件下，预测处理时间随死亡水平的提高而增加，最短处理时间与预测处理时间 $LT_{99.99}$ 最为接近。红外辐射强度 2125W/m²、2780W/m² 和 3358W/m² 处理时玉米象成虫达到 99.99%的死

亡率所需最短处理时间分别是 111.43s、28.02s 和 9.73s，这说明在这三种红外辐射强度下能对玉米象进行快速杀灭。部分文献研究表明较短时间的红外处理可以有效保证农产品品质不受影响，并提高农产品加工效率，促进市场销售，因而推荐在实际生产中使用。

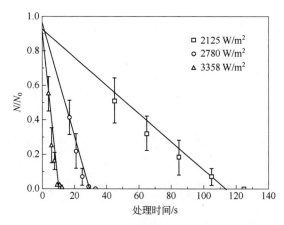

图 7-1 不同红外辐射处理条件下玉米象热死亡曲线

表 7-4 玉米象在不同红外辐射强度的热死亡时间和对 0.5 阶热死亡动力学模型 95% 置信区间下预测的不同红外辐射强度和杀灭水平下的处理时间对比

红外辐射强度/(W/m²)	N_0	LT_0	模型预测处理时间（95% CI）			
			LT_{95}	LT_{99}	$LT_{99.33}$	$LT_{99.99}$
2125	50	111.43	104.69(83.00～126.38)	110.08(87.29～132.88)	110.53(87.64～133.42)	111.42(88.33～134.51)
2780	50	28.02	26.61(19.68～33.53)	27.74(20.52～34.95)	27.83(20.59～35.07)	28.02(20.72～35.32)
3358	50	9.73	9.17(4.93～13.42)	9.62(5.21～14.02)	9.65(5.24～14.07)	9.73(5.28～14.17)

注：CI 表示置信区间，LT 表示预测所需要的处理时间；括号外数字表示最短处理时间，括号内表示置信区间。

7.2.4 红外处理玉米象的症状学观察

玉米象成虫经历了兴奋、痉挛、麻痹、死亡四个阶段。红外辐射处理前，玉米象喜沿着托盘劈爬，并喜聚集成群，并伴有多头试虫抱成一团的现象，分散在托盘不同方位；红外辐射处理后，试虫逐渐表现出兴奋症状，四处急速爬行，进而进行强烈的活动；随着处理时间的延长，玉米象成虫爬行不稳，虫体爬行速度明显减缓，躯体摇晃，并在爬行中经常出现重心不稳，常从瓶壁上跌落，时而腹部朝上，时而继续缓慢爬行，这些症状反复交替数次，直到虫体既不能站立，也难以爬行，只能腹部朝上，足与触角多次发生突发性的颤动；最后整个虫体完全静止不动或长时间才能观察到足与触角偶尔有微弱的颤动；虫体死亡后，体表干燥，腹部向上，六足僵硬地展开，生殖器外露，体表有失水现象。

7.2.5　小结

本章对不同红外处理条件下（辐射强度和处理时间）玉米象的致死率情况进行了研究，分析了红外辐射工艺参数与玉米象致死率的相关性，建立红外辐射对玉米象的致死动力学预测模型，验证模型的准确性，总结红外辐射对玉米象的致死动力学特征规律，并对红外辐射处理后玉米象所表现的症状进行了观察和描述，主要得出以下结论：

① 对比不同阶数下的相关系数确定玉米象的红外辐射死亡特性最符合 0.5 阶动力学反应模型，对应 R^2 分别为 0.9901，拟合效果良好。这说明可以利用该模型对玉米象死亡特性进行描述，预测玉米象的热死亡率，为开发研制合理的红外辐射处理方案提供参考。

② 在 0.5 阶动力学模型预测下，玉米象成虫在红外辐射强度 2125W/m² 、2780W/m² 和 3358W/m² 处理下玉米象成虫达到 99.99% 的死亡率所需最短处理时间分别是 111.43s、28.02s 和 9.73s，这说明在这三种红外辐射强度下能对玉米象进行快速杀灭。

③ 症状学观察发现，红外辐射处理后，玉米象成虫经历了四个阶段，分别是：兴奋、痉挛、麻痹、死亡。

7.3　红外辐射干燥技术对玉米象生理生化特性的影响

7.3.1　实验方法

7.3.1.1　试虫前处理

经过一段时间的培养后，挑选羽化后两周龄左右，呈红褐色体色的玉米象成虫进行红外处理，处理方法同上。

7.3.1.2　水分含量测定

红外辐射处理时间结束时立即将实验组玉米象取出，然后分别称取试虫的体质量（m_1），接着放入 60℃恒温鼓风干燥箱中烘干 24h 至恒质量（m_2），计算玉米象虫体水分含量，每组平行测定 3 次。对照组为未经过红外辐射处理的同一批次试虫，置于温度为(28.0±1.0)℃、相对湿度(68.0±5.0)%、光周期为 0∶24（L∶D）的环境中与实验相应的处理时间后进行虫体水分含量的测定。水分含量=(1−m_2/m_1)×100%。

7.3.1.3 酶液提取

挑取经过红外辐射处理的玉米象成虫 20 头，以预冷 pH 7.2 的 Tris-HCl 缓冲液（内含 1%的 EDTA 和 1%的聚乙烯吡咯烷酮）洗净，用滤纸吸干称重后，置于 2mL 预冷离心管中，液氮处理，加入 0.9mL 预冷缓冲液，1 个 3mm 的钢珠，使用匀浆机 25Hz 研磨处理 5min。研磨充分后，将匀浆液置于 11000r/min，4℃下离心 20min，收集上清液，用针筒式过滤器过滤，所得即为提取酶液，储存在-20℃冰箱中备用。以上所用缓冲液、匀浆机都提前预冷，且提取酶液过程都在冰浴中进行，以防止酶活性丧失。

7.3.1.4 酶原蛋白含量测定

参照 Braford 的方法，利用考马斯亮蓝 G-250 法对提取酶液中总蛋白的含量（以 mg/mL 表示）进行测定。首先制备牛血清蛋白标准溶液：将 1mg 牛血清蛋白（BSA）溶解于 1mL 0.1mol/L pH 7.5 磷酸缓冲液中，按照表 7-5 的方法添加，配制成不同浓度梯度的牛血清蛋白标准溶液。所得不同浓度梯度的牛血清蛋白标准溶液中分别加入 200μL 考马斯亮蓝 G-250 溶液，将含有溶液的酶标板置于 25℃条件下保温 5min，在 595 nm 处测定 OD 值，重复测定 3 次，以牛血清蛋白含量（mg）为 X 轴，待测样与对照样 OD 值的差值为 Y 轴作图，得到牛血清蛋白标准回归方程。

表 7-5 牛血清蛋白标准曲线的制作

试剂	对照样/μL	待测样/μL				
		1	2	3	4	5
标准蛋白质溶液	0	10	20	30	40	50
0.1mol/L 磷酸缓冲液	50	40	30	20	10	0
25℃条件下保温 5min，595nm 下测定 OD 值						

对提取酶液中总蛋白质的含量（以 mg/mL 表示）进行测定的具体方法：酶标板的总反应体系是 250μL，待测样包括 200μL 考马斯亮蓝与 50μL 的提取酶液和磷酸缓冲液，参比样使用 50μL 的 0.1mol/L pH 7.5 磷酸缓冲液。酶标板置于 25℃条件下保温 5min，在 595nm 处测定 OD 值，3 次重复，根据牛血清蛋白标准回归方程及提取酶液对应的吸光值得到提取酶液中的蛋白质浓度。

7.3.1.5 保护酶系活性测定

正常情况下，生物体内存在多种抗氧化酶，超氧化物歧化酶（SOD）、过氧化氢酶（CAT）和过氧化物酶（POD）这三种抗氧化酶组成保护酶系统，能清除自由基，保证机体生理生化活动的正常进行。其中，SOD 能够清除部分自由基并转换成 H_2O_2，H_2O_2 进一步被 CAT 和 POD 分解为无害的水等物质。玉米象经过红外辐射处理后，在一定程度上引起体内的保护酶系统（SOD、CAT 和 POD）共同发挥作用，将机体内的自由基水平维持在正常水平。

7.3.1.6　超氧化物歧化酶活性测定

不同红外辐射强度（$2125W/m^2$、$2780W/m^2$ 和 $3358W/m^2$）和时间分别处理玉米象试虫后，立即进行液氮处理，参照 Nebot 方法，对玉米象试虫体内的超氧化物歧化酶 SOD 活性进行测定。该方法通过测定添加样品时的自氧化速率 Vs 和不添加样品时的自氧化速率 Vc 的比率来代表超氧化物歧化酶 SOD 活性。1 个 SOD 活性单位相当于 4.525mL 反应液达到 50%抑制时所需要的酶量，被定义为空白样品自氧化速率（$Vs/Vc=2$）的 2 倍，活性单位以 unit/mg（以蛋白质计）表示，即 U/mg。

7.3.1.7　过氧化氢酶活性测定

不同红外辐射强度（$2125W/m^2$、$2780W/m^2$ 和 $3358W/m^2$）和时间分别处理玉米象试虫后，立即进行液氮处理，参照 Aebi 方法，对玉米象试虫体内的过氧化氢酶 CAT 活性进行测定。该方法利用 H_2O_2 发生歧化反应引起 240 nm 处吸光度值的变化。标准情况下，在 1min 时间里 H_2O_2 转化成 H_2O 和 $1/2$ H_2O 的数目定义为 1 个 CAT 单位（unit），特异性活性单位为 unit/mg（以蛋白质计）。

7.3.1.8　过氧化物酶活性测定

不同红外辐射强度（$2125W/m^2$、$2780W/m^2$ 和 $3358W/m^2$）和时间分别处理玉米象试虫后，立即进行液氮处理，参照 Armstrong 方法，对玉米象试虫体内的过氧化物酶 POD 活性进行测定。该方法利用 p-苯二胺作为供氢载体，根据 p-苯二胺的氧化产物在 485nm 处吸光值进行测定。过氧化物酶 POD 活性单位以 unit/mg（以蛋白质计）表示，即 U/mg。

7.3.1.9　乙酸胆碱酯酶活性测定

乙酰胆碱酯酶（AChE）是在昆虫体内广泛存在，在神经传导过程中起着重要作用的一种酶类。受体上解离出来的乙酰胆碱分子被乙酰胆碱酯酶水解成乙酰和胆碱，从而终止神经兴奋传导，使得神经传导正常进行。乙酰胆碱酯酶一旦被抑制达到一定程度后，主要神经递质乙酰胆碱积累，会使机体过度兴奋而死亡。乙酰胆碱酯酶水解乙酰胆碱生成的胆碱及乙酰，其中胆碱可与巯基显色剂发生反应，根据黄色的产物对三硝基苯 TNB 在 412nm 处的最大吸光值进行定量测定，水解产物的多少反映了乙酰胆碱酯酶的酶活力。不同红外辐射强度（$2125W/m^2$、$2780W/m^2$ 和 $3358W/m^2$）和时间分别处理玉米象试虫后，立即进行液氮处理，对玉米象试虫体内的乙酰胆碱酯酶 AChE 活性测定按照试剂盒说明书进行。

7.3.1.10　相对电导率测定

需氧细胞在代谢过程中产生一系列活性氧簇 ROS，ROS 不但通过生物膜中多不饱和脂肪酸的过氧化引起细胞损伤，而且还能通过脂氢过氧化物的分解产物引起细胞损伤，导致虫体细胞破坏和膜渗透增加。因此，通过测定相对电导率（初始电导率 L_1 与冷却后的电导率 L_2 的比值）来反映 ROS 对虫体的氧化作用。不同红外辐射强度（2125W/m²、2780W/m² 和 3358W/m²）和时间分别处理玉米象试虫后，立即进行液氮处理，参考 Barman 方法测定电导率。将玉米象试虫用蒸馏水冲洗 3 次，滤纸吸干试虫表面水分，加入 50mL 蒸馏水浸泡 30min，利用 DDS-11At 电导率仪测定试虫的初始电导率（L_1）。然后将该样品加热煮沸 30min，损失的水分利用蒸馏水补充，冷却后再次测得试虫的电导率（L_2）。相对电导率通过 L_1/L_2 比值的百分比表示。

7.3.2　红外辐射水分含量的影响

昆虫体内水分散失是红外辐射致死的一个重要原因。在干热条件下，昆虫在无法采取任何行动躲避高温的时候会最先通过加速体内水分蒸发的方式来降低机体内外温度，从而避免高温的伤害。

由图 7-2 可知，水分含量随着处理时间的延长显著降低，玉米象成虫在红外辐射强度 2125W/m² 下处理时间 40s 时，虫体水分含量由 54.6% 降低到 52.5%，降低了 2.1% 但仍维持在 52.5% 以上。在处理时间 120s 时，试虫死亡率达到 100%，虫体水分含量维持在 42.4% 左右，与对照组相比降低了 12.2% 的水分含量，占虫体水分的 22.3%。在红外辐射强度 2125W/m² 时，处理 120s 以上可快速降低虫体水分含量，使害虫死亡率迅速增高，达到 100% 的致死率。

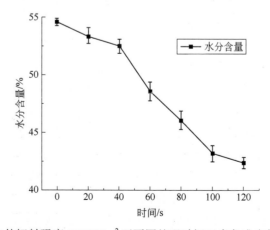

图 7-2　红外辐射强度 2125W/m² 下不同处理时间玉米象成虫的水分含量

　　图 7-3 结果表明,水分含量随着处理时间的延长显著降低,在处理时间小于 10s 时,试虫的校正死亡率低于 20.0%,虫体水分含量维持在 49.9%之上。当处理时间由 10s 延长到 20s 时,虫体水分含量则由 49.9%下降到 46.1%,降低了 3.8%,占虫体水分的 7%。在处理时间为 30s 时,试虫死亡率达到 100%,虫体水分则为 42.8%左右,与对照组相比降低了 11.5%的水分含量,占虫体水分的 21%。在红外辐射强度 2780W/m² 时,处理 30s 以上可快速降低虫体水分含量,使害虫死亡率迅速增高,达到 100%的致死率。

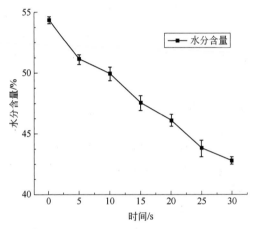

图 7-3　红外辐射强度 2780W/m² 下不同处理时间玉米象成虫的水分含量

　　由图 7-4 可知,水分含量随着处理时间的延长显著降低,玉米象成虫在红外辐射强度 3358W/m² 下处理时间 6s 时,虫体水分含量由 54.7%降低到 52.3%,降低了 2.4%但仍维持在 52.3%以上。在处理时间 12s 时,试虫死亡率达到 100%,虫体水分含量维持在 45.6%左右,与对照组相比只降低了 9.1%的水分含量,占虫体水分的 16.6%。在红外辐射强度 3358W/m² 时,处理 12s 以上可快速降低虫体水分含量,使害虫死亡率迅速增高,达到 100%的致死率。研究发现不同红外辐射强度(2125W/m²、2780W/m² 和 3358W/m²)和时间分别处理玉米象试虫后,随着时间的延长,试虫体内的水分含量随之逐渐减少。有研究发现维持 50℃温度状态 2h 以上,可替代化学药剂有效杀虫。昆虫体内水分散失是红外辐射致死的一个重要原因,实验中玉米象高死亡率的出现大都伴随虫体水分含量下降较大。2125W/m² 以下的红外辐射强度对玉米象的水分含量变化相对较缓慢,说明该红外强度处理时虫体水分散失是有序的过程,也说明试虫对红外辐射早期处理有一定的耐受能力,不会快速死亡;2780W/m² 红外辐射处理 10s 有玉米象出现死亡,处理 30s 以上可快速降低试虫的含水量,玉米象死亡率增高;3358W/m² 以上的红外辐射强度对降低玉米象的水分含量迅速,处理 12s 即可降低 9.1%的水分含量,使玉米象的死亡率快速增高。玉米象在红外辐射处理条件下，水分散失加快，虫体通过增加体表气孔开度，延长气孔打开时间，大量蒸发体内水分来降低温度。短时间红外辐射处理时虫体水分散失有序，试虫有一定的耐受能力，不会快速死亡。但长时间的红外处理，高温作用使得虫体水分蒸发，代谢速率升高，虫体内环境均发生相应的变化，甚至造成大分子物质的改变，影响虫体生理生化功能正常发挥，进而导致害虫死亡。红外辐射是一种快速杀灭害虫的方法，它通过高温热效应造成玉米象体内水分大量散失，影响虫体生理功能的正常发挥，进而影响虫体的存活状态。

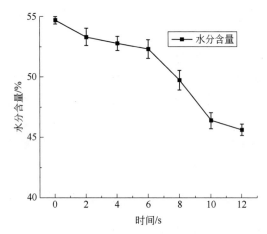

图 7-4　红外辐射强度 3358W/m² 下不同处理时间玉米象成虫的水分含量

7.3.3　红外辐射 2125W/m² 处理下的保护酶系活性

经红外辐射 2125W/m² 处理，玉米象成虫体内酶原蛋白质含量随时间的变化见表 7-6。由表 7-6 可以看出，红外处理 40s 内，玉米象成虫体内酶原蛋白的含量变化不显著。再经红外处理 40s 后从 1.08g/L 急剧下降到 0.89g/L，降低了 0.19g/L，最终下降至最低点，酶原蛋白含量为 0.79g/L。从玉米象成虫体内酶原蛋白含量变化的整体趋势看，红外辐射 2125W/m² 处理抑制了玉米象成虫体内的酶原蛋白含量。

表 7-6　红外辐射强度 2125W/m² 下，不同处理时间玉米象成虫的酶原蛋白和保护酶系含量

处理时间/s	酶原蛋白/(mg/mL)	SOD 比活力/(U/mg)	CAT 比活力/(U/mg)	POD 比活力/(U/mg)
0	1.06±0.03 a	7.36±0.61 b	3.83±0.11 b	0.37±0.01 a
20	1.09±0.03 a	7.66±0.72 d	3.12±0.08 f	0.33±0.01 b
40	1.08±0.04 a	7.53±0.77 c	3.27±0.13 d	0.34±0.02 ab
60	0.91±0.02 b	8.57±0.36 a	3.80±0.07 b	0.36±0.03 ab
80	0.89±0.03 b	7.22±0.61 e	3.99±0.05 a	0.26±0.01 c
100	0.90±0.02 b	6.85±0.41 f	3.65±0.08 c	0.28±0.02 c
120	0.79±0.04 c	6.44±0.36 g	3.20±0.16 e	0.26±0.02 c

在红外辐射 2125W/m² 处理条件下，随着处理时间的延长，玉米象的 SOD 活性呈先升高后降低的趋势。SOD 活性在处理一段时间后得到了增强，处理 60s 时即达到了最高值 8.57U/mg，比对照组增加了 1.21U/mg，为对照组的 1.16 倍，整个处理过程中酶活性都比对照组高。SOD 酶活性在 120s 达到最低值 6.44U/mg，比对照组降低了 0.92U/mg。玉米象的 CAT 活性呈现先下降又上升再下降的趋势。红外辐射处理 20s 后 CAT 活性快速下降，降低了 0.71U/mg，差异显著。处理时间为 80s 时又上升到了最大值 3.99U/mg，涨幅为 0.87U/mg，为对照组的 1.04 倍。在红外处理时间为 120s 时，CAT 活性显著下降，表现为抑制作用。在红外辐射处理条件下，随着处理时间的延长，玉米象的 POD 活性与 CAT 活性有着相同的变化趋势，都呈现先下降又上升再下降的趋势。POD 活性在短时间内有所下降，降低了 0.04U/mg，差异显著。处理时间为 60s 时又上升到了 0.36U/mg，对照组差异不显著。POD 活性在红外处理时间为 120s 时被明显抑制，与对照组相比差异显著，此时玉米象成虫死亡率为 100%。由此可见，在红外辐射 2125W/m² 处理条件下，红外处理时间的延长对 SOD 活性有诱导增加的作用，适当延长红外处理时间可以增加 CAT 和 POD 活性，处理时间过长 CAT 和 POD 活性受到抑制，影响玉米象生理生化功能的正常发挥。

7.3.4　红外辐射 2780W/m² 处理下的保护酶系活性的影响

经红外辐射 2780W/m² 处理，玉米象成虫体内酶原蛋白含量随时间的变化见表 7-7。由表 7-7 可以看出，红外处理 10s 内，玉米象成虫体内酶原蛋白的含量变化不显著。10s 后从 1.09g/L 急剧下降到 0.87g/L，下降了 0.22g/L。酶原蛋白含量最终下降至最低点，酶原蛋白含量为 0.78g/L，与对照组相比，减少了 26%。从玉米象成虫体内酶原蛋白含量变化的整体趋势看，红外辐射处理抑制了玉米象成虫体内的酶原蛋白含量。

表 7-7　红外辐射强度 2780W/m² 下，不同处理时间玉米象成虫的酶原蛋白和保护酶系含量

处理时间/s	酶原蛋白/(mg/mL)[a]	SOD 比活力/(U/mg)	CAT 比活力/(U/mg)	POD 比活力/(U/mg)
0	1.05±0.04 b	7.31±0.71 e	3.85±0.08 c	0.35±0.01 abc
5	1.08±0.04 ab	11.02±0.32 b	3.65±0.13 f	0.32±0.03 cd
10	1.09±0.03 a	12.31±0.47 a	3.69±0.11 e	0.34±0.02 bc
15	0.94±0.02 c	10.34±0.86 c	3.89±0.06 b	0.37±0.02 ab
20	0.87±0.04 d	10.34±0.60 c	3.98±0.08 a	0.38±0.01 a
25	0.92±0.03 c	8.42±0.49 d	3.75±0.09 d	0.33±0.03 cd
30	0.78±0.04 e	7.28±0.42 e	3.60±0.05 g	0.30±0.02 d

在红外辐射 2780W/m² 处理条件下，随着处理时间的延长，玉米象的 SOD 活性呈先升高后降低的趋势。SOD 活性在短时间内得到了增强，处理时间为 10s 时即达到了最高值 12.31U/mg，比对照组增加了 5U/mg，为对照组的 1.68 倍。当红外辐射

处理时间延长到 30s 时与对照组之间差异不显著，且整个处理过程中酶活性几乎都比对照组高。玉米象的 CAT 活性呈现先下降又上升再下降的趋势。红外辐射 2780W/m² 处理对玉米象 CAT 活性影响较小，表现为 CAT 活性在短时间内有所下降，差异不显著，处理时间为 20s 时又上升到了最大值 3.98U/mg，为对照组的 1.03 倍。在红外处理时间为 30s 时，CAT 活性显著下降，表现为抑制作用。在红外辐射 2780W/m² 处理条件下，随着处理时间的延长，玉米象的 POD 活性与 CAT 活性有着相同的变化趋势，都呈现先下降又上升再下降的趋势。POD 活性在短时间内有所下降，差异不显著，处理时间为 20s 时又上升到了最大值 0.38U/mg，为对照组的 1.09 倍。POD 活性在红外处理时间为 30s 时被明显抑制，与对照组相比差异显著，此时玉米象成虫死亡为 100%。由此可见，在红外辐射 2780W/m² 处理条件下，红外辐射处理时间的延长对 SOD 活性有诱导增加的作用，有利于昆虫维持自由基代谢的稳定。适当延长红外处理时间可以增加 CAT 和 POD 活性，处理时间过长 CAT 和 POD 活性受到抑制，无法继续维持昆虫体内自由基代谢的稳定，影响玉米象的存活状态。

7.3.5　红外辐射 3358W/m² 处理下的保护酶系活性的影响

经红外辐射 3358W/m² 处理，玉米象成虫体内酶原蛋白含量随时间的变化见表 7-8。由表 7-8 可以看出，红外处理 2s 内，玉米象成虫体内酶原蛋白的含量变化不显著。红外处理 4s 后酶原蛋白含量从 1.04g/L 急剧下降到 0.89g/L，下降了 0.15g/L。酶原蛋白含量最终下降至最低点，酶原蛋白含量为 0.74g/L，与对照组相比，减少了 29%。从玉米象成虫体内酶原蛋白含量变化的整体趋势看，红外辐射处理抑制了玉米象成虫体内的酶原蛋白含量。

表 7-8　红外辐射强度 3358W/m² 下，不同处理时间玉米象成虫的酶原蛋白和保护酶系含量

处理时间/s	酶原蛋白/(mg/mL)	SOD 比活力/(U/mg)	CAT 比活力/(U/mg)	POD 比活力/(U/mg)
0	1.04±0.03 a	7.35±0.44 b	3.79±0.06 a	0.36±0.01 a
2	1.06±0.03 a	6.00±0.42 e	3.58±0.09 b	0.31±0.02 b
4	0.89±0.04 b	4.53±0.28 g	3.76±0.06 a	0.26±0.02 d
6	0.91±0.03 b	5.96±0.51 f	3.33±0.04 c	0.29±0.03 bcd
8	0.81±0.02 c	6.59±0.76 c	3.23±0.05 d	0.28±0.02 bcd
10	0.75±0.02 d	8.12±0.39 a	3.16±0.09 e	0.30±0.01 bc
12	0.74±0.03 d	6.11±0.81 d	3.55±0.06 b	0.27±0.02 cd

在红外辐射 3358W/m² 处理条件下，随着处理时间的延长，玉米象的 SOD 活性呈先降低后升高再降低的趋势，最终活性受到抑制。SOD 活性在短时间内得到了抑制，处理时间为 4s 时即达到了最低值 4.53U/mg，比对照组降低了 2.82U/mg，减少了 38%。当红外辐射处理时间延长到 10s 时，SOD 活性达到最大值 8.12U/mg，与对

照组之间差异显著。SOD 活性最终受到抑制，降低到 6.11U/mg。玉米象的 CAT 活性呈现先下降又上升再下降的趋势。红外辐射 3358W/m² 处理 2s 后 CAT 活性降低了 0.21U/mg，差异显著。处理 4s 时又上升到了 3.76U/mg，与对照组相比差异不显著。在红外辐射处理时间为 10s 时，CAT 活性显著下降到了最低值 3.16U/mg，降低了 0.63U/mg，表现为抑制作用。在红外辐射 3358W/m² 处理条件下，随着处理时间的延长，玉米象的 POD 活性与 CAT 活性有着相同的变化趋势，都呈现先下降又上升再下降的趋势。POD 活性在短时间内有所下降，差异显著，处理时间为 6s 时又上升到了 0.29U/mg。POD 活性在红外处理时间为 12s 时被明显抑制，与对照组相比差异显著，此时玉米象成虫死亡率为 100%。由此可见，在红外辐射 3358W/m² 处理条件下，红外辐射处理时间的延长对 SOD 活性有诱导增加的作用，有利于昆虫维持自由基代谢的稳定，提高昆虫耐受红外胁迫的能力。适当延长红外辐射处理时间可以增加 CAT 和 POD 活性，处理时间过长 CAT 和 POD 活性受到抑制，无法继续维持昆虫体内自由基代谢的稳定，影响玉米象体内生理生化活动的正常进行。可以看出在不同红外辐射处理条件下，玉米象的酶原蛋白含量先是逐渐上升，甚至含量达到最高值，随着处理时间的延长，酶原蛋白含量逐渐减少，这是由于在高温的刺激下，虫体自身会通过调控体内的酶系统产生热激蛋白，使得体内蛋白质含量升高，当处理时间持续延长时，蛋白质由于高温而变性失活，使得虫体内蛋白质含量不再上升，失活量增多，使得体内蛋白质含量逐渐呈现下降的趋势，蛋白质过多的变性失活引起虫体死亡。昆虫体内存在多种抗氧化酶，包括 SOD、POD 和 CAT，这 3 种酶组成保护酶系统，能保证机体自由基代谢正常，维持昆虫体内的生理活动正常进行。对昆虫进行红外辐射处理后，引起昆虫体内的保护酶系统调控机制的应答，在一定程度上保证昆虫体内的生理活动正常进行。在红外处理最后阶段，SOD、POD 和 CAT 活性均显著降低。由研究结果可知，长时间红外处理能抑制保护酶活性，降低玉米象的耐高温胁迫能力，影响玉米象生理功能的正常发挥，进而导致虫体死亡。

7.3.6　红外辐射对乙酰胆碱酯酶（AChE）活性的影响

昆虫体内的乙酰胆碱是昆虫中枢神经系统兴奋性突触的主要神经递质，而乙酰胆碱酯酶在昆虫的神经传导过程中起着重要的作用。AChE 是广泛存在的在神经传递过程中起重要作用的一种酶，能通过水解突触间隙的乙酰胆碱，而中止神经兴奋的传导，此酶一旦被抑制达到一定程度时，乙酰胆碱会积累使昆虫过度兴奋死亡。因此，乙酰胆碱酯酶的活性是衡量试虫神经生理活性的重要指标之一。

不同红外辐射处理玉米象成虫不同时间后，分别测定其乙酰胆碱酯酶比活力并进行比较。从图 7-5 可以看出，红外辐射对乙酰胆碱酯酶活性具有明显的时间效应。红外辐射 2125W/m² 处理 20s 后，玉米象乙酰胆碱酯酶活力为 1.01U/mg，高于对照组 0.85U/mg。随后酶活力持续急剧下降，后降至 0.37U/mg，极显著低于对照组。随着处理时间的持续，酶活力略有回升又下降，但均显著低于对照组，乙酰胆碱酯酶活力最低值为 0.31U/mg。红外辐射 2780W/m² 处理 20s 后，玉米象乙酰胆碱酯酶活力持续下降到 0.43U/mg，下降了 46%，显著低于对照组 0.79 U/mg。随着处理时间的持续，酶活力略有回升又下降，后降至最低 0.33 U/mg，极显著低于对照组。红外辐射 3358W/m² 处理下，玉米象乙酰胆碱酯酶活性整体表现出明显的抑制作用，由 0.80U/mg 持续下降到最低值 0.30U/mg，下降了 62.5%，极显著低于对照组。从乙酰胆碱酯酶活性的整体变化趋势来看，玉米象体内乙酰胆碱酯酶活性经过红外辐射处理后受到显著抑制。随着红外辐射处理强度的增加，玉米象体内的乙酰胆碱酯酶活性的抑制作用呈增加的趋势，由此影响乙酰胆碱积累正常进行，影响玉米象生理功能的正常发挥。

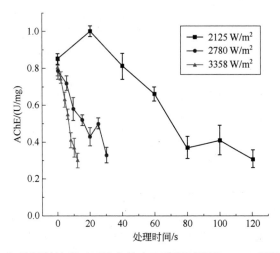

图 7-5　红外辐射处理对玉米象体内乙酰胆碱酯酶 AChE 活性的影响

7.3.7　红外辐射对相对电导率的影响

需氧细胞在代谢过程中产生一系列活性氧簇 ROS，ROS 不但通过生物膜中多不饱和脂肪酸的过氧化引起细胞损伤，而且还能通过脂氢过氧化物的分解产物引起细胞损伤，导致虫体细胞破坏和膜渗透增加。通过测定相对电导率（初始电导率 L_1 与冷却后的电导率 L_2 的比值）来反映红外辐射处理条件下 ROS 对虫体的氧化作用。

红外辐射处理玉米象的相对电导率结果如图 7-6 所示，整体上看玉米象的电导率随着处理时间的增加不断上升。红外辐射 2125W/m² 处理 40s 内，玉米象相对电导率变化不显著，随后增长迅速，逐步增加。在红外处理后期，玉米象处理 100s

和 120s 的相对电导率分别为 17.5%和 17.9%，显著高于对照组 16.3%。红外辐射 2780W/m² 处理条件下，玉米象的相对电导率变化与 2125W/m² 呈现相似的变化趋势。红外辐射 10s 内，玉米象相对电导率变化不显著，随后增长迅速，逐步增加。在红外辐射处理后期，玉米象处理 30s 的相对电导率为 17.8%，显著高于对照组 16.4%。红外辐射 3358W/m² 处理条件下，玉米象的相对电导率逐渐上升，达到最大值 18.1%，比对照组增加了 1.6%，差异显著。从相对电导率的整体变化趋势来看，玉米象体内相对电导率经过红外辐射处理后诱导增加。随着红外辐射处理强度的增加，玉米象体内的相对电导率的诱导作用呈增加的趋势，由此造成虫体细胞破坏以及膜渗透增加，无法继续维持玉米象体内内环境平衡，影响玉米象生理生化功能的正常发挥。

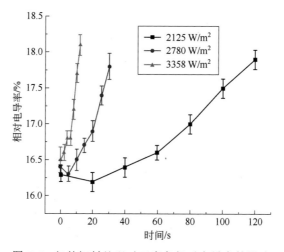

图 7-6　红外辐射处理对玉米象相对电导率的影响

7.3.8　小结

本章主要研究了红外辐射处理对玉米象成虫体内含水量、蛋白质含量、保护酶系含量、乙酰胆碱酯酶含量及相对电导率的影响，并通过对处理后成虫体内以上指标的变化分析高温致死的防治机理。可以看出，红外辐射对玉米象成虫致死的作用主要有：

① 在红外辐射强度 2125W/m²、2780W/m² 和 3358W/m² 下分别处理 120s、30s 和 12s 时，试虫死亡率均达到 100%，虫体水分含量分别维持在 42.4%、42.8%和 45.6%，与对照组相比水分含量分别降低了 12.2%、11.5%和 9.1%。玉米象在红外辐射处理条件下，水分散失加快，虫体通过增加体表气孔开度，延长气孔打开时间，大量蒸发体内水分来降低温度。短时间红外辐射处理时虫体水分散失有序，试虫有一定的

耐受能力，不会快速死亡。但长时间的红外辐射处理，高温作用使得虫体水分蒸发，代谢速率升高，使得昆虫严重脱水，影响虫体生理生化功能正常发挥，进而导致害虫死亡。

② 红外辐射处理后，玉米象成虫体内的蛋白质含量显著下降，保护酶系（SOD、CAT 和 POD）以及乙酰胆碱酯酶活性受到了抑制。红外辐射 $3358W/m^2$ 处理下，试虫死亡率达 100%时，虫体蛋白质含量、SOD、CAT、POD 及 AChE 活性分别降低了 29.0%、16.9%、6.3%、25.0%及 62.5%。研究证明了红外辐射处理引起玉米象虫体水分过度散失，抑制保护酶系（SOD、POD 和 CAT）以及乙酰胆碱酯酶活性，蛋白质分泌紊乱，影响玉米象生理功能的正常发挥，进而导致虫体死亡。

③ 玉米象体内相对电导率经过红外处理后诱导增加，红外辐射强度 $2125W/m^2$、$2780W/m^2$ 和 $3358W/m^2$ 下分别处理 120s、30s 和 12s 时，相对电导率分别增加了 1.6%、1.4%和 1.6%。随着红外辐射处理强度的增加，玉米象体内的相对电导率的诱导作用呈增加的趋势，由此判断 ROS 通过脂氢过氧化物的分解产物引起细胞损伤，导致虫体细胞破坏和膜渗透增加，玉米象体内内环境平衡无法继续维持，影响玉米象生理生化功能的正常发挥。

7.4　玉米象在红外辐射处理下的转录组差异研究

转录组学（transcriptomics）是研究生物体或细胞中某一特定时期全部转录组数据的学科，可以高通量地从宏观上解释生物体发育、分子组成和响应机制。根据研究结果发现，玉米象成虫在红外辐射强度 $2125W/m^2$、$2780W/m^2$ 和 $3358W/m^2$ 处理下玉米象成虫达到 99.99%的死亡率所需最短处理时间分别是 111.43s、28.02s 和 9.73s。玉米象成虫经历红外辐射强度 $2780W/m^2$ 处理后生理变化较为显著。为进一步研究玉米象成虫的红外辐射致死分子机制，本节对经历红外辐射强度 $2780W/m^2$ 处理 0（对照组）、10s、20s、30s 前后的玉米象成虫进行转录组分析，以找出玉米象红外辐射致死的分子机制。

7.4.1　实验方法

7.4.1.1　试虫前处理

经过一段时间的培养后，挑选羽化后两周龄左右，呈红褐色体色的玉米象成虫进行红外处理，处理方法同上。

7.4.1.2　玉米象虫体总 RNA 提取

分别收集红外辐射强度 $2780W/m^2$ 处理后 0（对照组）、10s、20s、30s 的 30 头玉米象成虫，装入带小孔的离心管中，再分别置于液氮冷冻储存备用。以 TRIzol Reagent 法提取总 RNA（参照 Invitrogen 公司试剂说明书）。具体操作步骤如下：

① 为保证产物不被污染，所有耗材均用 1% DEPC 水浸泡 24h 后再用 121℃高压灭菌 30min，烘干备用。

② 各取 30 头试虫分别放入经 DEPC 处理过的离心管中，加入 400μL 的 TRIzol Reagent，研磨后置于室温 5min，10000r/min 离心 3min，取 200μL 上清液加入 800μL 的 TRIzol Reagent，将上述液体混匀后加入 200μL 氯仿，涡旋剧烈振荡 5s，室温孵育 5min。

③ 4℃、12000r/min 离心 15min 后，取上层清液 5mL 并加入等量的异丙醇混匀，室温孵育 10min。

④ 4℃、12000r/min 离心 10min，弃上层清液，加入 800μL75%的乙醇洗涤沉淀。

⑤ 4℃、12000r/min 离心 5min，弃上清液，干燥沉淀后加入 50μL RNasefree water，使用超微量核酸浓度检测仪检测 RNA 纯度（OD260/280）、浓度、核酸吸收峰，使用超微量核酸浓度检测仪检测 RNA 完整性，置于−80℃储存待用。经检测合格的 RNA 样品进行下一步分析。

7.4.1.3　cDNA 文库的构建及测序

建库起始 RNA 为总 RNA，总量≥1μg。建库中使用的建库试剂盒为 Illumina 的 NEBNext® UltraTM RNA Library Prep Kit。通过 Oligo(dT)磁珠富集带有 polyA 尾的 mRNA，随后在 NEB 分裂缓冲液中用二价阳离子将得到的 mRNA 随机打断。以片段化的 mRNA 为模板，随机寡核苷酸为引物，在 M-MuLV 逆转录酶体系中合成 cDNA 第一条链，随后用 RNaseH 降解 RNA 链，并在 DNA 聚合酶Ⅰ体系下，以 dNTPs 为原料合成 cDNA 第二条链。纯化后的双链 cDNA 经过末端修复、加 A 尾并连接测序接头，用 AMPureXP beads 筛选 250～300bp 左右的 cDNA，进行 PCR 扩增并再次使用 AMPureXP beads 纯化 PCR 产物，最终获得文库。文库构建完成后，先使用 Qubit2.0Fluorometer 进行初步定量，稀释文库至 1.5ng/μL，随后使用 Agilent 2100bioanalyzer 对文库的 insert size 进行检测，insert size 符合预期后，qRT-PCR 对文库有效浓度进行准确定量（文库有效浓度高于 2nmol/L），以保证文库质量。合格后，把不同文库按照有效浓度及目标下数据量的需求 pooling 后进行 Illumina 测序，并产生 150bp 配对末端读数。测序的基本原理是边合成边测序（sequencing by synthesis）。在测序的流动池中加入四种荧光标记 dNTP、DNA 聚合酶以及接头引物进行扩增，在每一个测序簇延伸互补链时，每加入一个被荧光标记的 dNTP 就能释放出相对应的荧光，测序仪通过捕获荧光信号，并通过计算机软件将光信号转化为测序峰，从而获得待测片段的序列信息。

7.4.1.4　转录组测序流程

转录组数据分析流程如图 7-7 所示。

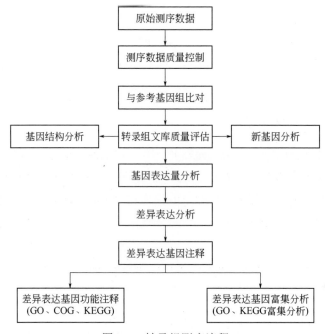

图 7-7　转录组测序流程

7.4.1.5　转录本质量评估

转录本质量评估（benchmarking universal single-copy orthologs，BUSCO）评估是使用单拷贝直系同源基因库，结合 tblastn、augustus 和 hmmer 等软件对组装得到的转录本进行评估，以此评估转录本组装的完整性。我们采用 BUSCO 软件对拼接得到的结果文件 Trinity.fasta，unigene.fa 和 cluster.fasta 进行拼接质量的评估，根据数据比对的完整性和比例，来评价转录本质量的准确性。

7.4.1.6　基因差异表达分析

基因表达具有时间和空间特异性，在两个不同条件下，表达水平存在显著差异的基因或转录本，称之为差异表达基因（DEG）或差异表达转录本（DET）。使用 EBSeq 进行样品组间的差异表达分析，获得两个生物学条件之间的差异表达基因集。在差异表达基因检测过程中，将 Fold Change≥2 且 FDR<0.01 作为筛选标准。差异倍数（fold change）表示两样品（组）间表达量的比值。错误发现率（false discovery rate，FDR）是通过对差异显著性 p 值（p-value）进行校正得到的。由于转录组测序的差异表达分析是对大量的基因表达值进行独立的统计假设检验，会存在假阳性问

题，因此在进行差异表达分析过程中，采用了公认的 Benjamini-Hochberg 校正方法对原有假设检验得到的显著性 p 值进行校正，并最终采用 FDR 作为差异表达基因筛选的关键指标。

7.4.1.7 基因功能注释

使用 p 值表示富集分析显著水平，$p<0.05$ 说明基因结果可靠。将筛选后的共表达差异基因分别与 NR、COG、KEGG、GO 和 Swiss-Prot 五个公共数据库进行同源比对，根据公共数据库中功能已知的基因来确定基因功能。

7.4.2 测序数据及质量控制

转录组数据通过 Illumina Hi-seq2500 下机，样品测序数据产出统计如表 7-9，并对原始序列数目进行过滤，去除接头以及未识别碱基数占整条序列 10% 的序列数目后得到清洁序列数目，12 份样品中平均 Q30 值为 92.98%，平均 GC 含量为 39.02%。Q30 代表碱基的识别准确率在 99.99%。

表 7-9 转录组数据质量控制

实验组别	A	B	C	D
原始序列数目（Raw reads）	62265144	56629370	50245518	44665330
清洁序列数目（Clean reads）	61162370	55584900	49041643	43281720
清洁序列碱基［Clean bases (G)］	9.18	8.34	7.36	6.49
GC 含量/%	38.69	39.34	38.76	39.30
碱基错误率/%	0.03	0.03	0.03	0.03
Q20 质量值/%	97.61	97.62	97.60	97.66
Q30 质量值/%	92.95	92.99	92.92	93.05

注：Raw reads，统计每个文件的测序序列的个数；Clean reads，Clean Data 中 pair-end Reads 总数；Clean bases，Clean Data 总碱基数；GC 含量：Clean Data GC 中 C 与 G 含量的总和所占的比例；Q20、Q30，Phred 数值大于 20、30 的碱基占总体碱基的百分比。A，对照组；B，红外辐射强度 2780W/m^2 处理 10s 玉米象成虫；C，红外辐射强度 2780W/m^2 处理 20s 玉米象成虫；D，红外辐射强度 2780W/m^2 处理 30s 玉米象成虫。

7.4.3 差异表达基因数目统计

与对照组相比，玉米象成虫经历红外辐射 2780W/m^2 胁迫 10s、20s 和 30s 后分别有 20 条、83 条和 2163 条基因差异表达，其中分别有 8 条、49 条和 2092 条基因上调，有 12 条、34 条和 71 条基因下调。红外辐射处理不同条件下玉米象差异表达基因结果统计如图 7-8 所示。火山图可以直接展现 p 值与 Log$_2$FC 的关系，其中上调基因用红点表示，下调基因用绿点表示，蓝点表示无显著基因。

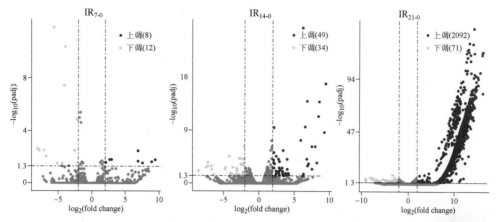

图 7-8　红外辐射处理不同条件下玉米象差异表达基因结果统计

二维码

7.4.4　差异表达基因功能注释统计

为了进一步了解玉米象响应红外辐射的分子机制，将差异基因分别注释到 COG、GO、KEGG、NR 和 Swiss-Prot 数据库，注释统计见图 7-9。

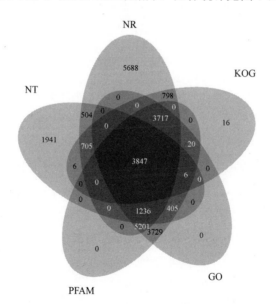

图 7-9　红外辐射处理不同条件下玉米象差异表达基因注释统计

二维码

红外辐射处理条件下玉米象的差异表达基因注释到 NCBI 官方的蛋白质序列数据库 NR 中占比最高，为 32.81%。差异表达基因成功注释到最全面的蛋白质结构域注释的分类系统 PFAM，和国际标准化的基因功能描述的分类系统 GO 中均为 27.46%，成功注释到 Swiss-Prot、KOG、KO 和 NT 等数据库中的差异表达基因分别为 22.46%、13.78%、13.76% 和 13.08%。

7.4.5　差异表达基因功能注释分析

7.4.5.1　红外辐射 10s 后玉米象差异基因的功能注释分析

对 GO 注释到的 20 个基因进行 GO 富集分析，参与生物学过程、细胞组成和分子功能的基因分别有 146 条、48 条和 35 条，其中在生物学过程中，富集程度最显著的前五条项目分别为转运（transport）、定位建立（establishment of localization）、定位（localization）、大分子（macromolecule）、发病机制（pathogenesis）。其中在细胞组成中，富集程度最显著的前五条项目分别为胞外区（extracellular region）、白介素 2 受体复合物（interleukin-2 receptor complex）、受体复合物（receptor complex）、质膜受体复合物（plasma membrane receptor complex）、质膜整体成分（integral component of plasma membrane）、质膜内在成分（intrinsic component of plasma membrane）。其中在分子功能中，富集程度最显著的前五条 term 分别为白介素 2 受体复合物（interleukin-2 receptor binding），生长因子受体结合（growth factor receptor binding）、DNA 蛋白酶活性（DNA primase activity）、通道抑制剂（channel inhibitor）、蛋白转运体活性（protein transporter activity）。

利用 KEGG 数据库对红外辐射处理 10s 玉米象的差异表达基因进行了 pathway 分析，124 条 Unigene 富集到 9 条代谢通路。富集程度最高的前 5 条 KEGG 通路包括："睡眠病（african trypanosomiasis）""维生素消化吸收（vitamin digestion and absorption）""脂肪的消化与吸收（fat digestion and absorption）""PPAR 信号通路（PPAR signaling pathway）""氧化磷酸化（oxidativephosphorylation）"。

7.4.5.2　红外辐射 20s 后玉米象差异基因的功能注释分析

对 GO 注释到的 8 个基因进行 GO 富集分析，参与生物学过程、细胞组成和分子功能的基因分别有 341 条、95 条和 131 条。其中在生物学过程中富集程度最显著，富集较多的项目分别为有机磷代谢过程（organophosphate metabolic process）、核苷磷酸盐代谢过程（nucleoside phosphate metabolic process）、前体代谢产物与能量产生（generation of precursor metabolites and energy）、ATP 代谢过程（metabolic process）、嘌呤核苷酸磷酸代谢过程（purine nucleoside monophosphate metabolic process）、三磷酸核糖核苷代谢过程（ribonucleoside triphosphate metabolic process）、单磷酸核苷代谢过程（nucleoside monophosphate metabolic process）、嘌呤核糖核苷酸代谢过程（purine ribonucleotide metabolic process）、核糖核苷酸代谢过程（ribonucleotide metabolic process）、嘌呤核苷酸代谢过程（purine nucleotide metabolic process）。其中

在细胞组成中，富集程度最显著的项目为胞外区（extracellular region）。其中在分子功能中，富集程度最显著的项目分别为 glutaminetRNA 连接酶活性（ligase activity）、镁离子结合（magnesium ion binding）、丙酮酸激酶活性（pyruvate kinase activity）。

GO 通路富集密切的生物过程包括：尿核苷的单磷酸代谢过程、核糖核苷三磷酸代谢过程、核苷一磷酸代谢过程、嘌呤核糖核苷酸代谢过程、核糖核苷酸代谢过程、嘌呤核苷酸代谢过程等代谢过程显著影响，最终影响 ATP 代谢过程。

利用 KEGG 数据库对红外辐射处理 20s 玉米象的差异表达基因进行了 pathway 分析，435 条 Unigene 富集到 33 条代谢通路。富集程度较高的 KEGG 通路包括："氧化磷酸化（oxidative phosphorylation）""睡眠病（african trypanosomiasis）""维生素消化吸收（vitamin digestion and absorption）""糖酵解和糖质新生（glycolysis / Gluconeogenesis）""心肌收缩（cardiac musclecontraction）""HIF-1 信号通路（HIF-1 signaling pathway）""酪氨酸代谢（tyrosine metabolism）""脂肪的消化与吸收（fat digestion and absorption）""蛋白质消化吸收（protein digestion and absorption）""刺激神经组织的中的交互（neuroactive ligand-receptor interaction）"。

7.4.5.3　红外辐射 30s 后玉米象差异基因的功能注释分析

对 GO 注释到的 216 个差异基因进行 GO 富集分析，参与生物学过程、细胞组成和分子功能的基因分别有 1513 条、397 条和 686 条。其中在生物学过程中富集程度最显著，富集较多的 term 分别为细胞大分子代谢过程（cellular macromolecule metabolic process）、基因表达（gene expression）、大分子代谢过程（macromolecule metabolic process）、ncRNA 代谢过程（metabolic process）、RNA 代谢过程（metabolic process）、核酸代谢过程（nucleic acid metabolic process）、细胞代谢过程（cellular metabolic process）。其中在细胞组成中，富集程度最显著的项目为细胞内（intracellular）、细胞（cell）、非膜有界器官（non-mcmbranceboundedorganelle）。其中在分子功能中，富集程度最显著的 term 分别为催化活性（catalytic activity）、转移酶活性（transferase activity）、阴离子配位（anion binding）、碳水化合物衍生物结合（carbohydrate derivative binding）、小分子结合（small molecule binding）、核苷磷酸盐结合（nucleoside phosphate binding）、核苷酸结合（ribonucleotide binding）、ATP 结合（ATP binding）、腺苷核糖核苷酸结合（adenylribonucleotide binding）、丙酮酸激酶活性（pyruvate kinase activity）。

生物学过程中 GO 通路富集密切且相关，核苷磷酸代谢过程、核酸代谢过程、细胞大分子代谢过程、基因表达、RNA 代谢过程、ncRNA 代谢过程受到显著影响，最终影响 tRNA 代谢过程。

利用 KEGG 数据库对红外辐射处理 30s 玉米象的差异表达基因进行了 pathway

分析，3520 条 Unigene 富集到 220 条代谢通路。富集程度较高的 KEGG 通路包括："嘧啶代谢（pyrimidine metabolism）""DNA 复制（DNA replication）""核糖体在真核生物中的生物合成（ribosome biogenesis in eukaryotes）""氨酰 tRNA 生物合成（aminoacyl-tRNA biosynthesis）""核糖核酸聚合酶（RNApolymerase）""细胞周期（cell cycle）""核苷酸切除修复（nucleotide excisionrepair）""同源重组（homologous recombination）""嘌呤代谢（purine metabolism）""RNA 降解（RNA degradation）""核糖体（ribosome）"。

7.4.5.4　红外处理过程中玉米象的差异表达基因

维恩图直观展现出各差异比较组合之间共有与特有的差异基因数目。由图 7-10 可知，红外辐射处理玉米象成虫 10s、20s、30s 与处理 0s（对照组）相比，共表达上调、下调差异基因分别有 2 个、5 个，详见表 7-10。其中以 Log2FC>2 为筛选条件的共表达显著上调基因主要包括 4 类，分别为①编码热激蛋白家族基因；②负责细胞内钾离子通道基因；③RNA 解旋酶；④未知功能蛋白。

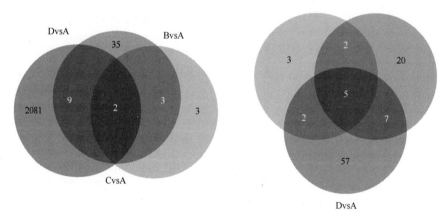

图 7-10　红外辐射处理玉米象成虫 10s、20s、30s 的
共表达差异基因数量（左上调，右下调）

表 7-10　红外辐射处理玉米象成虫 0、10s、20s、30s 的共表达差异基因

基因序号	调节	NR 注释
Cluster-8110.45998	上调	heat shock protein 68a
Cluster-8110.6585	上调	heat shock protein 70 A
Cluster-8110.809	下调	uncharacterized protein
Cluster-8110.30261	下调	protein 5
Cluster-8110.23825	下调	kinase 4-like
Cluster-8110.28088	下调	uncharacterized protein
Cluster-8110.17014	下调	protein 1-like isoform

7.5　小结

转录组测序有利于我们从分子层面了解其对热胁迫响应的分子机理。在本次试验中发现大量基因差异表达，其中下调基因数量多于上调基因，其原因可能与热胁迫会导致大量蛋白质失活有关。昆虫受热胁迫涉及转录组基因表达种类、水平以及时空发生改变，是一个多基因参与表达及复杂调控的网络系统，如代谢过程、能量产生和运输、信号转导、离子渗透等多个方面。

① 使用 Illumina Hiseq 平台对玉米象进行转录组测序，分别获得玉米象（9.18Gb、8.34Gb、7.36Gb、6.49Gb）的原始数据。其中，玉米象对照组和红外辐射 $2780W/m^2$ 处理组（10s、20s 和 30s）分别获得 61162370 clean reads、55584900 clean reads、49041643 clean reads 和 43281720 clean reads。经 Trinity 软件组装最终分别获得 36483、33483、31893 和 28885 个 Unigene，Q30 分别为 92.95%、92.99%、92.92% 和 93.05%。通过将 Unigene 分别比对到 Nr、Nt、Swissprot、COG、KEGG、GO 和 Interpro 等七大蛋白质公共数据库进行注释，成功注释到 Swiss-Prot、KOG、KO 和 Nt 等数据库中的差异表达基因分别为 22.46%、13.78%、13.76% 和 13.08%。

② 通过比较处理组和对照组的转录组数据，有 20 条、83 条和 2163 条基因差异表达，其中分别有 8 条、49 条和 2092 条基因上调，有 12 条、34 条和 71 条基因下调。进一步对差异表达基因进行分析，包括 GO 分析和 KEGG pathway 富集分析，结果显示：GO 功能分析中，Unigenes 主要被分类到细胞组分（cellularcomponent）、分子功能（molecular function）和生物学过程（biological process）三大类的 47 类详细 GO 功能类别中。Pathway 功能分析中，被注释到 9 条、33 条和 220 条 KEGG 代谢通路中，其中显著性富集的 pathway 有 12 条。根据 GO 和 pathway 代谢通路富集分析预测和确定了显著性富集的信号转导途径，包括氧化磷酸化、蛋白质消化吸收、糖酵解和糖质新生、HIF-1 信号通路、核糖体、DNA 复制、RNA 降解、嘌呤嘧啶代谢等生物合成和神经递质代谢等信号通路。

第8章 红外辐射干燥技术在糯米淀粉酯化改性中的应用

8.1 淀粉改性研究进展

8.1.1 淀粉改性的基本概念

天然淀粉在加工过程中存在糊化温度高、水溶性差、乳化能力低、凝胶能力低、稳定性差等缺点，在工业生产过程中受到了太大的限制，因此利用物理、化学或酶法等改性方式对天然淀粉进行处理，通过分子切断、重排、改变淀粉颗粒性质或在淀粉分子中引入新的官能团等方式，克服其原有的性能缺陷，提高淀粉的应用性能，使其更好地满足工业生产需求，所生成的淀粉衍生物即为改性淀粉。淀粉改性方式主要有四种，分别是物理改性、化学改性、酶改性、复合改性等。物理改性主要利用热场、力场、电场等物理作用改变淀粉结构及性质，包括热液处理、辐射处理、超声波处理、机械处理、挤压处理等，这种改性方式安全环保，操作简单便捷，产物不会对人体健康造成危害；化学改性是利用化学试剂与淀粉分子的葡萄糖基发生反应，使得淀粉分子引入新的官能团，从而生成不同种类的改性淀粉，主要化学改性方式有交联改性、酯化改性、氧化改性、酸解改性、醚化改性等，改性效率高，精准性好，适合工业化批量生产；酶改性主要利用各种酶对淀粉实行精准改性处理，具有环保无污染、易于人体消化吸收、改性条件温和等特点；复合改性则是通过两种或两种以上的处理方式对淀粉进行改性处理，所获得的改性淀粉产品具有两种或两种以上改性方式的各自优点。目前，通过化学改性方式得到的变性淀粉种类最多，应用范围最广，且制备过程简单易控。淀粉性质的改变程度反映了淀粉对不同化学修饰的抗性或敏感性，通过选择合适的改性剂和天然淀粉源，可以制备出具有良好性能的高取代度改性淀粉。通过化学改性方式制备的变性淀粉按照淀粉分子量的变化可划分为两类：一类是经改性后淀粉分子量下降，如酸解淀粉等；另一类是经改性后淀粉分子量增加，如交联淀粉、酯化淀粉等。其中，酯化是提高淀粉稳定性、改变淀粉颗粒结构的最常用手段，也是应用最广泛的淀粉化学改性方法之一，经酯化后的淀粉具有糊化温度低、热稳定性好、冻融稳定性好等特点。

8.1.2　酯化淀粉的研究进展

淀粉的酯化反应是指酯化剂与淀粉分子发生反应，将淀粉分子中的三个羟基转换为烷基或芳基衍生物，酯化反应的发生通常会改变淀粉的回升特性。酯化淀粉的种类繁多，根据酯化剂和制备方法的差异性，可将酯化淀粉分为有机淀粉酯和无机淀粉酯两大类。其中，常见的有机淀粉酯主要有柠檬酸淀粉酯、长链脂肪酸淀粉酯、烯基琥珀酸淀粉酯、醋酸酯淀粉，而磷酸淀粉酯、硫酸淀粉酯则属于常用的无机淀粉酯。有机酸在淀粉酯化反应中的应用较多，因为有机酸存在于许多天然食用植物中，其中多数被公认为是安全的，符合 GRAS 要求，是食品工业淀粉的理想改性剂。淀粉酯的制备方法多以化学改性方式为主，在制备过程中，通过对淀粉源、改性剂、催化剂、反应温度、反应时间的选择，可以得到不同性质的改性淀粉。酯化改性过程的复杂性较高，只要改变一个参数，得到的最终淀粉酯在结构、性质、功能等方面均会存在差异性。在化学改性基础上，结合物理改性技术如挤压、预凝胶化或微波辐射等，联合作用可以促进酯化反应的进行，这为淀粉酯的研究提供了更大的空间。目前，国内外学者针对常见淀粉酯的研究，多集中于醋酸淀粉酯、磷酸淀粉酯、烯基琥珀酸淀粉酯方面，而对于柠檬酸淀粉酯、硫酸淀粉酯、长链脂肪酸淀粉酯的研究较少。

8.1.3　柠檬酸淀粉酯研究进展

柠檬酸淀粉酯的制备一般是采用传统的干热交联法完成的，即在高温条件下通过柠檬酸脱水生成酸酐与淀粉分子上的羟基发生酯化反应得到的产物。生成的柠檬酸淀粉酯具有抗消化酶解作用，其结构和理化性质随着取代度的不同而存在差异。与其他交联剂相比，柠檬酸拥有三个羟基，欧盟标准电子编码为 E330，在许多国家被认为是一种安全的食品添加剂。

高温条件下，柠檬酸脱水生成酸酐，与淀粉葡萄糖单体中的羟基和链的还原端羟基发生酯化反应。生成的柠檬酸单酯进一步受热，继续脱水与淀粉分子发生交联反应生成柠檬酸二酯，从而得到柠檬酸淀粉酯。柠檬酸与淀粉发生酯化交联反应的具体方程式如图 8-1 所示：

Bleier 和 Klaushofer 详细讨论了柠檬酸和淀粉在酯化过程中形成酯时可能存在的结构，认为淀粉和柠檬酸之间的酯化反应可能会导致柠檬酸单酯、柠檬酸二酯和柠檬酸三酯的形成，并提出酯化反应主要发生在支链淀粉的分支点附近。其中，柠

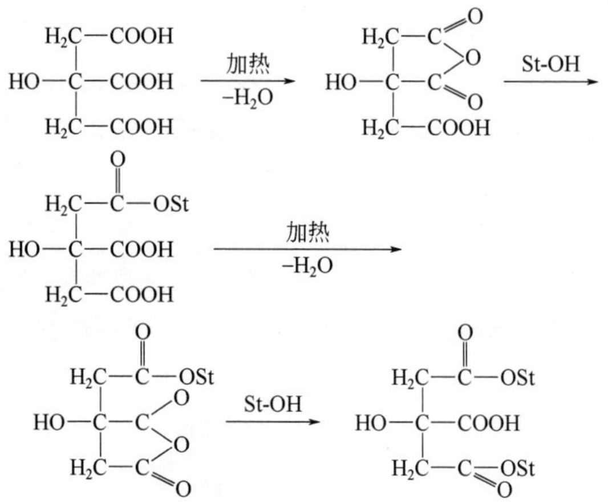

图 8-1 柠檬酸与淀粉发生酯化交联反应方程式

檬酸二酯的形成可以发生在两个聚合物分子之间，也可以发生在同一聚合物分子内。柠檬酸和淀粉均属于大分子物质，二者发生分子间交联反应所生成的柠檬酸淀粉酯，其分子量会明显增加。Menzel 等采用硫酸铜（Ⅱ）络合滴定法检测出柠檬酸单酯和柠檬酸二酯，并对柠檬酸二酯进行定量分析，提出柠檬酸进行交联反应的最低温度为 70℃。Van 等指出柠檬酸受热水解和淀粉酯化两个过程是同时发生的，高温条件可以促进柠檬酸的水解和淀粉颗粒的膨胀，使得柠檬酸与淀粉分子发生酯化交联反应，相对于乳酸和乙酸而言，柠檬酸对淀粉解聚的影响更大，并发现支链淀粉较直链淀粉更容易受到柠檬酸的侵入。

目前，国内外对于柠檬酸淀粉酯制备的研究多建立在干热法基础上，并作相应修饰以提高制备效率，制备过程中的影响因素有柠檬酸添加量、淀粉源、pH、酯化反应时间和温度等。封禄田等采用半干法制备柠檬酸玉米淀粉酯，得出最适宜制备条件为：pH 3，淀粉与柠檬酸质量比为 2∶1，在 120℃温度下酯化 5h，淀粉酯的取代度为 1.44。周美等以马铃薯淀粉为原料，利用微波辅助干热法制备高吸水率的柠檬酸淀粉酯，得出在 pH 3.48、微波辐射 7min、微波功率 640W、酯化温度 126℃、酯化反应 6h、柠檬酸添加量 15%的条件下，获得的柠檬酸淀粉酯的吸水率高达 760.83%。杨小玲等在研究柠檬酸淀粉酯最佳制备工艺时，先将淀粉进行不同的活化处理，发现用胰酶对淀粉样品进行活化预处理，可提高淀粉酯化反应效果。张伟等采用传统干热法制备柠檬酸银杏淀粉酯，得出最佳制备条件为柠檬酸添加量 8mL，pH 2.0，酯化温度 132℃，酯化时间 6h，此时柠檬酸银杏淀粉酯的取代度为 0.355。Ye 等以大米淀粉为原料，通过挤压反应法促进柠檬酸与淀粉间的酯化交联反应，合成了 DS 值在 0.037～0.138 的柠檬酸大米淀粉酯。

Shin 等通过 XRD、DSC 等方式对柠檬酸大米淀粉酯的分子结构和理化性质进行研究，发现柠檬酸大米淀粉酯的糊化温度升高，表现出较宽的吸热峰，其结晶结构呈现"A+V"形；李芬芬通过对柠檬酸西米淀粉酯结构和性质的研究，发现柠檬酸西米淀粉酯不发生糊化、胶凝现象，部分淀粉颗粒破裂，颗粒表面被侵蚀，酯化淀粉的结晶度、偏光十字较天然淀粉有所下降；Olsson 等在研究 pH 对柠檬酸淀粉酯形成的影响过程中，发现生成的柠檬酸淀粉酯的溶胀力和溶解度显著下降，且表现出明显的抗酶解作用；梅既强将木薯淀粉进行柠檬酸酯化处理，并对酯化后的柠檬酸木薯淀粉酯进行物性和结构方面的研究，发现柠檬酸木薯淀粉酯在红外吸收光谱图 1724cm^{-1} 处出现明显的吸收峰，淀粉结晶区域遭到破坏，结晶度降低，酯化过程在淀粉的结晶区域和无定形区域均有发生，但淀粉的结晶性不受酯化反应的影响，淀粉糊的透明度降低、稳定性增加，酯化后的淀粉颗粒受到破坏，颗粒表面变得粗糙。

柠檬酸与淀粉在高温条件下发生酯化交联反应，生成的柠檬酸淀粉酯具有一定的抗消化作用，这种抗消化作用也渐渐引起广泛的关注。李光磊等以抗消化特性为衡量指标，通过单因素和响应面优化实验，得出在柠檬酸添加量为 11.3%、尿素添加量为 4.7%、pH 2.8、反应温度为 138℃条件下，柠檬酸淀粉的抗消化特性高达 94.13%；王恺等对柠檬酸淀粉酯的抗性淀粉含量进行测定，发现柠檬酸淀粉酯的抗消化特性受反应温度、反应时间和柠檬酸添加量的影响，最高 RS 含量可达 78.8%；Oltramari 等在柠檬酸木薯淀粉制备及消化特性的研究中，发现经过浓度为 40%柠檬酸酯化处理后的淀粉样品，其 RS 含量可达到 60%左右，即柠檬酸与淀粉受热发生的酯化交联反应会提高抗性淀粉含量；Kim 等在进行柠檬酸大米淀粉酯的消化特性研究中，发现当柠檬酸浓度从 1%上升到 30%时，淀粉酯中的 RDS 含量从 47.52%下降到 16.87%，同时最高 RS 含量为 63.77%，是天然淀粉的 5.6 倍左右。

8.2　基于红外辐射干热法制备的酯化糯米淀粉工艺优化

8.2.1　实验方法

8.2.1.1　基于红外辐射干热法酯化糯米淀粉的制备

柠檬酸糯米淀粉酯的制备工艺在 Klaushofer 等人干法制备的基础上，加入相应的红外辐射技术，并对其进行适当调整。准确称量 50g 糯米淀粉，按不同比例加入质量分数为 50%的柠檬酸溶液，在此期间用 10mol/L 氢氧化钠溶液调节并控制柠檬酸溶液 pH 值，将糯米淀粉与柠檬酸溶液混合均匀，静置 16h，其间注意搅拌，使淀粉与柠檬酸溶液充分混合。将淀粉-柠檬酸混合物置于 50℃电热鼓风干燥箱中干燥一段时间，直至水分含量为 8%左右，取出、粉碎并过筛。将其转移至陶瓷红外-热风联合干燥设备中，在一定的红外辐射温度下反应一段时间，并置于 130℃电热鼓风干燥箱中保温 2h。反应结束后，用蒸馏水反复洗涤，以除去柠檬酸糯米淀粉酯中未反应的多余柠檬酸，直至反应物中不含非酯化酸。再将洗涤后的反应物用一定量的无水乙醇进行醇洗，置于 50℃电热鼓风干燥箱中进行干燥，粉碎过 200 目筛后获得目标产物。

8.2.1.2　取代度检测方法

柠檬酸糯米淀粉酯的取代度主要采用酸碱滴定法进行测定。准确称量 5g 绝干柠檬酸糯米淀粉酯与 50mL 蒸馏水混合于 250mL 锥形瓶，振荡摇匀。滴加 3 滴 1%的酚酞指示剂，用 0.1mol/L 氢氧化钠溶液滴定至混合液呈现微红色，再加入 25mL 0.5mol/L 氢氧化钠标准溶液置于恒温摇床中，恒温摇床温度设定为 37℃，摇床速度为 180r/min，进行 50min 皂化处理。皂化后的混合液呈现微红色，用 0.5mol/L 盐酸标准溶液滴定其至微红色消失，记录 HCl 使用体积 V_1（mL）。每个样品进行三次平行实验处理。准确称量 5g 绝干糯米淀粉原样，重复上述操作，并记录 HCl 标准溶液的使用体积 V_2（mL）。

柠檬酸糯米淀粉取代度测定计算为：

$$A = \left(\frac{V_2}{W_2} - \frac{V_1}{W_1} \right) \times M \times 0.158 \times 100 \tag{8-1}$$

$$D_s = \frac{162 \times A}{15800 - 156A} \tag{8-2}$$

式中，A 为柠檬酸取代基质量分数（%）；W_1 为柠檬酸糯米淀粉酯质量（g）；W_2 为糯米淀粉原样质量（g）；M 为 HCl 标准溶液浓度，0.5mol/L；158 为柠檬酸取代基的分子量；162 为淀粉的分子量。

8.2.1.3　红外辐射温度对取代度的影响

控制柠檬酸溶液 pH 值为 3.0，柠檬酸溶液与淀粉（干基）的质量比为 0.5，红外辐射时间为 5min，物料加载量为 0.1g/cm²，改变红外辐射温度为 175℃、200℃、225℃、250℃、275℃，以糯米淀粉样品的取代度为参考指标，观察不同红外辐射温度对取代度的影响。

8.2.1.4　红外辐射时间对取代度的影响

控制柠檬酸溶液 pH 值为 3.0，柠檬酸溶液与淀粉（干基）的质量比为 0.5，并固定红外辐射温度为 8.2.1.3 中最佳值，物料加载量为 0.1g/cm²，改变红外辐射时间分别为 1min、3min、5min、7min、9min，以改性糯米淀粉的取代度为参考指标，观察不同红外辐射时间对淀粉样品取代度的影响。

8.2.1.5　柠檬酸溶液 pH 值对取代度的影响

控制柠檬酸溶液与淀粉（干基）质量比为 0.5，红外辐射温度和红外辐射时间为 8.2.1.3 和 8.2.1.4 中的最佳值，物料加载量为 0.1g/cm²，改变柠檬酸溶液的 pH 值为 2.0、2.5、3.0、3.5、4.0、4.5，以糯米淀粉样品的取代度为参考指标，观察不同柠檬酸溶液 pH 值对取代度的影响。

8.2.1.6　柠檬酸溶液与淀粉质量比对取代度的影响

控制红外辐射温度、红外辐射时间、柠檬酸溶液 pH 值分别为 8.2.1.3、8.2.1.4 和 8.2.1.5 中的最佳值，物料加载量为 0.1g/cm²，改变柠檬酸溶液与淀粉（干基）的质量配比分别为 0.1、0.2、0.3、0.4、0.5、0.6，以改性糯米淀粉的取代度为参考指标，观察不同柠檬酸溶液与淀粉的质量比对取代度的影响。

8.2.1.7　加载量对取代度的影响

采用上述章节中最佳红外辐射温度、红外辐射时间、柠檬酸溶液 pH 值和柠檬酸容量与淀粉质量比，控制物料加载量分别为 0.1g/cm²、0.2g/cm²、0.3g/cm²，以糯米淀粉样品的取代度为参考指标，观察不同物料加载量对取代度的影响。

8.2.2　红外辐射温度对酯化糯米淀粉取代度的影响分析

由图 8-2 可以看出，红外辐射温度对柠檬酸糯米淀粉酯取代度的影响较为明显。当红外辐射温度在 175～250℃时，柠檬酸淀粉酯的取代度随着红外辐射温度的升高而不断增加，从 0.065 增长到 0.143。在 250℃达到最大取代度 0.143，进一步提高

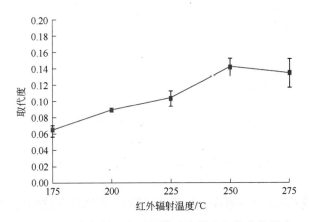

图 8-2　红外辐射温度对柠檬酸淀粉酯取代度的影响

红外辐射温度至 275℃，柠檬酸淀粉酯的取代度呈下降趋势。柠檬酸淀粉酯在进行红外辐射过程中，由于红外辐射温度不断上升，反应物吸收的热能也不断增加，淀粉分子持续膨胀，其颗粒结构受到破坏暴露出更多的羟基，同时柠檬酸分子中相邻的两个羧基受热分子内脱水生成酸酐，生成的柠檬酸酐与淀粉颗粒发生交联酯化反应，从而使得柠檬酸淀粉酯的取代度增加。红外辐射可以加速淀粉颗粒结构的破坏和柠檬酸脱水的过程，促进淀粉分子与柠檬酸酐间交联反应的进行。因此，柠檬酸淀粉酯的取代度随着红外辐射温度的增加而不断提高，250℃为最佳红外辐射温度。

8.2.3　红外辐射时间对酯化糯米淀粉取代度的影响分析

　　由图 8-3 可知，柠檬酸淀粉酯的取代度在红外辐射 1～5min 内，随着红外辐射时间的延长呈现快速增长的趋势，从 0.037 增加至 0.155。在红外辐射时间为 7min时，淀粉酯的取代度到达峰值，峰值取代度为 0.155，继续延长红外辐射时间，淀粉酯取代度略有下降，同时生成的柠檬酸淀粉酯色泽也有所下降，表面呈淡褐色。延长红外辐射柠檬酸淀粉酯的时间，使得柠檬酸分子的羧基与淀粉分子的羟基在红外辐射下暴露的时间更长，吸收更多的热能，加速分子间的热运动，柠檬酸分子可以更充分、更高效地渗透进入淀粉分子内部，形成较高取代度的柠檬酸淀粉酯。但随着红外辐射时间的进一步延长，柠檬酸酐浓度降低，长时间的红外辐射处理会导致部分生成的酯键断裂，淀粉表面会出现糊化的现象，从而限制了柠檬酸与淀粉分子的进一步酯化交联反应的发生。因此，红外辐射最佳时间为 7min。

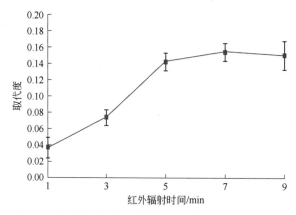

图 8-3　红外辐射时间对柠檬酸淀粉酯取代度的影响

8.2.4　柠檬酸溶液 pH 值对酯化糯米淀粉取代度的影响分析

　　红外辐射温度 250℃、红外辐射时间 7min，柠檬酸溶液与淀粉（干基）质量比为 0.5，物料加载量为 $0.1g/cm^2$，柠檬酸淀粉酯取代度随着不同柠檬酸溶液 pH 值的变化，如图 8-4 所示。

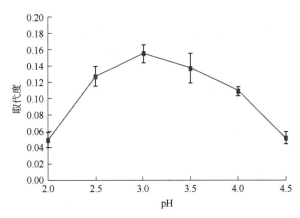

图 8-4　pH 对柠檬酸淀粉酯取代度的影响

　　反应体系的 pH 值是影响柠檬酸溶液与淀粉分子发生酯化交联反应的重要因素之一，适当的酸性环境有利于柠檬酸淀粉酯的生成。由图 8-4 可知，在低酸性（2.0～3.0）条件下，柠檬酸淀粉酯的取代度随着 pH 值的上升而不断增加（0.049～0.155），这可能是由于低酸性条件有利于活化淀粉颗粒分子，使得淀粉颗粒较易发生溶胀现象，同时促进柠檬酸分子脱水形成酸酐，便于柠檬酸溶液更好地扩散、渗透进入淀粉颗粒，与淀粉分子进行充分的酯化交联反应，从而提高淀粉酯的取代度，但过低的 pH 值（<2.0）会导致淀粉酯出现严重的酸解现象，不利于柠檬酸淀粉酯的生成。当反应体系的 pH 值超过 3.0 后，柠檬酸淀粉酯的取代度呈下降趋势，从 0.155 降低至 0.052，这是由于过高的 pH 值不利于淀粉颗粒分子发生溶胀反应，限制了柠檬酸溶液与淀粉分子间的酯化交联速率，影响柠檬酸淀粉酯的生成。因此，最佳反应体系 pH 值为 3.0。

8.2.5　柠檬酸溶液与淀粉质量比对酯化糯米淀粉取代度的影响分析

　　红外辐射温度 250℃、红外辐射时间 7min，反应体系的 pH 值为 3.0，物料加载量为 $0.1g/cm^2$，柠檬酸淀粉酯取代度随着不同柠檬酸溶液与淀粉质量比的变化，如图 8-5 所示。

　　图 8-5 所示，柠檬酸淀粉酯的取代度随着柠檬酸与淀粉质量比的增加而增加，当柠檬酸与淀粉酯的质量比由 0.1 增加至 0.6 时，生成的柠檬酸淀粉酯的取代度从 0.032 逐渐增加至 0.156。这是因为淀粉分子中的羟基数量一定，当柠檬酸含量增加时，会使得更多的淀粉羟基被脱水酸酐取代，导致淀粉酯取代度增加；而当柠檬酸含量不断增加至一定量时，柠檬酸淀粉酯的取代度基本保持不变，这是因为在加热

条件下产生的柠檬酸酐分子体积增大，不易进入淀粉颗粒内部，同时过多的柠檬酸
会使分子间的空间位阻增大，阻碍淀粉羟基进一步被取代。此外，添加过高含量的
柠檬酸溶液，在柠檬酸淀粉酯的制备过程中，柠檬酸淀粉酯会出现一定程度的黄化
现象。因此，最佳柠檬酸与淀粉质量比为0.5。

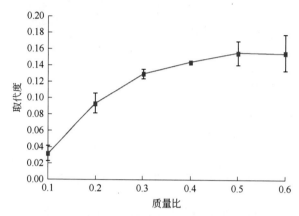

图 8-5　质量比对柠檬酸淀粉酯取代度的影响

8.2.6　加载量对酯化糯米淀粉取代度的影响分析

在红外辐射温度250℃、红外辐射时间7min，反应体系的pH值为3.0，柠檬酸
与淀粉质量比为0.5的条件下，柠檬酸淀粉酯取代度随着不同淀粉样品加载量的变
化如图8-6所示。

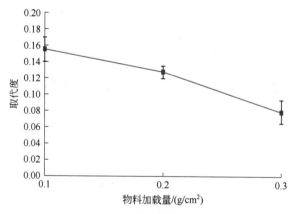

图 8-6　物料加载量对柠檬酸淀粉酯取代度的影响

红外辐射对物料具有一定的穿透作用，但红外辐射所具有的这种穿透能力较
弱。在对柠檬酸淀粉酯进行薄层红外辐射的过程中，需考虑淀粉厚度对红外辐射吸

收能力的影响，选择合适的淀粉样品厚度有利于柠檬酸淀粉酯更好生成。通过控制淀粉加载量分别为 $0.1g/cm^2$、$0.2g/cm^2$ 和 $0.3g/cm^2$ 的实验结果数据来看，当物料加载量为 $0.1g/cm^2$ 时，柠檬酸淀粉酯的取代度最佳，随着物料加载量的增加，红外辐射穿透淀粉的能力减弱，柠檬酸溶液与淀粉分子反应速率降低，柠檬酸淀粉酯的取代度下降，同时其酯化均匀性降低，因此加载量为 $0.1g/cm^2$ 时，柠檬酸淀粉酯取代程度最佳。

8.2.7　柠檬酸糯米淀粉酯的响应面优化

根据单因素实验中的数据结果，选取三个主要影响因素，建立三因素三水平的响应面实验数据表，以改性糯米淀粉的取代度为参考指标进行实验，并根据响应面实验所选取的最佳制备条件，进行验证实验，得出柠檬酸糯米淀粉酯的最佳制备工艺条件及其对应的取代度。

根据单因素实验数据结果选取红外辐射温度、红外辐射时间及反应体系的 pH 值作为三个影响因素，以柠檬酸淀粉酯的取代度为衡量指标，通过 Design Expert 软件建立 Box-Behnken 响应面实验组，进行三因素三水平的响应面分析，具体见表 8-1。

表 8-1　响应面实验方案

水平	因素		
	红外辐射温度/℃ A	红外辐射时间/min B	pH C
−1	225	5	2.5
0	250	7	3.0
1	275	9	3.5

根据表 8-1 的响应面实验方案，以取代度 DS 为响应值，进行 Box-Behnken 响应面实验，每组实验重复三次，取平均值作为最终结果，具体实验结果如表 8-2 所示。

表 8-2　响应面实验结果

序号	A	B	C	DS
1	0	−1	−1	0.129
2	0	0	0	0.159
3	0	0	0	0.157
4	−1	0	−1	0.128
5	0	0	0	0.158
6	0	0	0	0.155
7	0	0	0	0.154

序号	A	B	C	DS
8	0	1	−1	0.141
9	−1	0	1	0.119
10	1	0	−1	0.136
11	−1	−1	0	0.108
12	0	−1	1	0.131
13	1	0	1	0.138
14	−1	1	0	0.123
15	1	−1	0	0.137
16	0	1	1	0.130
17	1	1	0	0.133

通过 Design Expert 10.0 软件对 17 组响应面实验数据进行线性回归分析，建立多元二次响应面回归方程，DS=0.16+(8.250E−03)A+(2.750E−03)B−(2.000E+03)C−(4.750E+03)AB+(2.750E−03)AC−(3.250E+03)BC−0.017A²−0.014B²−(9.425E+03)C²，R^2= 0.9900，其中 A 为红外辐射温度，B 为红外辐射时间，C 为 pH 值。

通过表 8-3 可以看出回归模型的 F 值为 76.78，$p<0.0001$，表明该方程达到了极显著水平，失拟项的 p 值为 0.3574（>0.05），失拟项差异不显著，该模型拟合度较好，可以较准确地预测出三个不同影响因素与淀粉酯取代度 DS 之间的关系。在该模型中，一次项 A 在 0.01 水平上是极显著的，一次项 B、C 在 0.05 水平上达到了显著水平；交互项 AB 均在 0.01 水平上达到了极显著水平，二次项 AC、BC 在 0.05 水平上达到了显著水平；二次项 A²、B² 和 C² 对响应值的影响是极显著的。根据 F 值检验和 p 值概率可以看出各因素对于淀粉酯取代度的影响大小顺序为红外辐射温度>红外辐射时间>反应体系 pH 值；交互项对淀粉酯取代度的影响显著程度大小顺序为 AB>BC>AC。

表 8-3　回归模型方差分析结果

方差来源	平方和	自由度	均方	F 值	p 值
模型	3.524E−03	9	3.916E−04	76.78	< 0.0001[**]
A	5.445E−04	1	5.445E−04	106.76	< 0.0001[**]
B	6.050E−05	1	6.050E−05	11.86	0.0108[*]
C	3.200E−05	1	3.200E−05	6.27	0.0407[*]
AB	9.025E−05	1	9.025E−05	17.70	0.0040[**]
AC	3.025E−05	1	3.025E−05	5.93	0.0451[*]
BC	4.225E−05	1	4.225E−05	8.28	0.0237[*]
A²	1.206E−03	1	1.206E−03	236.50	< 0.0001[**]
B²	8.761E−04	1	8.761E−04	171.79	< 0.0001[**]
C²	3.740E−04	1	3.740E−04	73.34	< 0.0001[**]

续表

方差来源	平方和	自由度	均方	F 值	p 值
残差	3.570E−05	7	5.100E−06		
失拟项	1.850E−05	3	6.167E−06	1.43	0.3574
纯误差	1.720E−05	4	4.300E−06		
总离差	3.560E−03	16			

注：**表示差异极显著（$p<0.01$）；*表示差异显著（$p<0.05$）。

通过 Design Expert 10.0 软件对响应面实验进行数据分析并绘制图形，分别得到取代度在不同影响因素交互作用下的响应面图和等高线图。响应面图与等高线图可以直接反映两两因素间相互作用的强弱。

由图 8-7 可知，响应面的等高线图呈现闭合的椭圆状，说明红外辐射温度与红外辐射时间两者间的交互作用较为显著，取代度的最大值位于圆环最高点。在响应面的三维图中，取代度随着红外辐射温度的增加呈现先上升后下降的趋势；红外辐射时间对淀粉酯在 5～7min 范围内，取代度随红外辐射时间的增加而呈现上升趋势，在红外辐射时间 7～9min 范围内，取代度随红外辐射时间的增加而呈现下降趋势。等高线的疏密程度，表示两个因素间的交互作用的显著程度。图 8-7 中的等高线较为密集，表明两个影响因素间的交互作用强烈，与方差分析结果一致。

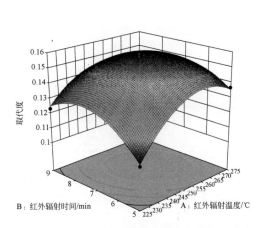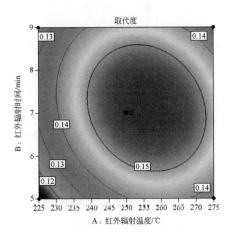

图 8-7　红外辐射温度和红外辐射时间对取代度影响的响应面与等高线分析

由图 8-8 可知，分别当红外辐射温度、反应体系 pH 值一定时，随着红外辐射温度和 pH 值的增加，酯化淀粉的取代度先上升后下降。在红外辐射温度和 pH 对淀粉取代度影响的 3D 响应面图和等高线图中，响应曲面较陡，等高线形状较为接近椭圆形，表明红外辐射温度和反应体系的 pH 值间的交互作用对淀粉酯取代度较为显著。

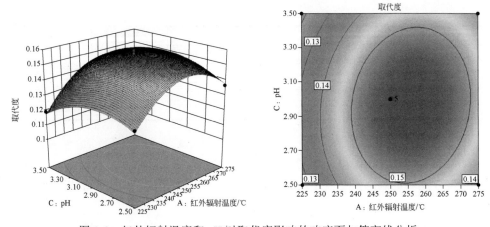

图 8-8　红外辐射温度和 pH 对取代度影响的响应面与等高线分析

由图 8-9 可知，分别当红外辐射时间、反应体系 pH 值一定时，随着红外辐射时间和反应体系 pH 值的增加，柠檬酸淀粉酯的取代度呈先上升后下降的趋势。3D 响应面的等高线图呈现闭合的椭圆形，表明红外辐射时间和反应体系 pH 值间的交互作用对于柠檬酸淀粉酯取代度的影响显著。

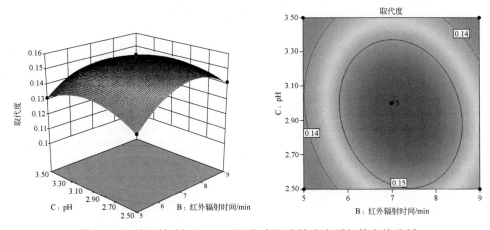

图 8-9　红外辐射时间和 pH 对取代度影响的响应面与等高线分析

通过 Design Expert 10.0 软件对响应面实验进行数据分析整合，得到最佳柠檬酸淀粉酯的制备工艺条件为：红外辐射温度为 255.69℃，红外辐射时间为 7.14min，反应体系 pH 值为 2.96，并控制柠檬酸与淀粉质量比为 0.5，物料加载量为 0.1g/cm²。在此工艺条件下，柠檬酸淀粉酯的取代度可以达到 0.158。为了方便实验操作的进行，将制备工艺条件调整为：红外辐射温度 255℃，红外辐射时间 7min，反应体系 pH 值为 3.0。进行 3 次重复验证实验，验证实验中，响应面的平均取代度为 0.156，与预测值间的差值为 0.002。因此，该模型具有较好的预测性，预测模型可靠。

8.2.8　小结

本节主要采用红外辐射干热改性技术制备柠檬酸淀粉酯，并通过单因素实验，探究不同因素在不同水平下对柠檬酸淀粉酯制备的影响，以取代度为衡量指标。同时，采用 Box-Behnken 响应面法对柠檬酸淀粉酯制备工艺进行优化，获得红外辐射干热改性柠檬酸糯米淀粉酯的最佳制备工艺条件，具体结论如下：

影响红外辐射干热制备柠檬酸淀粉酯的主要因素为红外辐射温度、红外辐射时间、pH、柠檬酸与淀粉质量比、物料加载量。根据单因素实验数据结果可以看出：柠檬酸淀粉酯的取代度随着红外辐射温度、红外辐射时间、反应体系的 pH 值的不断增加呈现先上升后下降的趋势；当柠檬酸与淀粉的质量比不断增加时，柠檬酸淀粉酯的取代度先不断增加后基本保持不变；而随着物料加载量的增加，柠檬酸淀粉酯的取代度呈递减趋势。

通过响应面实验，确定了影响柠檬酸淀粉酯取代度的因素顺序为红外辐射温度>红外辐射时间>反应体系 pH 值；红外辐射干热制备柠檬酸淀粉酯的最佳制备工艺为红外辐射温度为 255℃，红外辐射时间为 7min，反应体系 pH 值为 3.0，并控制柠檬酸与淀粉质量比为 0.5，物料加载量为 $0.1g/cm^2$，在此工艺条件下，柠檬酸淀粉酯的取代度为 0.156。

8.3　基于红外辐射干热法制备的酯化糯米淀粉理化性质研究

8.3.1　实验方法

8.3.1.1　实验样品制备

天然淀粉样品（NS）：淀粉原样过筛，50℃电热鼓风干燥箱中干燥。

红外干热淀粉样品（IRS）：将水分含量 8%左右的淀粉原样放入红外辐射陶瓷红外-热风联合干燥设备中，控制红外辐射温度 255℃、红外辐射时间 7min、物料加载量为 $0.1g/cm^2$ 进行红外辐射干热处理，再置于 130℃电热鼓风干燥箱中保温 2h，低温干燥。

纯柠檬酸淀粉样品（CS）：配制 50%柠檬酸溶液，将柠檬酸与水分含量为 8%左右的糯米淀粉原样混合，控制反应体系 pH 值为 3.0、柠檬酸与淀粉质量比为 0.5，将混合物置于室温下静置 16h，在此期间注意搅拌，使其混合均匀，将充分混合的柠檬酸-淀粉置于 50℃电热鼓风干燥箱中干燥。

红外柠檬酸淀粉样品（IRCS）：将水分含量 8%的淀粉原样与 50%柠檬酸溶液混

合，pH 3.0，柠檬酸与淀粉质量比为 0.5，搅拌均匀后，室温静置 16h。将混合物置于 50℃电热鼓风干燥箱烘至水分含量为 8%，取出粉碎、过筛。以 255℃的红外辐射温度对淀粉样品红外辐射处理 7min，物料加载量为 0.1g/cm²，再置于 130℃电热鼓风干燥箱中保温 2h，洗涤、低温干燥。

干热柠檬酸淀粉样品（DCS）：将 8%水分含量的糯米淀粉原样与 50%柠檬酸溶液混合，控制柠檬酸与淀粉质量比为 0.5、反应体系 pH 值为 3.0，搅拌均匀后，室温静置 16h。将混合物置于 50℃电热鼓风干燥箱烘至水分含量为 8%，取出粉碎、过筛。再置于 130℃电热鼓风干燥箱中反应 5h，取出、洗涤，并低温干燥。上述实验最终样品均过 200 目筛，且保证最终水分含量一致。

8.3.1.2　白度的测定

取适量的改性糯米淀粉置于色差仪中测定不同改性处理的糯米淀粉样品的 L^*、a^*、b^*值，通过白度计算比较分析各个样品间的差异：

$$W = 100 - \sqrt{(100 - L^*)^2 + a^{*2} + b^{*2}} \tag{8-3}$$

其中，W 为样品白度；L^*为样品亮度；a^*为样品红绿方向变化；b^*为样品黄蓝方向变化。

8.3.1.3　溶胀度的测定

准确称取 0.5g 淀粉样品（干基）于 100mL 小烧杯中，记录淀粉样品质量为 m_1，加入 50mL 蒸馏水，配制成浓度为 1%的淀粉乳液，搅拌均匀后分别置于 55~95℃（每间隔 10℃）的恒温水浴锅中，加热搅拌 30min 后立即取出倒入离心管中，离心管需提前称重（m_2），以 4000r/min 的速度离心 5min，称量离心管与沉积物总质量 m_3，实验平行 3 次。计算为：

$$溶胀度(\%) = \frac{m_3 - m_2}{m_1} \times 100\% \tag{8-4}$$

8.3.1.4　糊化特性测定

将(3.000±0.0001)g 淀粉样品置于 RVA 样品筒中，加入 25mL 去离子水，快速混匀并立即测试。测定程序设定：50℃下保持 2min，并以 12℃/min 的速度加热至 95℃维持 3min，之后再以同样速率降温至 50℃维持 2min，实验重复三次。前 10s 内搅拌器转动速度为 960r/min，之后转速维持在 160r/min。

8.3.1.5　流变学特性测定

将完全糊化后的淀粉样品立即置于旋转流变仪中进行频率扫描测定，探究不同淀粉样品在储存模量和损耗模量上振荡频率的变化。频率扫描温度设定为 25℃，扫描范围为 0.1Hz～10Hz。测定前，先进行线性黏弹区间的测定：选用 PP50 转子和直径为 25mm 的平板，间距设定为 0.5mm，频率扫描为 1Hz，应力范围为 0.1%～100%，选出最佳应力。在最佳应力条件下进行频率扫描测定。

8.3.1.6　热力学特性测定

根据张秀的差示扫描量热法并作适量修改，准确称量 3～5mg 淀粉样品置于 DSC 铝制小坩埚中，加入适量蒸馏水，使淀粉样品与蒸馏水质量比为 1∶2，混合均匀并压片于 4℃下密封保存 24h。淀粉样品进行 DSC 扫描前在室温 25℃条件下平衡 1h，并以空坩埚为空白对照进行扫描测定。差示扫描量热仪扫描速率设定为 10℃/min，从 25℃加热至 90℃，测定结束后通过仪器自带软件对淀粉样品的 DSC 曲线进行数据分析处理，实验平行三次。

8.3.1.7　消化特性测定

淀粉样品消化特性的测定采用 Englyst 法进行，并稍加修改，其中还原糖的测定通过 DNS 法测量。

（1）所需溶液的配制

① 0.1mol/L pH 5.2 醋酸缓冲液：21mL 0.1mol/L 醋酸溶液与 79mL 0.1mol/L 醋酸钠缓冲液混合均匀后，调节混合液 pH 至 5.2。

② 混合酶液的配制：准确称取 290mg 猪胰 α-淀粉酶（10 万 U/mL）溶于 10mL 蒸馏水中，振荡摇匀后置于离心机中以 1500r/min 离心 5min，取 4mL 上清液与 25μL 淀粉葡萄糖苷酶（10U/mg）混合，即得混合酶液。混合酶液现配现用。

（2）葡萄糖标准曲线的测定

取 5 支 25mL 带有刻度标签的玻璃试管，按表 8-4 分别加入相应试剂，配制成不同葡萄糖含量的溶液。将具有不同葡萄糖含量的混合液摇匀，置于水浴锅中沸水加热 7min，加热结束后立即采用流动水进行 3min 冷却处理，并用蒸馏水定容至 25mL，振荡摇匀，以 0 号试管为参比溶液，在波长为 540nm 的分光光度计上测定 1～5 号试管中混合液的吸光度。

表 8-4　葡萄糖标准曲线的制作

标签	1mg/mL 葡萄糖标准液/mL	蒸馏水/mL	DNS/mL	葡萄糖含量/mg
0	0	1.0	2.0	0
1	0.2	0.8	2.0	0.2
2	0.4	0.6	2.0	0.4
3	0.6	0.4	2.0	0.6
4	0.8	0.2	2.0	0.8
5	1.0	0	2.0	1.0

（3）样品消化特性的测定

将 200mg 淀粉样品（干基）与 20mL pH 5.2 醋酸缓冲液混合，置于 150mL 锥形瓶中，并放置于 37℃下恒温水浴锅中保温 30min，加入 2mL 混合酶液，以 180r/min 的转动速度在 37℃的恒温摇床中进行摇动，分别反应 20min、120min 后取出 0.5mL 消化后的淀粉样品溶液，加入 4mL 无水乙醇进行灭酶处理，并以 5000r/min 离心 10min，取上清液用 DNS 法测定还原糖含量，分别记为 G_{20}、G_{120}。

游离葡萄糖的测定：准确称取 0.8g 淀粉样品（干基）于 150mL 锥形瓶中，加入 20mL pH 5.2 醋酸缓冲液，混合均匀，于 100℃水浴锅中加热 30min，快速冷却至室温。再取出 0.5mL 样品溶液，放入装有 4mL 无水乙醇的离心管中，混匀后以 5000r/min 的速度离心 10min，取上清液用 DNS 法测定还原糖含量，记为 FG。

按照下式计算淀粉样品中快速消化淀粉 RDS、慢速消化淀粉 SDS 以及抗性淀粉 RS 含量：

$$TS = (G_{240} - FG) \times 0.9 \tag{8-5}$$

$$RDS(\%) = (G_{20} - FG) \times \frac{0.9}{TS} \times 100 \tag{8-6}$$

$$SDS(\%) = (G_{120} - G_{20}) \times \frac{0.9}{TS} \times 100 \tag{8-7}$$

$$RS(\%) = \frac{[TS - (RDS + SDS)]}{TS} \times 100 \tag{8-8}$$

其中，TS 为总淀粉质量，mg；FG 为水解前淀粉中葡萄糖含量，mg；G_{240} 为反应 240min 时反应液中葡萄糖含量，mg。

8.3.2 不同处理条件下淀粉样品的颜色变化

淀粉在进行改性的过程中，不同的改性方式会影响淀粉的表观色泽。在 5 种不同的糯米淀粉改性方式下，淀粉样品呈现出不同的颜色变化。而对于淀粉而言，其白度是判断淀粉品质的标准之一。从图 8-10 可以看出，在单一的物理作用（红外辐射干热改性处理）或者单一的化学作用（柠檬酸改性处理）条件下得到的淀粉样品（IRS、CS）在白度上较原淀粉有一定程度的下降，但变化幅度不大。其中，红外辐射干热处理会引起裂解的淀粉单糖发生焦糖化反应，这可能使得淀粉色泽发生改变。在红外辐射干热条件下促使柠檬酸与淀粉生成的柠檬酸淀粉酯（IRCS）外观色泽较原淀粉下降约 3%，但较传统高温下形成的柠檬酸淀粉酯的外观色泽而言，白度较高。因此，采用红外辐射干热改性工艺制备柠檬酸淀粉酯对淀粉酯的色泽影响较传统干热改性而言较小。

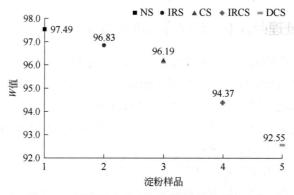

图 8-10　不同处理条件下淀粉样品的颜色变化

8.3.3　不同处理条件下淀粉样品的溶胀度变化

由图 8-11 可知，随着温度的升高，NS、IRS、CS、IRCS 和 DCS 的溶胀度均呈现上升趋势。其中，IRS 和 CS 的溶胀度较天然淀粉 NS 较大，而 IRCS 和 DCS 的溶胀度较 NS 较小，且 IRCS 和 DCS 随温度的升高其溶胀程度变化不大。红外辐射干热处理的淀粉样品（IRS）因淀粉分子吸收热能，淀粉颗粒结构遭到破坏，更多的水分子进入淀粉颗粒内部，使得淀粉溶胀度增加，其溶胀度的大小可用来表示红外辐射干热处理对淀粉颗粒的破坏程度。经过柠檬酸处理的淀粉样品（CS）在不同温度水平下，其溶胀度均较大的原因是淀粉经过酸水解后，产生更多的短链，暴露更多的淀粉羟基，柠檬酸与淀粉颗粒结合，水分子更易进入淀粉颗粒内部，从而导致 CS 样品的溶胀度增大。而在高温条件下生成的柠檬酸淀粉酯样品（IRCS、DCS）中，柠檬酸与淀粉分子发生了交联反应，加强了相邻淀粉链间的键合作用，从而减少了它们在加热过程中的移动倾向，同时直链淀粉和支链淀粉被部分酸解导致淀粉降解，使得柠檬酸淀粉酯的溶胀度降低。

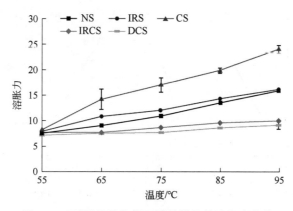

图 8-11　不同处理条件下淀粉样品的溶胀度变化

8.3.4 不同处理条件下淀粉样品的糊化特性

淀粉样品在不同处理条件下进行改性后的糊化特性如表 8-5 和图 8-12 所示。红外辐射干热改性处理会使得糯米淀粉（IRS）的峰值黏度、热糊黏度、崩解值、最终黏度和回生值较天然淀粉有所下降，其中，峰值黏度的下降可能是由于淀粉多糖的降解和溶胀力的降低。柠檬酸改性处理会缩短糯米淀粉达到峰值黏度的时间，同时柠檬酸改性淀粉（CS）的崩解值有所上升，回生值大大降低（表 8-5 所示），说明经柠檬酸处理后的淀粉耐剪切性能较差，但不易发生老化。红外辐射干热处理柠檬酸淀粉酯（IRCS）和干热改性柠檬酸淀粉酯（DCS）的糊化特性曲线近似一条平直的直线，说明 IRCS 和 DCS 没有产生糊化和胶凝现象，这是由于在高温条件下柠檬酸与淀粉分子上的羟基紧密结合，形成很强的空间位阻，淀粉分子的吸水性能大大减弱，同时即使在高温条件下，柠檬酸与淀粉分子交联酯化形成的强大的分子键合作用也不易被破坏。生成的柠檬酸淀粉酯具有较好的耐剪切性能，且不易老化回生。

表 8-5 不同处理条件下淀粉样品的糊化特性

	峰值黏度/cP	热糊黏度/cP	崩解值/cP	最终黏度/cP	回生值/cP	起糊温度/℃
NS	2979	2234	746	3686	1452	89.10
IRS	2312	1771	541	2964	1193	86.93
CS	2616	1577	1039	1795	218	70.20
IRCS	33	21	12	29	8	—
DCS	31	19	12	22	3	—

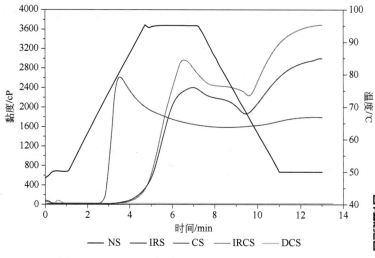

图 8-12 不同处理条件下淀粉样品的糊化特性曲线

二维码

8.3.5　不同处理条件下淀粉样品的流变学特性

通过线性黏弹区实验，选取 1%作为动态流变学测定的应力条件。经过糊化处理的改性糯米淀粉样品在受到外力的作用下，既表现出黏性流动，又表现出弹性形变。其中，G'表示弹性模量，反映样品发生弹性形变（可逆）后恢复其原始形状的能力；G''代表黏性模量，反映样品在发生黏性形变（不可逆）时的黏性大小；$\tan\delta$是损耗角正切值，表示 G'' 与 G'的比值，$\tan\delta$ 越小说明淀粉样品的弹性比例越大。当 $\tan\delta>1$ 时，样品的黏性大于弹性，样品体系表现为黏性流体；当 $\tan\delta<1$ 时，样品的弹性大于黏性，样品体系是溶胶或凝胶。

由图 8-13 可知，NS、IRS、CS 的弹性模量（G'）和黏性模量（G''）均随着扫描频率的增加呈现递增趋势，且 G'明显大于 G''，表明糯米淀粉凝胶体系的弹性大于黏性。红外辐射干热处理和柠檬酸处理对淀粉的黏弹性都有一定的破坏作用，其中柠檬酸对于淀粉黏弹性的影响更大。IRCS、DCS 的弹性模量和黏性模量较 NS、IRS、CS 均有一定程度的降低，说明淀粉凝胶体系的弹性模量和黏性模量都遭到破坏。这可能是因为柠檬酸与淀粉分子间的酯化交联反应，使得淀粉的凝胶网络结构遭到破坏。同时，说明高温有利于促进柠檬酸与淀粉分子进行交联反应。在扫描频率范围内，IRCS、DCS 的弹性模量随扫描频率的增加，变化情况不明显，而黏性模量随频率的增加而变大，说明经酯化后的淀粉样品凝胶体系的弹性较小，更加具有流体性质。

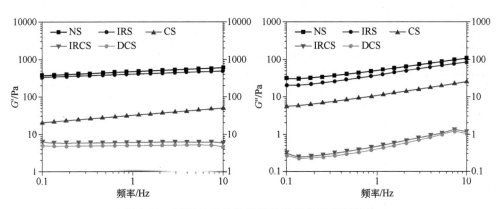

图 8-13　不同处理条件下淀粉样品的流变学特性

8.3.6　不同处理条件下淀粉样品的热力学特性

表 8-6 和图 8-14 分别是不同处理条件下淀粉样品的热力学参数及热力学特性曲线。由表 8-6 可知，天然糯米淀粉的 T_0、T_p、T_c、ΔH 分别为 62.39℃、66.37℃、70.67℃、4.83J/g。经单一的红外辐射干热处理的改性淀粉样品（IRS）的 T_0、T_p、T_c 均有所

降低，ΔH 有所提高。而经单一的柠檬酸改性处理的淀粉样品（CS）T_p、T_c、ΔH 均有所增加，仅 T_0 略有下降。在淀粉的热力学特性中，其热力学参数 T_0、T_p、T_c 会受淀粉分子的结构、结晶型等因素影响，通常情况下，淀粉颗粒的结晶区越致密，其结晶度越高，糊化温度也会越高。因此，相较于天然淀粉而言，柠檬酸进入淀粉颗粒内部会使得淀粉分子的结晶区域更加致密，而红外辐射干热处理会破坏淀粉分子结构，降低淀粉颗粒结晶区的致密度，导致淀粉的 T_0、T_p、T_c 降低。糊化焓 ΔH 可以用来反映淀粉在相变过程中双螺旋结构的解聚和熔融所需的能量。在 IRS 和 CS 样品中，ΔH 显著提高，这可能是由于经单一物理或化学改性后的淀粉颗粒中可进行热凝胶化的淀粉颗粒增加。如表 8-6 和图 8-14 所示，在 IRCS 和 DCS 样品中未检测到相应的糊化参数，且在 DSC 图谱上没有明显的吸热峰。这表明，高温干热条件可以促进柠檬酸与淀粉分子间发生交联酯化反应，使得柠檬酸与淀粉分子进行紧密结合，这种酯化反应可能使淀粉分子的部分双螺旋结构受到破坏，热力学上表现为糊化焓 ΔH 的降低甚至消失，同时酯化反应的发生可以降低淀粉的糊化参数和糊化特性。有学者认为糊化焓 ΔH 的变化可能与淀粉颗粒的膨胀度有关，柠檬酸淀粉酯 ΔH 的消失，也可能是由于柠檬酸酯化有效抑制了淀粉颗粒的膨胀。

表 8-6　不同处理条件下淀粉样品的热力学特性

	起始温度 T_0/℃	峰值温度 T_p/℃	终止温度 T_c/℃	糊化焓 ΔH/(J/g)
NS	62.39	66.37	70.67	4.83
IRS	59.66	62.14	65.61	5.24
CS	61.58	67.30	74.16	8.37
IRCS	—	—	—	—
DCS	—	—	—	—

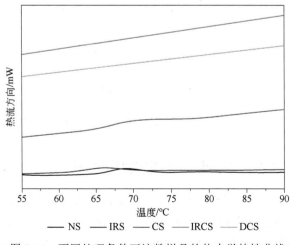

NS —— IRS —— CS —— IRCS —— DCS

图 8-14　不同处理条件下淀粉样品的热力学特性曲线

二维码

8.3.7　不同处理条件下淀粉样品的消化特性

通过配制不同浓度的葡萄糖标准溶液，以葡萄糖含量为横坐标，OD 值为纵坐标，绘制葡萄糖溶液标准曲线（图 8-15），得到标准曲线方程为 $y=0.1067x-0.0358$（$R^2=0.999$）。以此葡萄糖标准曲线方程为基础，进行到 NS、IRS、CS、IRCS、DCS 中各部分淀粉含量的计算。

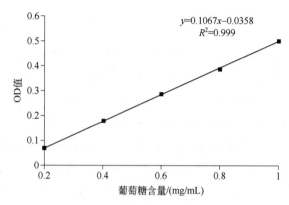

图 8-15　葡萄糖浓度标准曲线

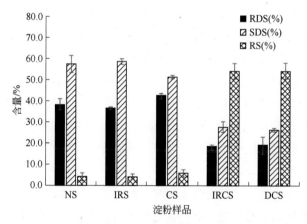

图 8-16　不同处理条件下淀粉样品的消化特性

如图 8-16 所示，NS 中的 RDS、SDS、RS 含量分别为 38.31%、57.67%、4.03%。在红外辐射干热处理条件下，IRS 中 RDS 含量有所下降，而 SDS 和 RS 含量变化不大，说明单一的物理作用对淀粉消化特性的影响程度较小。天然糯米淀粉在常温下与柠檬酸溶液混合后生成的柠檬酸改性淀粉（CS），其 RDS 含量略有上升，这可能是因为新生成的淀粉颗粒易吸水膨胀，使得消化酶更易进入淀粉颗粒内部，从而表现为 RDS 含量的增加。在高温条件下生成的柠檬酸淀粉酯 IRCS、DCS，其 RDS、

SDS 和 RS 含量发生显著的变化，这是因为糯米淀粉是一种高支链淀粉，其支链淀粉没有受到直链淀粉缠绕，高温使得糯米淀粉颗粒更加容易破碎，有利于柠檬酸进入淀粉分子颗粒内部，与淀粉分子发生强烈的酯化交联反应，产生空间位阻，减少酶的作用位点，从而使得淀粉具有一定的抗消化性能。同时，柠檬酸淀粉酯的取代度、RS 含量与淀粉源中支链淀粉含量呈正相关，随着较高取代度的柠檬酸糯米淀粉酯的生成，其消化特性表现为 RDS 含量的减少和 RS 含量的增加。

8.3.8　小结

本节将天然糯米淀粉分别进行红外辐射干热处理、柠檬酸改性处理、红外辐射干热柠檬酸改性处理和传统干热柠檬酸改性处理，从色泽、溶胀度、糊化特性、热特性、流变学特性和体外消化特性等角度对比分析 5 种不同处理条件下的糯米淀粉样品在理化性质方面的差异性。具体研究结果如下：

经红外辐射干热柠檬酸改性处理和传统干热柠檬酸改性处理制备得到的酯化淀粉（IRCS、DCS）在理化特性方面的表现为：ⓐ较天然淀粉而言，生成的柠檬酸淀粉酯的白度和溶胀度降低，随着环境温度的不断升高，柠檬酸淀粉酯的溶胀度变化不大，表现出不易吸水特性；ⓑ酯化后的淀粉样品未发生糊化和胶凝现象，其糊化特性曲线近似一条平直的直线，且耐剪切性能增加，不易发生老化回生现象；ⓒ柠檬酸淀粉酯凝胶体系的弹性较小，更具有流体性质，其弹性模量随扫描频率的增加，变化情况不显著，而黏性模量则随频率的增大而增加；ⓓ酯化后的淀粉样品在 DSC 图谱上无明显的吸热峰出现，同时未检测到相应的糊化参数；ⓔ柠檬酸淀粉酯的 RDS 和 SDS 含量下降，而 RS 含量显著增加，表现出较好的抗酶解能力。

本节研究了红外辐射干热处理和柠檬酸改性处理在淀粉酯形成过程中对淀粉理化性质的影响程度。IRS 与 NS 在色泽、溶胀度、糊化特性、热特性、流变学特性及体外消化特性方面存在较小的差异性，且变化趋势相似。经柠檬酸改性后的淀粉（CS）白度下降，淀粉颗粒易吸水膨胀，RDS 含量增加，出现不易老化回生等特性。相较于红外辐射干热处理，酸改性处理对天然糯米淀粉的影响更大，在酯化淀粉生成的过程中柠檬酸是其重要影响因素之一，但仅依靠酸改性处理并不能获得柠檬酸淀粉酯，高温是促进柠檬酸淀粉酯生成的必要条件。

对比分析红外辐射干热条件下和传统干热条件下制备的柠檬酸淀粉酯在色泽、溶胀度、体外消化特性等理化性质方面的特征，可以看出 IRCS 和 DCS 的各项理化特性结果十分相似，红外辐射干热处理技术可以应用于柠檬酸淀粉酯的制备，提高制备效率。

8.4　基于红外辐射干热处理酯化糯米淀粉的分子结构研究

8.4.1　实验方法

8.4.1.1　实验样品制备

同 6.3.1.1 实验样品制备方法。

8.4.1.2　颗粒粒径的测定

将少量淀粉样品溶解于适量蒸馏水中，不断搅拌使淀粉样品在水溶液中均匀分散，分散后的淀粉水溶液置于激光粒度仪中进行颗粒粒径测定，实验平行三次。

8.4.1.3　红外光谱的测定

将少量干燥的淀粉样品（约 1mg）与干燥的 KBr 粉末置于研钵内进行研磨，控制样品与 KBr 粉末的质量比为 1∶10，研磨混合均匀后使用配套的压片机进行压片处理。将制好的淀粉样品薄片置于 FTIR 红外光谱仪中进行红外扫描，扫描前红外光谱仪需以空气作为空白扣除背景。红外光谱仪扫描参数设定为：扫描分析范围为 $400\sim4000cm^{-1}$，仪器分辨率为 $4cm^{-1}$，扫描次数为 64。

8.4.1.4　结晶结构的测定

淀粉样品的结晶结构是利用 X 射线衍射仪测定得到的。在测定前，称取 100mg 过 200 目筛的淀粉样品置于密封环境中，吸收饱和 NaCl 溶液一星期，进行样品预处理。处理后的淀粉样品置于 X 射线衍射仪中进行检测分析，仪器的参数设定为：管电压 40kV；管电流 200mA；输出功率 3kW；测量角扫描范围 3°～40°；扫描步长 0.02°；扫描速率 1.2°/min。

8.4.1.5　片层结构的测定

准确称量 60mg 干燥的淀粉样品，将淀粉样品放入 SAXS 样品台中，采用 Bruker NanoStar 型小角 X 射线仪进行 SAXS 检测分析，以 CuKα 射线为 X 射线源，测定功率 30W，电压 50kV，探测器 Vantec 2000，采用针孔准直技术，整个光学通路在测定过程中处于真空条件，以减少空气散射的影响。

8.4.2　不同处理条件下淀粉样品的颗粒粒径

由表 8-7 可知，原糯米淀粉颗粒粒径相对较小，经过不同改性方式处理后淀粉颗粒粒径显著增加，其中 IRS 的 D_{50} 增加至 6.45μm，90% 的 IRS 粒径大于 3.23μm，

10%的 IRS 颗粒粒径大于 11.75μm；CS 的 D_{50}、D_{90}、D_{10} 较 NS 有非常明显的增加，分别增加至 58.52μm、40.58μm、101.18μm，淀粉粒径的增加可能是由于柠檬酸与淀粉结合，增加了淀粉颗粒的溶胀特性，水分子更加容易进入淀粉分子内部，从而使得淀粉颗粒发生了团聚现象；IRCS 的 D_{50} 增加至 10.90μm，其 D_{90}、D_{10} 分别为 7.02μm、16.80μm；DCS 的增加至 9.93μm，其 D_{90}、D_{10} 分别为 6.75μm、15.90μm。

表 8-7 不同处理条件下淀粉样品的颗粒粒径

样品	$D_{50}/\mu m$	$D_{10}/\mu m$	$D_{90}/\mu m$
NS	5.79	10.02	3.01
IRS	6.45	11.75	3.23
CS	58.52	101.18	40.58
IRCS	10.90	16.80	7.02
DCS	9.93	15.90	6.75

注：D_{50}，中位径；D_{10}，粒径分布中占比为 10%所对应的粒径；D_{90}，粒径分布中占比为 90%所对应的粒径。

从图 8-17 所示的粒径分布图可以看出，NS、IRS、CS、IRCS、DCS 的粒度分布较为均匀，均呈现单峰分布。其中，IRS 的粒度峰分布范围与 NS 相似，但其粒度峰峰值位置对应的频率分布较 NS 略低；IRCS 与 DCS 的粒度峰分布范围及粒度峰峰值位置对应的频率分布相类似，较 NS 均有增大的趋势；而 CS 的粒度分布范围及粒度峰峰值位置对应的频率分布远远大于 NS，这可能是由于柠檬酸渗透进入淀粉分子内部，出现了颗粒团聚的现象。

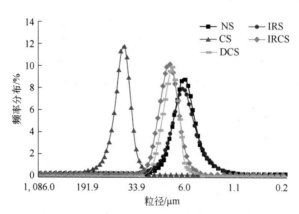

图 8-17 不同处理条件下淀粉样品的粒径分布

8.4.3 不同处理条件下淀粉样品的傅立叶红外光谱分析

红外光谱是用于定性分析物质官能团的一种较简单的分析方法，可应用于淀粉类衍生物的结构测定。表 8-8 为化合物的红外光谱图解析。图 8-18 是 NS、IRS、CS、

IRCS、DCS 五种淀粉样品在 400～4000cm^{-1} 范围的红外光谱图。天然淀粉是由 α-D-吡喃葡萄糖脱水后，经糖苷键连接在一起的聚合物，α-D-吡喃环结构和羟基是其主要特征基团。如图 8-18 所示，IRS、CS 淀粉样品的波峰位置与 NS 样品相一致，说明红外辐射干热处理和柠檬酸处理对淀粉的官能团影响不大，但会导致不同峰位置所对应的吸收峰峰值的降低，且酸改性处理较红外辐射干热改性处理对吸收峰大小的影响更为明显。图中 3384cm^{-1} 是淀粉羟基特征峰，引起 O—H 的伸缩振动，经过改性后的淀粉样品在此处的吸收峰均有所降低，表明原淀粉的羟基被部分取代。在 IRCS、DCS 淀粉样品的红外光谱图中，1749cm^{-1} 出现了新的特征峰，这个峰位置属于酯键中羰基 C≕O 的伸缩振动，代表了淀粉样品发生了酯化反应。

表 8-8　化合物的红外光谱图解析

峰位置/cm^{-1}	类型
3384	缔合 O—H 伸缩振动
2929	C—H 伸缩振动
1749	酯键 C≕O 伸缩振动
1643	C—O 伸缩振动
1402	C—H 剪切振动
1415、1369	C—H 剪切振动
1155	非对称 C—O—C 伸缩振动

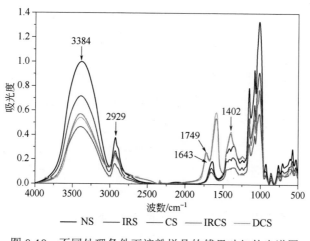

图 8-18　不同处理条件下淀粉样品的傅里叶红外光谱图

二维码

8.4.4　不同处理条件下淀粉样品的结晶结构分析

淀粉是一种天然的多晶态聚合物，主要由结晶区和非结晶区组成，在淀粉颗粒的多晶体系中，还有一种介于结晶结构和非结晶结构中间的亚晶结构。因此，淀粉颗粒主要是由结晶、亚晶和非结晶结构组成的，支链淀粉是主要的结晶组分。通过X-射线衍射分析，不同淀粉颗粒结构在波谱图中呈现的特征吸收峰不同。其中，尖锐的特征衍射峰代表淀粉颗粒的结晶结构，非结晶和亚晶结构的特征衍射峰呈现弥散状态，根据不同的特征吸收峰位置，可将淀粉结晶结构分为 A、B、C 型三种模式。

　　图 8-19 是不同淀粉样品在 X 射线衍射分析下呈现的 X-射线衍射图谱。天然糯米淀粉（NS）在 $2\theta=15°$、$17°$、$18°$ 和 $23°$ 处出现三个特征吸收峰，属于典型的 A 型结晶结构。经过红外辐射干热处理和柠檬酸处理的淀粉样品（IRS 和 CS）仍属于 A 型淀粉，经酯化后的柠檬酸淀粉酯样品（IRCS、DCS）的结晶型也未发生改变。与 NS、IRS、CS 相比，IRCS、DCS 的衍射峰有所减弱，有些衍射峰变得不太明显，但特征衍射峰位置未发生变化，说明在酯化过程中，淀粉的一部分晶体结构受到破坏，而红外辐射干热处理和柠檬酸改性处理对淀粉的结晶结构和结晶形态的影响不大。随着淀粉酯取代度的进一步增加，淀粉样品的 X 射线衍射图会出现一条弥散的衍射曲线，表现出亚晶和非结晶区结构的衍射特征，说明淀粉在与柠檬酸发生酯化交联反应时，淀粉的结晶区会受到破坏，酯化过程中生成的柠檬酸淀粉酯交联产物阻止淀粉链的流动重组，使得淀粉颗粒由结晶态转变成非结晶态。

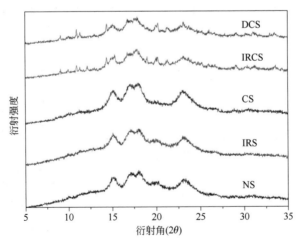

图 8-19　不同处理条件下淀粉样品的 X-射线衍射图谱

8.4.5　不同处理条件下淀粉样品的片层结构分析

　　图 8-20 为不同处理条件下淀粉样品的小角 X 射线散射图谱。小角 X 散射可应用于 1～100nm 范围内的物质结构检测，根据散射体与周围介质间电子云密度的差异，

对物质中电子密度分布的变化进行定性、定量分析。由于淀粉的分子链结构形态和聚集形式存在差异性，其分子结构可分为颗粒结构 、生长环结构、"止水塞"结构、片层结构、支链淀粉和直链淀粉分子链结构。在淀粉分子结构方面的研究中，可以利用小角 X 散射技术定量测定淀粉颗粒半晶体生长环的片层结构。淀粉分子的片层结构是由结晶区和无定形区组成的，而晶体片层和无定形片层交替排列生成了淀粉分子的半晶体生长环。其中，晶体片层一般是由支链淀粉侧链呈双螺旋排列形成的晶格组成的，而无定形片层则是由直链淀粉和支链淀粉的分支点组成的。

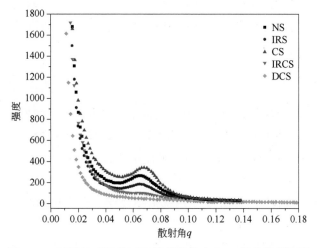

图 8-20　不同处理条件下淀粉样品的小角 X 射线散射图谱

利用小角 X 散射技术测定散射物体的散射强度与散射角 q 之间的关系，建立相应的散射曲线，散射曲线常伴有特征性的主散射峰，散射物体的大小、尺寸与散射角成反比关系，如式（8-9）所示。

$$d = \frac{2\pi}{q} \qquad (8\text{-}9)$$

$$q = \frac{4\pi}{\lambda}\sin\theta \qquad (8\text{-}10)$$

其中，d 为散射物体的尺寸大小；q 为散射角；λ 为入射波长；θ 为入射角的一半。图 8-20 是不同淀粉样品在小角 X 散射下关于 $I(q)\sim q$ 的散射曲线图谱。天然糯米淀粉在散射角 0.06Å^{-1}[1]附近出现一个特征型的散射峰，可以认为此处产生的散射峰是由支链淀粉侧链形成的交替排列的晶体和无定形片层结构产生的。经红外干热改性处理的淀粉样品（IRS）的散射峰位置变化不大，说明层状排列的结晶和无定

---

❶ 1Å=10^{-10}m。

形区的平均总厚度变化不大，相应位置的峰强度较天然糯米淀粉 NS 略有下降，相反，经柠檬酸改性处理的淀粉样品（CS）的散射峰强度较 NS 略有上升。散射强度取决于有序半晶结构的数量和/或晶体和非晶薄片相对于非晶背景的电子密度差异，因此，红外辐射干热处理降低了淀粉的半结晶区域的有序结构，而柠檬酸改性处理则会增强淀粉半结晶区域的有序度。在柠檬酸淀粉酯样品（IRCS、DCS）的散射图谱中，未观察到明显的 SAXS 散射峰，说明柠檬酸与淀粉分子在高温条件下发生酯化交联反应的过程中，淀粉晶体片层结构遭到一定的破坏，即支链淀粉的侧链遭到破坏。A 型晶体和 B 型晶体通常分别是由支链淀粉的短侧链和长侧链形成的，然而淀粉的晶体类型与散射曲线中的相关参数没有显著相关性，特征性散射峰的消失不会引起淀粉晶体类型的改变。

8.4.6　小结

本节从淀粉颗粒粒径、微观形态、结晶结构等方面对经红外辐射干热处理、柠檬酸改性处理、红外辐射干热柠檬酸改性处理、传统干热柠檬酸改性处理的淀粉样品（IRS、CS、IRCS、DCS）和天然糯米淀粉样品（NS）进行分子结构研究，具体研究结果如下：

利用红外辐射干热处理方式和传统干热处理方式，制备得到的柠檬酸淀粉酯（IRCS、DCS）在分子结构上的特征表现有：ⓐ与天然糯米淀粉相比，柠檬酸淀粉酯的颗粒粒径增大，中位粒径淀粉颗粒由 $5.79\mu m$ 分别增至 $10.90\mu m$ 和 $9.93\mu m$，粒径分布呈单峰态；ⓑIRCS、DCS 样品在 FTIR 红外光谱图 $1749cm^{-1}$ 处出现了新的特征吸收峰，表明柠檬酸与淀粉间发生了实质性的酯化反应；ⓒ天然糯米淀粉属于 A 型结晶结构，经过酯化后的淀粉样品仍保持原有晶型不变，但特征衍射峰锐化，部分淀粉结晶区结构被破坏，随着取代度的进一步提高，柠檬酸淀粉酯的衍射图谱会呈现出一条弥散的曲线；ⓓ在 SAXS 散射波谱图中，IRCS、DCS 样品呈现一条平滑的曲线，未有明显的散射特征峰出现，淀粉晶体片层结构遭到一定的破坏。

本节对红外辐射干热处理和柠檬酸改性处理的淀粉样品（IRS、CS）进行分子结构检测，发现淀粉颗粒粒径与 IRCS、CS 样品粒径相似，均呈单峰态分布，粒径尺寸增加。其中，CS 样品出现明显的团聚现象，导致其颗粒粒径较大。红外辐射干热处理与柠檬酸改性处理并未使淀粉分子的官能团和结晶类型发生改变，IRS、CS 在散射图谱中出现明显的散射特征峰，且对应的散射角位置（q）变化较小，均在散射角 $0.06Å^{-1}$ 附近。较单一物理作用而言，单一化学作用对淀粉改性程度影响较大，但单一的物理作用或化学作用对天然糯米淀粉颗粒分子结构的影响有限。

对比红外辐射干热改性技术和传统干热改性技术制备的柠檬酸淀粉酯在颗粒粒径分布、微观形态、分子官能团、结晶结构和半晶体片层结构方面的特征，可以看出 IRCS 和 DCS 的各项分子结构的测定结果和变化趋势相似，红外辐射干热改性技术可以促进柠檬酸与淀粉分子发生酯化交联反应。此外，研究数据显示，IRCS 和 DCS 样品所表现的分子结构特征与 IRS、CS 不同，柠檬酸是淀粉酯化反应发生的前提条件，而高温是使得柠檬酸与淀粉结合形成柠檬酸淀粉酯的必要条件，且柠檬酸受热水解和淀粉颗粒受热膨胀在酯化过程中是同时发生的。

参考文献

Ačkar Đ, Babić J, Jozinović A, et al. Starch modification by organic acids and their derivatives: A review[J]. Molecules, 2015, 20(10): 19554-19570.

Atungulu G, Miura M, Atungulu E., et al. Activity of gaseous phase steam distilled propolis extracts on peroxidation and hydrolysis of rice lipids[J]. Journal of food engineering, 2007, 80(3): 850-858.

Benjamin Berton J S, Frederic Villieras, Joel Hardy. Measurement of hydration capacity of wheat flour: influence of composition and physical characteristics[J]. Powder Technology, 2002, 128(2): 326-331.

Betoret E, Rosell C M. Effect of particle size on functional properties of Brassica napobrassica leaves powder. Starch interactions and processing impact[J]. Food Chemistry X, 2020, 8: 100106.

Blazek J, Gilbert E P. Application of small-angle X-ray and neutron scattering techniques to the characterisation of starch structure: A review[J]. Carbohydrate Polymers, 2011, 85(2): 281-293.

Bleier J, Klaushofer H. Versuche zur Aufklärung der Struktur von Citratstärken. 2. Mitteilung. Strukturmodelle einzelner Citronensäureester der Amylose und des Amylopektins[J]. Starch-Stärke, 1983, 35(1): 12-15.

Blout E. Aqueous solution infrared spectroscopy of biochemical polymers[J]. Annals of the New York Academy of Sciences. 1957, 6984-6993.

Cai J, Cai C, Man J, et al. Structural and functional properties of C-type starches[J]. Carbohydrate polymers, 2014, 101: 289-300.

Chung H J, Shin D H, Lim S T. In vitro starch digestibility and estimated glycemic index of chemically modified corn starches[J]. Food research international, 2008, 41(6): 579-585.

Cogburn R, Brower J, Tilton E. Combination of gamma and infrared radiation for control of Angoumois grain moth in wheat[J]. Journal of Economic Entomology. 1971, 64: 923-925.

Cooke D, Gidley M J. Loss of crystalline and molecular order during starch gelatinisation: origin of the enthalpic transition[J]. Carbohydrate research, 1992, 227: 103-112.

Cruz D B, Silva W S, Santos I P, et al. Structural and technological characteristics of starch isolated from sorghum as a function of drying temperature and storage time[J]. Carbohydrate Polymers, 2015, 133: 46-51.

Cui L, Pan Z L, Yue T L, et al. Effect of ultrasonic treatment of brown rice at different temperatures on cooking properties and quality[J]. Cereal Chemistry, 2010, 87(5): 403-408.

Curti C A, Curti R N, Bonini N, Ramón A N. Changes in the fatty acid composition in bitter Lupinus species depend on the debittering process[J]. Food Chemistry, 2018, 263: 151-154.

Dan H, Pei Y, Xiaohong T, et al. Application of infrared radiation in the drying of food products[J]. Trends in Food Science & Technology, 2021, 110: 765-777.

Das I, Das S, Bal S. Drying performance of a batch type vibration aided infrared dryer[J]. Journal of Food Engineering, 2004, 64(1): 129-133.

Derya T, Serdal S, Mutlu C, et al. Infrared drying of dill leaves: Drying characteristics, temperature distributions, performance analyses and colour changes[J]. Food Science and Technology International, 2021, 27(1): 32-45.

Devaiah S P, et al. Quantitative profiling of polar glycerolipid species from organs of wild-type Arabidopsis and a phospholipase Dalpha 1 knockout mutant[J]. Phytochemistry, 2006,67: 1907-1924.

Ding C, Khir R, Pan Z, et al. Influence of infrared drying on storage characteristics of brown rice[J]. Food Chemistry, 2018, 264: 149-156.

Ding C, Khir R, Pan Z, et al. Effect of infrared and conventional drying methods on physicochemical characteristics of stored white rice[J]. Cereal Chemistry Journal, 2015, 92(5): 441-448.

Ding C, Khir R, Pan Z, et al. Improvement in shelf life of rough and brown rice using infrared radiation heating[J]. Food and Bioprocess Technology, 2015, 8(5): 1149-1159.

Duangkhamchan W, Phomphai A, Wanna R, et al. Infrared heating as a disinfestation method against sitophilus oryzae and its effect on textural and cooking properties of milled rice[J]. Food and Bioprocess Technology, 2017, 10(2): 284-295.

Donald A. Plasticization and self assembly in the starch granule[J]. Cereal Chemistry, 2001, 78(3): 307-314.

Englyst K N, Englyst H N, Hudson G J, et al. Rapidly available glucose in foods: an in vitro measurement that reflects the glycemic response[J]. The American journal of clinical nutrition, 1999, 69(3): 448-454.

Erasto P, Grierson D, Afolayan A. Evaluation of antioxidant activity and the fatty acid profile of the leaves of Vernonia amygdalina growing in South Africa[J]. Food Chemistry, 2007, 104(2): 636-642.

Fenn J, Mann M, Meng C, et al. Electrospray ionization for mass spectrometry of large biomolecules[J]. Science, 1989, 246(4926): 64-71.

Fields P G. The control of stored-product insects and mites with extreme temperatures. [J]. Journal of Stored Products Research, 1992, 28(2): 89-118.

Frost S, Dills L, Nicholas J. The effects of infrared radiation on certain insects[J]. Journal of Economic Entomology. 1944, 37: 287-290.

Follett P, Snook K, Janson A, et al. Irradiation quarantine treatment for control of Sitophilus oryzae (Coleoptera: Curculionidae) in rice[J]. Journal of stored products research. 2013, 52: 63-67.

Gazit Y Y, Rossler Y, Wang S, Tang J, Lurie S. 2004. Thermal death kinetics of egg and third instar Mediterraneanfruit fly (Diptera: Tephritidae). Journal of EconomicEntomology, 97(5): 1540-1546.

Ge B T, Liang Z, Ya Q J, et al. Pulsed electric field pretreatment modifying digestion, texture, structure and flavor of rice[J]. LWT-Food Science and Technology, 2021, 138: 110650.

Gramera R E, Heerema J, Parrish F. Distribution and structural form of phosphate ester groups in commercial starch phosphates[J]. Cereal Chem, 1966, 43: 104.

Gu F, Gong B, Gilbert R G, et al. Relations between changes in starch molecular fine structure and in thermal properties during rice grain storage[J]. Food Chemistry, 2019, 295: 484-492.

Guan Z. Discovering novel brain lipids by liquid chromatography/tandem mass spectrometry[J]. Journal of Chromatography B Analytical Technologies in the Biomedical & Life Sciences, 2009, 877(26): 2814-2821.

Halford R S. The influence of molecular environment on infrared spectra[J]. Annals of the New York Academy of Sciences, 1957, 69(1). 63-69.

Hallman G J, Wang S, Tang J. 2005. Reaction orders for thermal mortality of third instars of Mexican fruit fly (Diptera: Tephritidae). Journal of Economic Entomology,98(6): 1905-1910.

Hamamaka D, Uchino T, Furuse N, et al. Effect of wavelength of infrared heaters on the inactivation of bacteria spores at various water activities[J]. International Journal of Food Microbiology. 2006, 108(2): 281-285.

Hamanaka D, Uchino T, Inoue A, et al. Development of the rotating type grain sterilizer using infrared radiation heating[J]. Journal of the Faculty of Agriculture-Kyushu University (Japan), 2007, 52(1): 107-110.

Han X L, Gross R W. Global analyses of cellular lipidomes directly from crude extracts of biological samples by ESI mass spectrometry: a bridge to lipidomics[J]. Lipid Res, 2003, 44 (6): 1071-1079.

Hong C, Fang W, Xu Y. Lipidomics in food science[J], Current Opinion in Food Science, 2017, 16: 80-87.

Hou L, Du Y, Johnson J A,Wang S. Thermal death kinetics of conogethes punctiferalis (Lepidoptera: Pyralidae) as influenced by heating rate and life stage[J]. Journal of Economic Entomology, 2015, 108(5): 2192-2199.

Howe R. Losses caused by insects and mites in stored foods and foodstuffs [J]. Nutritional Abstracts and Review. 1965, 35: 285-302.

Irakli M, Kleisiaris F, Mygdalia A, et al. Stabilization of rice bran and its effect on bioactive compounds content, antioxidant activity and storage stability during infrared radiation heating[J]. Journal of Cereal Science, 2018, 80: 135-142.

Jaisut D, Prachayawarakorn S, Varanyanond W, et al. Accelerated aging of jasmine brown rice by high-temperature fluidization technique[J]. Food Research International, 2009, 42: 674-681.

Jeon Y S, Lowell A V, Gross R A. Studies of starch esterification: reactions with alkenylsuccinates in aqueous slurry systems[J]. Starch-Stärke, 1999, 51(2-3): 90-93.

Ji N, Qiu C, Xu Y, et al. Differences in rheological behavior between normal and waxy corn starches modified by dry heating with hydrocolloids[J]. Starch-Stärke, 2017, 69(9-10): 1600332.

van Soest J J G, De Wit D, Tournois H, et al., Retrogradation of potato starch as studied by fourier transform infrared spectroscopy[J]. Starch-Stärke, 1994, 46(12): 453-457.

Johnson J, Valero K, Wang S, et al. Thermal death kinetics of red flour beetle (Coleoptera: Tenebrionidae)[J]. Journal of Economic Entomology, 2004, 97(6): 1868-1873.

Johnson J, Wang S, Tang J. Thermal death kinetics of fifth-instar Plodia interpunctella (Lepidoptera: Pyralidae)[J]. Journal of Economic Entomology, 2003, 96(2): 519-524.

Jun S, Irudayaraj J. A dynamic fungal inactivation approach using selective infrared heating [J]. Transactions of the Asae, 2003, 46(5): 1407-1412.

Jyoti S, Ms M. Infrared radiation: impact on physicochemical and functional characteristics of grain starch[J]. Starch-Stärke, 2020, 73(3-4), 2000112.

Kebarle P, Ho Y. Electrospray Ionization Mass Spectrometry, Fundamentals, Instrumentation, and Applications[J]. Journal of the American Society for Mass Spectrometry, 1997, 6(11): 1191-1192.

Khamis M, Subramanyam B, Dogan H, et al. Effectiveness of flameless catalytic infrared radiation against life stages of three stored product insect species in stored wheat[J]. 10th International Working Conference on Stored Product Protection. Julius-Kühn-Archiv, 2010, 695-700.

Khir R, Pan Z, Thompson J F, et al. Moisture removal characteristics of thin layer rough rice under sequenced infrared radiation heating and cooling[J]. Journal of Food Processing and Preservation, 2014, 38(1): 430-440.

Khir R, Pan Z, Salim A, et al. Moisture diffusivity of rough rice under infrared radiation drying[J]. LWT-Food Science and Technology, 2010, 44(4): 1126-1132.

Kim J Y, Lee Y-K, Chang Y H. Structure and digestibility properties of resistant rice starch cross-linked with citric acid[J]. International journal of food properties, 2017, 20(sup2): 2166-2177.

Kirkpatrick L, Tilton E. Infrared radiation to control adult stored product Coleoptera[J]. Journal of Georgia Entomology Society. 1972, 7: 73-75.

Kirkpatrick L, Brower H, Tilton E. A comparison of microwave and infrared radiation to control rice weevils in wheat[J]. Journal of Kansas Entomology Society 1972, 45: 434-438.

Klaushofer H, Berghofer E, Pieber R. Quantitative bestimmung von citronensaure in citratstärken[J]. Starch-Stärke, 1979, 31(8): 259-261.

Koegel J, McCallum A, Greenstein P, et al. The solid-state infrared absorption of the optically active and racemic straight-chain α-amino acids[J]. Annals of the New York Academy of Sciences.1957, 6994.

Krishnamurthy K, Khurana H K, Soojin J, et al. Infrared heating in food processing: an overview[J]. Comprehensive reviews in food science and food safety, 2008, 7(1): 2-13.

Lee S, Kim J, Jeong S, et al. Effect of Far-Infrared Radiation on the Antioxidant Activity of Rice Hulls[J]. Journal of Agricultural and Food Chemistry. 2003, 51(15): 4400-4403.

Lee S C, Kim J H, Nam K C, et al. Antioxidant properties of far infrared-treated rice hull extract in irradiated raw and cooked turkey breast[J]. Journal of Food Science, 2003, 68(6): 1904-1909.

Lee S J, Hong J Y, Lee E J, et al. Impact of single and dual modifications on physicochemical properties of japonica and indica rice starches[J]. Carbohydrate Polymers, 2015, 122: 77-83.

Likitwattanasade T, Hongsprabhas P. Effect of storage proteins on pasting properties and microstructure of Thai rice[J]. Food Research International, 2010, 43(5): 1402-1409.

Little R R, Dawson E H. Histology and histochemistry of raw and cooked rice kernelsa[J]. Journal of Food Science, 1960, 25(5): 611-622.

Li X J, Jiang P. Effect of storage temperature on biochemical and mixolab pasting properties of chinese japonica paddy[J]. Journal of Food Research, 2014, 4(2): 57-67.

Liu H, Lv M, Wang L, et al. Comparative study: How annealing and heat-moisture treatment affect the digestibility, textural, and physicochemical properties of maize starch[J]. Starch-Stärke, 2016, 68(11-12): 1158-1168.

Liu Huan, Liang Rong, Antoniou John, et al. The effect of high moisture heat-acid treatment on the structure and digestion property of normal maize starch[J]. Food Chemistry, 2014, 159: 222-229.

Liu K, Li Y, Chen F, et al. Lipid oxidation of brown rice stored at different temperatures[J]. International Journal of Food Science & Technology, 2017, 52(1): 188-195.

Ma X, Chang P R, Yu J, et al. Properties of biodegradable citric acid-modified granular starch/thermoplastic pea starch composites[J]. Carbohydrate Polymers, 2009, 75(1): 1-8.

Mahroof R, Subramanyam B, Throne J E, et al. Time-mortality relationships for Tribolium castaneum (Coleoptera: Tenebrionidae) life stages exposed to elevated temperatures [J]. Journal of Economic Entomology, 2003, 96(4): 1345-1351.

Malumba P, Janas S, Roiseux O, et al. Comparative study of the effect of drying temperatures and heat-moisture treatment on the physicochemical and functional properties of corn starch[J]. Carbohydrate Polymers, 2010, 79(3): 633-641.

Manning J. Infrared Spectra of Some Important Narcotics[J]. Applied Spectroscopy, 1956, 10(2): 85-98.

Mei J Q, Zhou D N, Jin Z Y, et al. Effects of citric acid esterification on digestibility, structural and physicochemical properties of cassava starch[J]. Food Chemistry, 2015, 187: 378-384.

Menzel C, Olsson E, Plivelic T S, et al. Molecular structure of citric acid cross-linked starch films[J]. Carbohydrate polymers, 2013, 96(1): 270-276.

Navas-Iglesias N , Alegría Carrasco-Pancorbo, Luis Cuadros-Rodríguez. From lipids analysis towards lipidomics, a new challenge for the analytical chemistry of the 21st century. Part II: Analytical lipidomics[J]. Trac Trends in Analytical Chemistry, 2009, 28(4): 393-403.

Neven L G. 1998. Effects of heating rate on the mortality of fifth-instar codling moth (Lepidoptera: Tortricidae). Journal of Economic Entomology,91(1): 297-301.

Nishiba Y, Sato T, Suda I. Convenient method to determine free fatty acid of rice using thin-layer chromatography and flame-ionization detection system[J]. Cereal Chem, 2000(77): 223-229.

Olsson E, Menzel C, Johansson C, et al. The effect of pH on hydrolysis, cross-linking and barrier properties of starch barriers containing citric acid[J]. Carbohydrate polymers, 2013, 98(2): 1505-1513.

Oltramari K, Madrona G S, Neto A M, et al. Citrate esterified cassava starch: Preparation, physicochemical characterisation, and application in dairy beverages[J]. Starch-Stärke, 2017, 69(11-12): 1700044.

Oszvald M, Tomoskozi S, Tamas L, et al. Effects of wheat storage proteins on the functional properties of rice dough[J]. Journal of Agricultural and Food Chemistry, 2009, 57(21): 10442-10449.

Pan Z, Atungulu G G. Infrared heating for food and agricultural processing[M]. Taylor and Francis: 2010.

Pan Z, Khir R, Bett-Garber K L, et al. Drying characteristics and quality of rough rice under infrared radiation heating[J]. Transactions of the ASABE, 2011, 54(1): 203-210.

Pan Z, Khir R, Godfrey L, et al. Feasibility of simultaneous rough rice drying and disinfestations by infrared radiation heating and rice milling quality[J]. Journal of Food Engineering.2008, 84(3): 469-479.

Park C E, Kim Y S, Park K J, et al. Changes in physicochemical characteristics of rice during storage at different temperatures[J]. Journal of Stored Products Research, 2012, 48: 25-29.

Pearce M, Marks B, Meullenet J. Effects of postharvest parameters on functional changes during rough rice storage[J]. Cereal Chemistry, 2001, 78(3): 354-357.

Perdon A A, Siebenmorgen T J, Buescher R W, et al. Starch retrogradation and texture of cooked milled rice during storage[J]. Journal of Food Science, 1999, 64(5): 828-832.

Pérez A G, Sanz C, OL as R, et al. Evalution of Strawbery acyltransferase activity during fruit development and storage[J]. Journal of Agricultural and Food Chemistry, 1996, 44(10): 3.

Perez C M, Juliano B O. Indicators of eating quality for non-waxy rices[J]. Food Chemistry, 1979, 4(3): 185-195.

Peterson B L , Cummings B S . A review of chromatographic methods for the assessment of phospholipids in biological samples[J]. Biomedical Chromatography, 2006, 20(3): 227-243.

Pingret D, Fabiano-Tixier A, Chemat, F. Degradation during application of ultrasound in food processing: A review. Food Control, 2013, 31(2): 593-606.

Rastogi N K. Recent trends and developments in infrared heating in food processing[J]. Critical reviews in food science and nutrition, 2012, 52(9): 737-760.

Ratseewo J, Meeso N, Siriamornpun S. Changes in amino acids and bioactive compounds of pigmented rice as affected by far-infrared radiation and hot air drying[J]. Food Chemistry, 2020, 306: 125644.

Remya R, Jyothi A N, Sreekumar J. Effect of chemical modification with citric acid on the physicochemical properties and resistant starch formation in different starches[J]. Carbohydrate polymers, 2018, 202: 29-38.

Rocha T S, Felizardo S G, Jane J L, et al. Effect of annealing on the semicrystalline structure of normal and waxy corn starches[J]. Food Hydrocolloids, 2012, 29(1): 93-99.

Rosenthal I: Ultraviolet-visible radiation, Electromagnetic Radiations in Food Science: Springer, 1992: 65-104.

Sandu C. Infrared radiative drying in food engineering: a process analysis[J]. Biotechnology Progress, 1986, 2(3): 109-119.

Sawai J, Sagara K, Hashimoto A, et al. Inactivation characteristics shown by enzymes and bacteria treated with far-infrared radiative heating[J]. International Journal of Food Science & Technology, 2003, 38(6): 661-667.

Schwab W, Davidovich-Rikanati R, Lewinsohn E. Biosynthesis of plant-derived flavor compounds[J]. Plant Journal, 2008, 54(4): 712-732.

Schwarz H P, Dreisbach L, Childs R, et al. Infrared studies of tissue lipids[J]. Annals of the New York Academy of Sciences, 2010, 69(1): 116-130.

Semwal J, Meera M S. Infrared radiation: Impact on physicochemical and functional characteristics of grain starch[J]. Starch-Stärke, 2020, 73(3-4): 2000112.

Setiawan S, Widjaja H, Rakphongphairoj V, et al. Effects of drying conditions of corn kernels and storage at an elevated humidity on starch structures and properties[J]. Journal of Agricultural and Food Chemistry, 2010, 58(23): 12260-12267.

Siska I, Mary A, Sri K. et al. Fatty Acid Composition and Physicochemical Properties in Germinated Bla Rice[J].

Indonesian Food and Nutrition Progress, 2017,14(1).

Sharma G, Verma R, Pathare P. Thin-layer infrared radiation drying of onion slices[J]. Journal of Food Engineering, 2005, 67(3): 361-366.

Shin S I, Lee C J, Kim M J, et al. Structural characteristics of low-glycemic response rice starch produced by citric acid treatment[J]. Carbohydrate polymers, 2009, 78(3): 588-595.

Singh C B, Jayas D S, Paliwal J, et al. Detection of insect-damaged wheat kernels using near-infrared hyperspectral imaging. Journal of Stored Products Research, 2009,45(3), 151-158.

Singh J, Kaur L, Mccarthy O. Factors influencing the physico-chemical, morphological, thermal and rheological properties of some chemically modified starches for food applications—A review[J]. Food Hydrocolloids, 2007, 21(1): 1-22.

Sirisoontaralak P, Noomhorm A. Changes in physicochemical and sensory-properties of irradiated rice during storage[J]. Journal of Stored Products Research, 2007, 43(3): 282-289.

Smanalieva J, Salieva K, Borkoev B, et al. Investigation of changes in chemical composition and rheological properties of Kyrgyz rice cultivars (Ozgon rice) depending on long-term stack-storage after harvesting[J]. LWT-Food Science and Technology, 2015, 63(1): 626-632.

Sowbhagya C M, Bhattacharya K R. Changes in pasting behaviour of rice during ageing[J]. Journal of Cereal Science, 2001, 34(2): 115-124.

Sowbhagya C, Ramesh B, Bhattacharya K. The relationship between cooked-rice texture and the physicochemical characteristics of rice[J]. Journal of Cereal Science, 1987, 5(3): 287-297.

Su X, Xu J, Yan X, et al. Lipidomic changes during different growth stages of Nitzschia closterium f. minutissima[J]. Metabolomics, 9(2): 300-310.

Suzuki Y, Ise K, Li C, et al. Volatile components in stored rice [Oryza sativa (L.)] of varieties with and without lipoxygenase-3 in seeds[J]. Journal of Agricultural and Food Chemistry, 1999, 47(3): 1119-1124.

Tan X, Li X, Chen L, et al. Effect of heat-moisture treatment on multi-scale structures and physicochemical properties of breadfruit starch[J]. Carbohydrate Polymers, 2017, 161: 286-294.

Taira H , Nakagahra M , Nagamine T . Fatty acid composition of Indica, Sinica, Javanica, Japonica groups of nonglutinous brown rice[J]. Journal of Agricultural and Food Chemistry, 1988, 36(1): 45-47.

Tananuwong K, Malila Y. Changes in physicochemical properties of organic hulled rice during storage under different conditions[J]. Food Chemistry, 2011, 125(1): 179-185.

Teo C H, Karim A A, Cheah P B, et al. On the roles of protein and starch in the aging of non-waxy rice flour[J]. Food Chemistry, 2000, 69(3): 229-236.

Thirumdas R, Trimukhe A, Deshmukh R R, et al. Functional and rheological properties of cold plasma treated rice starch[J]. Carbohydrate Polymers, 2017, 157: 1723-1731.

Thomas D B, Shellie K C. 2000. Heating rate and induced thermotolerance in Mexican fruit fly (Diptera: Tephritidae) larvae, a quarantine pest of citrus and mangoes[J]. Journal of Economic Entomology,93(4): 1373-1379.

Tilton E, Schroeder W. Some effects of infrared irradiation on the mortality of immature insects in kernels of rough rice[J]. Journal of Economic Entomology. 1963, 56: 720-730.

Tilton E, Vardell H, Jones R. Infrared heating with vacuum for the control of the lesser grain borer, (Rhyzopertha dominica F.) and rice weevil (Sitophilus oryzae L.) infesting wheat[J]. Journal of the Georgia Entomological Society. 1983, 18: 61-64.

Tran T T, Shelat K J, Tang D, et al. Milling of rice grains. The degradation on three structural levels of starch in rice flour can be independently controlled during grinding[J]. Journal of agricultural and food chemistry, 2011, 59(8): 3964-3973.

Uraives P, Choomjaihan P. Some physicochemical properties of tapioca starch during infrared heat treatment[C]. IOP Conference Series: Earth and Environmental Science, 2019: 012044.

Vadivambal R, Deji O F, Jayas D S, et al. Disinfestation of stored corn using microwave energy. Agriculture & Biology Journal of North America, 2010, 1(1): 18-26.

Van Hung P, Vien N L, Phi N T L. Resistant starch improvement of rice starches under a combination of acid and heat-moisture treatments[J]. Food Chemistry, 2016, 191: 67-73.

Vance D E, Vance J E. Biochemistry Of Lipids, Lipoproteins And Membranes[J]. Trends in Biochemical Sciences, 1997, XXII(9): 759.

Waigh T A, Perry P, Riekel C, et al. Chiral side-chain liquid-crystalline polymeric properties of starch[J]. Macromolecules, 1998, 31(22): 7980-7984.

Wang B, Khir R, Pan Z L, et al. Effective disinfection of rough rice using infrared radiation heating[J]. Journal of Food Protection, 2014, 77(9): 1538-1545.

Wang S, Ikediala J, Tang J, et al. Thermal death kinetics and heating rate effects for fifth-instar *Cydia pomonella* (L.)(Lepidoptera: Tortricidae).Journal of StoredProducts Research, 2002, 38(5): 441-453.

Wang S, Jin F, Yu J. Pea Starch Annealing: New Insights[J]. Food and Bioprocess Technology, 2012, 6(12): 3564-3575.

Wang S, Yin X, Tang J, et al. Thermal resistance of different life stages of codling moth (Lepidoptera: Tortricidae)[J]. Journal of Stored Products Research, 2004, 40(5): 565-574.

Wang X, Devaiah S, Zhang W, et al. Signaling functions of phosphatidic acid[J]. Prog Lipid. 2006,45: 250-278.

Wenk M R. The emerging field of lipidomics[J]. Nature Reviews Drug Discovery, 2005, 4(7): 594-610.

Wepner B, Berghofer E, Miesenberger E, et al. Citrate starch—application as resistant starch in different food systems[J]. Starch-Stärke, 1999, 51(10): 354-361.

Wu B, Guo Y, Wang J, et al. Effect of thickness on non-fried potato chips subjected to infrared radiation blanching and drying[J]. Journal of Food Engineering, 2018, 237: 249-255.

Wu J, Mcclements D J, Chen J, et al. Improvement in nutritional attributes of rice using superheated steam processing[J]. Journal of Functional Foods, 2016, 24: 338-350.

Wu X, Li F, Wu W. Effects of oxidative modification by 13-hydroperoxyoctadecadienoic acid on the structure and functional properties of rice protein[J]. Food Research International, 2020, 132: 109096.

Wu X, Li F, Wu W. Effects of rice bran rancidity on the oxidation and structural characteristics of rice bran protein[J]. LWT-Food Science and Technology, 2020, 120: 108943.

Xia H, Li Y, Gao Q. Preparation and properties of RS4 citrate sweet potato starch by heat-moisture treatment[J]. Food Hydrocolloids, 2016, 55.

Xiaopeng H, Wuqiang L, Yongmei W, et al. Drying characteristics and quality of Stevia rebaudiana leaves by far-infrared radiation[J]. LWT-Food Science and Technology, 2021, 140: 110638.

Xia Q, Wang L, Yu W, et al. Investigating the influence of selected texture-improved pretreatment techniques on storage stability of wholegrain brown rice: Involvement of processing-induced mineral changes with lipid degradation[J]. Food Research International. 2017, 99 (1): 510-521.

Xiaowei S, Yu Y, Ziyu L, et al. Moisture transfer and microstructure change of banana slices during contact ultrasound strengthened far-infrared radiation drying[J]. Innovative Food Science & Emerging Technologies, 2020, 66: 102537.

Xie X, Liu Q. Development and physicochemical characterization of new resistant citrate starch from different corn starches[J]. Starch-Stärke, 2004, 56(8): 364-370.

Xu M, Saleh A S M, Gong B, et al. The effect of repeated versus continuous annealing on structural, physicochemical, and digestive properties of potato starch[J]. Food Research International, 2018, 111: 324-333.

Yan R, Huang Z, Zhu H, et al. Thermal death kinetics of adult Sitophilus oryzaeand effects of heating rate on thermotolerance[J]. Journal of Stored Products Research,2014, 59: 231-236.

Ye J, Luo S, Huang A, et al. Synthesis and characterization of citric acid esterified rice starch by reactive extrusion: A new method of producing resistant starch[J]. Food hydrocolloids, 2019, 92: 135-142.

Yi J, Qiu M, Liu N, et al. Inhibition of lipid and protein oxidation in whey-protein-stabilized emulsions using a natural antioxidant: Black rice anthocyanins[J]. Journal of Agricultural and Food Chemistry, 2020, 68(37): 10149-10156.

Yoon L S, Yeon L K, Gyu L H. Effect of different pH conditions on the in vitro digestibility and physicochemical properties of citric acid-treated potato starch[J]. International journal of biological macromolecules, 2018, 107(Pt A).

Yoon M R, Lee S C, Kang M Y. The lipid composition of rice cultivars with different eating qualities[J]. journal of the korean society for applied biological chemistry, 2012, 55(2): 291-295.

Yu S F, Ma Y, Sun D W. Impact of amylose content on starch retrogradation and texture of cooked milled rice during storage[J]. Journal of Cereal Science, 2009, 50(2): 139-144.

Yuryev V P, Krivandin A V, Kiseleva V I, et al. Structural parameters of amylopectin clusters and semi-crystalline growth rings in wheat starches with different amylose content[J]. Carbohydrate Research, 2004, 339(16): 2683-2691.

Zhang B, Wu C, Li H, et al. Long-term annealing of C-type kudzu starch: Effect on crystalline type and other physicochemical properties[J]. Starch-Stärke, 2015, 67(7-8): 577-584.

Zhang Y, Liu W, Liu C, et al. Retrogradation behaviour of high-amylose rice starch prepared by improved extrusion cooking technology[J]. Food Chemistry, 2014, 158: 255-261.

Zhou Z, Wang X, Si X, et al. The ageing mechanism of stored rice: A concept model from the past to the present[J]. Journal of Stored Products Research, 2015, 64: 80-87.

Zhou Z, Robards K, Helliwell S, et al. Ageing of stored rice: Changes in chemical and physical attributes[J]. Journal of Cereal Science, 2002, 35(1): 65-78.

Zhou Z, Robards K, Helliwell S, et al. Effect of storage temperature on cooking behaviour of rice[J]. Food Chemistry, 2007, 105(2): 491-497.

Zhou Z, Robards K, Helliwell S, et al. Effect of rice storage on pasting properties of rice flour[J]. Food Research International, 2003, 36(6): 625-634.

Zhou Z, Robards K, Helliwell S, et al. Effect of storage temperature on rice thermal properties[J]. Food Research International, 2010, 43(3): 709-715.

Zhu D, Zhang H, Guo B, et al. Effects of nitrogen level on structure and physicochemical properties of rice starch[J]. Food Hydrocolloids, 2017, 63: 525-532.

Zhu D, Zhang H, Guo B, et al. Physicochemical properties of indica-japonica hybrid rice starch from Chinese varieties[J]. Food Hydrocolloids, 2017, 63: 356-363.

Ziegler V, Ferreira C D, Goebel J T, et al. Changes in properties of starch isolated from whole rice grains with brown, black, and red pericarp after storage at different temperatures[J]. Food Chemistry, 2017, 216: 194-200.

蔡潭溪, 刘平生, 杨福全, 等. 脂质组学研究进展[J]. 生物化学与生物物理进展, 2010, 37(2): 121-128.

蔡舒, 孟佳宏, 陈玉如. 莫来石基陶瓷中柱状晶粒的断裂分析[J]. 无机材料学报, 1997, 10, 5(12): 703-709.

曹阳, 刘梅, 郑彦昌. 五种储粮害虫 11 个品系的磷化氢抗性测定[J]. 粮食储藏, 2003,32(2): 9-11.

曹英, 夏文, 王飞, 等. 物理改性对淀粉特性影响的研究进展[J]. 食品工业科技, 2019, 40(21): 315-319+325.

曹志丹. 玉米象(Sitophilus zeamais Motschulsky 1855) [J]. 粮食加工, 1977(3): 9-12.

柴青香. 基于转录组的镉胁迫拟谷盗的响应机制研究[D]. 陕西师范大学. 2018.

常云彩, 胡海洋, 任顺成. 食用淀粉颗粒特性分析及掺假检测研究[J]. 河南工业大学学报(自然科学版), 2019, 40(05): 45-52.

陈凤莲, 贺殷媛, 管哲贤, 等. 基于组成成分和米饭质构性状的东北粳稻聚类分析[J]. 中国粮油学报, 2020, 35(07): 1-7.

陈银基, 鞠兴荣, 董文, 等. 稻谷中脂类及其储藏特性研究进展[J]. 食品科学, 2012, 33(13): 320-323.

陈照峰, 张显, 张立同, 等. 氧化铝-莫来石复合粉对莫来石烧结行为的影响[J]. 耐火材料, 2001, 35(3):131-134.

陈之荣, 陈震宙, 郑启祥, 等. 莫来石陶瓷的制备[J]. 福州大学学报(自然科学版), 1995, 8, 4(23):85-87.

陈渊, 杨家添, 张秀姣, 等. 机械活化协同微波法制备高取代度柠檬酸酯淀粉[J]. 中国粮油学报, 2014, 29(12): 23-30.

崔存清. AIP 动态潮解膜下环流熏蒸技术应用及比较[J]. 粮油仓储科技通讯, 2006 (3): 23-24.

邓永学, 赵志模, 李隆术. 环境因子对储粮害虫影响的研究进展[J]. 粮食储藏, 2003, 32(1): 5-11

丁超. 稻谷红外干燥的动力学特性及对稻米储藏品质的影响研究[D]. 南京: 南京农业大学, 2015.

董宏宇, 杨光敏, 等. 适用于谷物干燥的红外辐射陶瓷材料[J]. 吉林大学学报(工学版), 2007, 37(4): 804-808.

杜尧, 马春森, 赵清华. 高温对昆虫影响的生理生化作用机理研究进展[J]. 生态学报.2007, 27(4): 1555-1563.

杜晶, 薛群虎, 刘世聚, 等. 高纯莫来石原料合成工艺研究[J]. 耐火材料, 2006, 40(2):114-116.

封禄田, 曾波, 王晓波. 柠檬酸改性玉米淀粉的研究[J]. 沈阳化工大学学报, 2011, 25(02): 105-109.

高利伟, 许世卫, 李哲敏, 等. 中国主要粮食作物产后损失特征及减损潜力研究[J]. 农业工程学报, 2016, 32(23): 1-11.

高维, 曹银, 丁文平. 酯化淀粉对面团性质的影响及其在馒头中的应用[J]. 粮食与饲料工业, 2010(11): 16-18.

高瑀珑, 鞠兴荣, 姚明兰, 等. 稻米储藏期间陈化机制研究[J]. 食品科学, 2008, 29(04): 470-473.

郭玉宝. 大米储藏陈化中蛋白质对其糊化特性的影响及其相关陈化机制研究[D]. 南京: 南京农业大学, 2012.

郭道林, 陶诚, 王双林, 等. 粮食仓储行业节能减排技术研究现状与发展趋势 [J]. 粮食储藏, 2011, 40(2): 7-12.

国家粮食局. 国家粮食局关于印发徐绍史任正晓和徐鸣同志在全国粮食流通工作会议上讲话的通知[M]. 国粮政〔2016〕2 号文件. 2016, 2-10.

胡吟. 稻谷加速陈化期间脂质变化的研究[D]. 长沙: 中南林业科技大学, 2018.

胡万里, 李长友, 徐凤英. 稻谷薄层快速干燥工艺的试验[J]. 农业机械学报, 2007, 38(04): 103-106+126.

胡嘉一. 远红外涂料应用技术的研究与开发[J]. 福建能源开发与节能, 1996, 3: 35-36.

韩旭. 稻谷贮藏特性与米饭品质研究[D]. 长春: 吉林大学, 2018.

韩磊, 芦荣华. 红外加热技术在食品加工中的应用及研究进展[J]. 现代食品, 2016(03): 95-96.

何梦. 蒸煮条件对米制品品质的影响[D]. 上海: 上海交通大学, 2019.

何巍. 抑制淀粉分支酶的玉米和水稻胚乳双相淀粉的结构和发育[D]. 扬州大学,2019.

霍鸣飞. 赤拟谷盗热适应性分子机制的研究[D]. 郑州: 河南工业大学. 2018

贾良, 丁雪云, 王平荣, 等. 稻米淀粉 RVA 谱特征及其与理化品质性状相关性的研究[J]. 作物学报, 2008, 34(05): 790-794.

贾亚兵. 微波流化床在谷物干燥中的应用研究[D]. 杭州: 浙江工业大学, 2018.

蒋甜燕. 粒度大小对大米 RVA 谱的影响[J]. 粮食与饲料工业, 2012(05): 12-14+18.

姜春英. 储粮害虫防治方法研究初探[J]. 安徽农学通报, 2014(16): 119-120.

江思佳, 刘启觉. 稻谷变温干燥工艺研究[J]. 粮食与饲料工业, 2009(02): 10-12.

靳正国, 王一光. Al_2O_3-SiO_2 基陶瓷特定波段红外发射特性的研究[J]. 硅酸盐学报, 1997, 25(1): 26-31.

兰静. 稻谷储藏损失来源及其影响因素[J]. 黑龙江农业科学, 2019(11): 115-118.

兰盛斌, 郭道林, 严晓平, 等. 我国粮食储藏的现状与未来发展趋势[J]. 粮油仓储科技通讯, 2008, 24(4): 2-6.

兰盛斌, 严晓平, 许胜伟, 等. 我国农村储粮问题探索[J]. 粮食储藏, 2006, 35(04): 54-56.

兰盛斌, 丁建武, 王双林, 等. 中国稻谷储藏与流通技术[C], 中日稻米品质测控及美味技术学术研讨会, 2006.

李枝芳, 姚轶俊, 张磊, 等. 不同品种大米组分含量与米饭加工品质特性的关系[J]. 食品科学, 2020, 41(23): 35-41.

李卓珍, 渠琛玲, 王红亮, 等. 优质稻谷准低温储藏与常温储藏品质变化的比较研究[J]. 中国粮油学报, 2020, 35(11): 104-110.

李明. 高直链淀粉在食品和材料领域应用的研究进展[J]. 食品安全质量检测学报, 2019, 10(20): 6739-6746.

李蟠莹, 戴涛涛, 陈军, 等. 原花青素对大米淀粉老化性质的影响[J]. 食品工业科技, 2018, 39(18): 6-11.

李温静, 尹玉云. 浅谈糯米淀粉的性状及应用[J]. 粮食与食品工业, 2017, 24(03): 29-34.

李芬芬. 西米柠檬酸酯淀粉颗粒结构与性质研究[J]. 粮食与食品工业, 2013, 20(04): 50-53+57.

李光磊, 庞玲玲, 郭延成, 等. 抗消化玉米淀粉柠檬酸酯制备工艺优化[J]. 食品工业科技, 2013, 34(23): 223-228.

梁礼燕. 热风、微波薄层干燥稻谷品质研究[D]. 南京: 南京财经大学, 2012.

李兴军. 稻谷陈化的生理生化机制[J]. 粮食科技与经济, 2010, 35(03): 38-42.

李景奎, 戚大伟. 物理辐照灭虫初步研究[J]. 辽宁林业科技, 2007 (4): 27-28.

李享成, 朱伯铨, 龚荣洲. 刚玉—莫来石—锌铝尖晶石复相材料的合成与烧结[J]. 硅酸盐学报, 2005, 1, 1(33):7-11.

李天真. 稻谷的加工品质与其它品质的关系[J]. 粮食与饲料工业, 2005(07): 4-5+12.

李明善, 刘绍秋, 索金蓬, 等. 新疆昌吉回族自治州储粮害虫种类分布调查[J]. 粮油仓储科技通讯, 1994(3): 29-33.

刘静静. 冷等离子处理对大米品质变化的影响[D]. 郑州: 河南工业大学, 2020.

刘雅婧, 陆晨浩, 赵腾, 等. 微波干燥对高水分稻谷酶活力及稳定性的影响[J]. 食品工业科技, 2019, 40(17): 1-7.

刘天一. 笼状玉米淀粉的制备及结构与性能研究[D]. 哈尔滨: 哈尔滨工业大学, 2014.

刘婧婷, 赵凯, 刘宁, 等. 淀粉酯的研究进展[J]. 食品工业科技, 2012, 33(20): 382-385.

刘从华, 邓友全, 黄佺, 等. 莫来石的低温合成与结构研究[J]. 高等学校化学学报, 2003, 6, (4):698-702.

刘保国, 成萍, 卢季昌, 等. 水稻籽粒脂肪及脂肪酸组分的分析[J]. 西南大学学报(自然科学版), 1992, 14(3): 275-277.

刘宜柏, 黄英金. 稻米食味品质的相关性研究[J]. 江西农业大学学报,1989(4): 1-5.

陆大雷. 糯玉米淀粉理化特性基因型差异及其调控效应研究[D]. 扬州: 扬州大学, 2009.

路大光, 刘晓辉, 王恩东, 等. γ 射线辐照对棉铃虫当代及其 F-1 代繁殖的影响[J]. 核农学报. 2002, 16(4): 217-223.

吕建华, 朱庆忠, 贾胜利, 等. 控温储粮技术应用试验[J]. 粮油仓储科技通讯, 2010, 26(04): 28-33.

罗春兴, 唐正, 陈嘉睿, 等. 稻谷微波干燥技术现状及连续式微波干燥机上的干燥试验研究[J]. 农产品加工, 2020(02): 74-77+80.

罗剑毅. 稻谷的远红外干燥特性和工艺的实验研究[D]. 杭州: 浙江大学, 2006.

罗正友, 任燕平, 刘廷胜,等. 研究糙米储藏特性, 启动我国糙米储藏工程[J]. 中国稻米, 2004(02): 33-35.

马菲. 热处理对糯米淀粉理化性质及消化特性的影响[D]. 广州: 华南理工大学, 2015.

梅既强. 木薯淀粉的化学改性及其衍生物的结构、性质和体外消化率的研究[D]. 合肥: 合肥工业大学, 2016.

糜正瑜, 褚治德, 等. 红外加热干燥原理与应用[M]. 机械工业出版社, 1996, 7-8.

米慧芝, 朱婧, 王青艳, 等. 酶法制备粉状木薯淀粉胶黏剂反应条件的研究[J]. 广西科学, 2014, 21(02): 135-139.

缪铭. 慢消化淀粉的特性及形成机理研究[D]. 无锡: 江南大学, 2009.

莫紫梅. 糯米淀粉分子结构及其物化性质的研究[D]. 武汉: 华中农业大学, 2010.

欧阳德刚, 赵修建, 胡铁山.红外辐射涂料的研制与应用现状及其发展趋势[J].武钢技术.2001 (2): 13-16

裴永胜. 基于红外辐射和均匀落料的安全储粮技术研究[D]. 南京: 南京财经大学, 2018.

邱松山, 姜翠翠, 海金萍, 等. 热空气处理对芒果贮藏保鲜效果的影响. 食品工业, 2010, 5: 58-61.

曲红岩, 张欣, 施利利, 等. 水稻食味品质主要影响因子分析[J]. 江苏农业科学, 2017, 45(06): 172-175.

权萌萌. 稻谷储藏过程中蛋白质氧化作用及其对糊化特性的影响[D]. 南京: 南京财经大学, 2016.

饶瑞, 孙过才. 堇青石在红外辐射陶瓷材料中的应用, 中国陶瓷, 1998, 2(3): 40-42.

任卫, 红外陶瓷[M]. 武汉工业大学出版社, 1999, 2-10.

孙汉东, 樊震. 提高高温红外辐射涂层发射率的途径, 红外技术, 1990, 12(3): 31-34.

孙亚东, 陈启凤, 吕闪闪, 等. 淀粉改性的研究进展[J]. 材料导报, 2016, 30(21): 68-74.

邵兴锋, 屠康, 王海, 等. 采后热空气处理对嘎拉苹果品质及后熟特性的影响. 食品科学, 2007, 28(6): 351-355.

宋永令, 王若兰, 穆垚. 小麦储藏过程中脂质代谢研究[J]. 河南工业大学学报: 自然科学版, 2014(35): 24.

宋松泉, 程红焱, 姜孝成, 等. 种子生物学[M]. 科学出版社, 2008, 262-263.

田庆龙, 赵丽丽, 冯毅凡. 质谱技术在磷脂分析中的应用研究进展[J]. 化学与生物工程, 2012, 029(002): 21-27.

万忠民, 杨国峰. 不同干燥条件对稻谷的降水和品质的影响[J]. 粮食储藏, 2008, 37(05): 46-50.

王志东, 周少川, 王重荣, 等. 不同直链淀粉含量籼稻食味品质与其他品质性状的关系[J]. 中国稻米, 2021, 27(01): 38-44.

王星驰. 白首乌淀粉-槲皮素接枝共聚物的合成、结构及其抗氧化能力[D]. 扬州: 扬州大学, 2019.

王倩. 淀粉小体与分子结构关系的研究[D]. 西安: 陕西科技大学, 2018.

王永进, 刘坤, 陈雪云, 等. 稻谷干燥技术及品质评价的研究进展[J]. 安徽农业科学, 2017, 45(31): 100-102+105.

王晨曦, 黎庆涛, 王远辉, 等. 木薯淀粉改性方法的研究进展[J]. 轻工科技, 2017, 33(02): 3-6.

王春莲. 大米储藏保鲜品质变化研究[D]. 福州: 福建农林大学, 2014: 30-32.

王继焕, 刘启觉. 高水分稻谷分程干燥工艺及效果[J]. 农业工程学报, 2012, 28(12): 245-250

王亮. 热处理对四种重要仓储害虫致死作用研究[D]. 重庆: 西南大学, 2011.

王娜. 储藏条件对稻谷陈化的影响研究[D]. 武汉: 华中农业大学, 2010.

王恺, 丁琳. 柠檬酸酯淀粉中抗性含量的测定及制备条件的研究[J]. 粮油加工, 2010(08): 89-92.

王章存, 董吉林, 郑坚强, 等. 热变性米蛋白的性质与结构研究——Ⅱ 米蛋白组分特征[J]. 中国粮油学报, 2008, 23(04): 1-4.

王瑶. 交联酯化糯米淀粉的制备与性质研究[D]. 成都: 四川农业大学, 2008.

王恺, 刘亚伟, 李书华, 等. 高取代度柠檬酸酯淀粉的制备[J]. 粮油加工, 2006(10): 84-86.

王军, 段素华. 真空冷却红外线干燥技术在脱水产品保鲜工艺中的应用分析[J]. 郑州工程学院学报, 2002(03): 76-79+82.

王俊, 金天明, 许乃章. 稻谷的微波干燥特性及质热模型[J]. 中国粮油学报, 1998, 13(05): 8-11.

王金水, 赵友梅. 不溶性直链淀粉与储藏大米质构特性的关注[J]. 中国粮油学报, 2000, 15(4): 5-8.

王志民, 曹阳, 陈亮, 等. 玉米象[Sitophilus zeamais (Motschulsky)]对小麦和玉米的危害研究[J]. 中国粮油学报, 1997, 12(1): 5-9.

王濮. 系统矿物学[M], 地质出版社, 1983, 355-357.

吴焱, 袁嘉琦, 张超, 等. 粳稻脂肪含量对淀粉热力学特性及米饭食味品质的影响[J]. 中国粮油学报, 2021: 21-29.

吴香, 李新福, 李聪, 等. 变性淀粉对肌原纤维蛋白凝胶特性的影响[J]. 食品科学, 2020, 41(02): 22-28.

吴伟, 尤翔宇, 黄慧敏, 等. 热处理对丙二醛氧化米糠蛋白体外胃蛋白酶消化性质的影响[J]. 中国食品学报, 2020, 20(10): 76-83.

吴晓娟, 吴伟. 籼粳稻两个品种大米储藏过程中蛋白质氧化对其蒸煮食用品质的影响[J]. 食品科学, 2019,

40(01): 16-22.

吴伟, 吴晓娟. 籼米中嘉早 17 储藏过程中蛋白质氧化程度及结构的变化[J]. 中国粮油学报, 2018, 33(10): 104-109.

吴伟, 蔡勇建, 吴晓娟. 不同贮藏期米糠制备的米糠蛋白酶解产物抗氧化性分析[J]. 食品科学, 2017, 38(03): 227-231.

吴伟, 李彤, 蔡勇建, 等. 过氧自由基氧化对大米蛋白结构的影响[J]. 现代食品科技, 2016, 32(11): 111-116.

吴琳. 液相色谱—质谱联用分离鉴定长链多不饱和脂肪酸甘油三酯[D].北京:中国农业科学院, 2015.

易志. 稻谷催化式红外辐照防霉杀虫研究[D]. 镇江: 江苏大学, 2014.

谢宏. 稻米储藏陈化作用机理及调控的研究[D]. 沈阳: 沈阳农业大学, 2007.

肖瑜, 杨爽, 刘炳利, 等. 影响糯性谷物淀粉的消化因素及其改性方法[J]. 食品工业, 2019, 40(04): 263-268.

邢贝贝. 米谷蛋白热聚集行为及其乳化性能研究与工厂设计[D]. 南昌: 南昌大学, 2018.

徐春春, 纪龙, 陈中督, 等. 2018 年我国水稻产业形势分析及 2019 年展望[J]. 中国稻米, 2019, 25(02): 5-7+13.

徐亚峰, 黄强. 小角 X 散射在淀粉结构研究中的应用[J]. 粮食与饲料工业, 2013(08): 27-30.

徐海芝. 农村"绿色储粮"技术探索[J]. 齐鲁粮食. 2010, (6): 31-32.

阎国进, 堇青石红外辐射复相陶瓷的研究[D]. 武汉: 武汉理工大学, 2002.

严薇. 红外辐射对储藏稻谷脂质代谢的影响研究[D]. 南京: 南京财经大学, 2020.

杨乾奎, 渠琛玲, 王红亮, 等. 优质稻谷氮气气调与常温储藏品质变化的比较研究[J]. 中国粮油学报, 2020, 35(10): 148-154.

杨洁, 顾正彪, 洪雁. 淀粉结构对其性能的影响及淀粉性能的调控[J]. 食品安全质量检测学报, 2019, 10(23): 7862-7868.

杨小玲, 王珊. 活化处理方法对制备柠檬酸淀粉酯的影响[J]. 中国食品添加剂, 2015(04): 127-131.

杨慧萍, 陆蕊, 李冬坤, 等. 粳稻谷表面颜色变化的动力学研究[J]. 粮食储藏, 2014(6): 30-33.

杨忠仁, 郝丽珍, 张凤兰, 等. 沙葱种子萌发特性及脂质代谢变化规律试验[J]. 广东农业科学, 2013(01): 37-40.

杨莹, 黄丽婕. 改性淀粉的制备方法及应用的研究进展[J]. 食品工业科技, 2013, 34(20): 381-385.

杨景峰, 罗志刚, 罗发兴. 淀粉晶体结构研究进展[J]. 食品工业科技, 2007(07): 240-243.

杨钧, 汤大新, 等, 锰铁钴铜氧化物及其复合体的红外与热力学性质, 硅酸盐学报, 1990.18(4): 322-328.

姚康. 仓库害虫及益虫[M]. 中国财政出版社, 1986.

易翠平, 姚惠源. 酸法脱酰胺对大米蛋白分子间作用力和二级结构的影响[J]. 中国粮油学报, 2007, 22(03): 1-4.

易志. 稻谷催化式红外辐照防霉杀虫研究[D]. 镇江: 江苏大学. 2014.

于密军. 柠檬酸改性豌豆淀粉的研究[D]. 天津: 天津大学, 2008.

袁建, 赵腾, 丁超, 等. 微波处理对稻谷品质及脂肪酶活性的影响[J]. 中国农业科学, 2018, 51(21): 4131-4142.

战旭梅. 稻米储藏过程中质构品质变化及其机理研究 [D]. 南京: 南京师范大学, 2008: 19-26.

赵旭, 林琳, 高树成, 等. 农户口粮稻谷自然通风干燥仓储实验[J]. 粮油食品科技, 2019, 27(06): 114-117.

赵世柯, 黄校先, 郭景坤. ZrSiO₄/Al₂O₃ 制备氧化锆-莫来石复相陶瓷的反应烧结机制[J]. 无机材料学报, 2000, 12, 6(15): 1102-1106.

周中凯, 杨蕊, 申晓钰. 柠檬酸酯化对原淀粉和预糊化淀粉性能的影响[J]. 食品研究与开发, 2017, 38(09): 5-10.

周美, 路军, 牛黎莉, 等. 微波辅助干法制备高吸水率柠檬酸淀粉酯[J]. 食品与生物技术学报, 2015, 34(07): 756-763.

周建新, 张瑞, 王璐, 等. 储藏温度对稻谷微生物和脂肪酸值的影响研究[J]. 中国粮油学报, 2011, 26(1): 92-95.

周健儿, 张小珍, 王双华.常温远红外辐射釉的研究进展及其功能, 陶瓷学报, 2004, 6, 25.

周景星, 于秀荣. 粮油食品的储藏品质和保鲜技术[J]. 粮食科技与经济, 1998, 023(004): 26-28.

朱邦雄, 邓树华, 周剑宇, 等. 稻米中玉米象的发生与控制研究[J]. 粮食储藏, 2009, 3(5): 12-16

郑旭, 范锦胜, 张李香. 玉米象生物生态学及防治技术研究进展[J]. 中国农学通报. 2014,4: 221-225.

张玉荣, 钱冉冉, 周显青, 等. 加速陈化对稻谷制备米饭和米粉品质的影响[J]. 河南工业大学学报(自然科学版), 2021, 42(01): 92-99.

张玉荣, 周显青, 彭超. 不同储藏年限稻谷的品质及蒸谷米加工适应性分析[J]. 食品科学, 2020: 1-10.

张伟, 赵梦琦, 张海涛. 银杏柠檬酸淀粉酯的制备及加工特性研究[J]. 食品科技, 2019, 44(05): 276-281.

张翰林, 韩玲, 郭磊. 柠檬酸淀粉酯对水中 Pb(Ⅱ)的吸附去除机制研究[J]. 鲁东大学学报(自然科学版), 2017, 33(04): 334-339.

张秀. 淀粉 DSC 热转变过程中分子变化机理[D]. 天津: 天津科技大学, 2017.

张越. 稻谷流化床干燥特性及干燥后对其品质指标影响的研究[D]. 南京: 南京财经大学. 2016.

张檬达. 籼稻谷储藏过程中品质劣变规律的研究[D]. 南京: 南京财经大学, 2015.

张静静, 梁艳, 宫丽华, 等. 变性淀粉在食品中的应用研究进展[J]. 齐鲁工业大学学报(自然科学版), 2014, 28(02): 11-14+59.

张启莉. 籼稻米蛋白质影响米饭蒸煮食味品质的研究[D]. 成都: 四川农业大学, 2012.

张习军, 熊善柏, 赵思明. 微波处理对稻谷品质的影响[J]. 中国农业科学, 2009, 42(01): 224-229.

张习军. 微波处理对稻谷品质的影响[D]. 武汉: 华中农业大学, 2008.

张瑛, 吴先山, 吴敬德, 等. 稻谷储藏过程中理化特性变化的研究[J]. 中国粮油学报, 2003(06): 20-24+28.

张晶东, 张文解, 郗满义. 玉米象的发生及防治研究初报[J]. 植物保护, 1995, 21(5): 26-27.

张玉荣, 王亚军, 贾少英, 等. 糙米储藏过程中蒸煮品质及质构特性变化研究[J]. 粮食与饲料工业, 2014 (1): 1-6.